ベクトル解析入門

初歩からテンソルまで

◆

壁谷喜継／川上竜樹 著

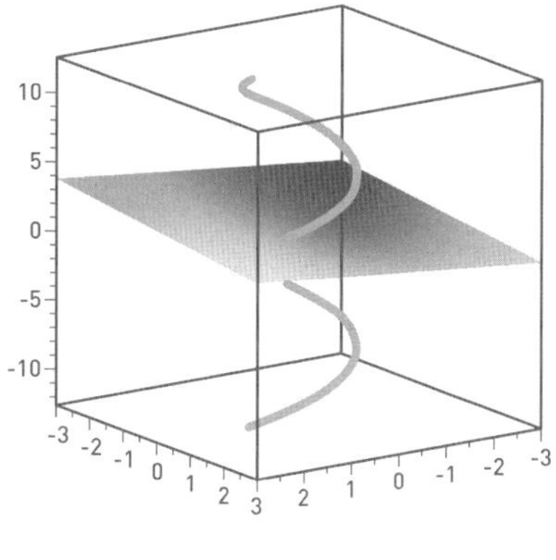

共立出版

はしがき

本書は，理工学系大学の学部 2 年次の学生を対象に，微積分と線形代数の知識を既知として，3 次元空間内の曲線と曲面の幾何学的性質，物理学を理解する上で必要なベクトル値関数の微積分，初歩的なテンソル計算とそれらの物理学への応用を習得することを目指して執筆した．

ベクトル解析に関する書物は非常に多くあるが，本書は力学・電磁気学の理解の礎となり，かつ 3 次元の曲面のもつ幾何的性質を解説し，微分幾何学の初歩も含めた書物になるよう書いたつもりである．そのために二部構成とし，工学に応用が広い内容を基本編とし，微分幾何学の入門的側面は発展編とした．学部 2 年次のベクトル解析の教育内容としては，基本編だけで十分であろう．以下，章立てについて述べていこう．

まず第 1 章では内積と外積の基本事項について説明を加えた．外積は大学で習う概念であるので，しっかり身につけてもらいたい．次に，ベクトル値関数の微分演算と曲線の性質，曲面の性質を第 2 章で解説する．第 3 章では，ベクトル解析において基本的な概念である場を導入し，勾配，発散，回転といった様々な微分について解説する．これらの概念は，次の章である第 4 章においてもよく現れる．この章では，ベクトル解析の中心的な話題であるガウスの定理などの積分定理について解説を行う．この内容の物理学への応用例を第 5 章で扱う．力学・電磁気学・流体力学において，どのようにガウスの定理，ストークスの定理が適用されているか確認できるようにした．物理学の法則は実験事実によるものであるので，導出は基本的にしないことにしている．この章では，「学而時習之不亦説乎」(一度勉強して，その後，適切な時期に復習するとよくわかるのは楽しいことではないか) の気持ちを味わっていただけたらと思う．以上が基本編の内容である．

次に発展編について述べる．発展編は，学部 2 年次としては少し高度な内容になっているので，学年が上がってから読み返すなど必要と興味に応じて読めばよい構成にしてある．半年の 1 コマの講義で，発展編まで進むことはまず不可能であろうと思われる．

第 6 章は微分幾何学の初歩というべき内容になるが，微分形式を導入して第 2 章の考え方を見通しよくするとともに，第 8 章のテンソルへの導入の意図もあって，ここで解説する．また第 7 章では，曲面上の曲線の長さについて，微分形式の立場からの見方であるリーマン計量について解説する．第 8 章では，前の 2 つの章の内容をもとにテンソルの概念を導入するが，テンソルについては初歩的な解説に留めた．この章の最後に，多少飛躍するが，リーマン計量とテンソル計算が典型的に用いられている例としてアインシュタインの重力場の方程式を紹介し，「シュヴァルツシルトの考え方」に従って解くことまでを解説した．

本書を編むに当たっては，大阪府立大学工学域および龍谷大学理工学部での「ベクトル解析」の講義ノートをもとにし，テンソル解析に当たる部分は，著者の 1 人が宮崎大学工学研究科で講義した内容をもとにしている．それを相当程度加筆して，著者同士の全面的な討論の後，ひとつの冊子としてまとめたものである．図については，TikZ と Maple 2017 を使用して描いた．

原稿全般を読んで問題点を指摘していただき，なおかつ有用な助言をいただいた大阪府立大学理学系研究科の入江幸右衛門氏と松永秀章氏には深く感謝申し上げたい．物理学者の立場から貴重な助言をくださった大阪府立大学大学院理学系研究科の会沢成彦氏にも深く感謝申し上げる．さらに，同僚である田畑稔氏，山口睦氏，城崎学氏，山岡直人氏，谷川智幸氏，菅徹氏，共同研究者でもある明治大学総合理工学部の二宮広和氏からも貴重なご意見をいただいた．併せて御礼を申し上げる．

遅々として進まない筆に寛容であった共立出版の潤賀浩明氏，髙橋萌子氏はじめ編集部の皆様にも感謝の意を表したい．

2019 年 2 月

壁谷喜継・川上竜樹

目　次

★は発展事項であることを表す．

本書で用いる記号

$\mathbb{N}$	自然数全体のなす集合.
$\mathbb{N}_0 := \mathbb{N} \cup \{0\}$	0 と自然数全体のなす集合.
$\mathbb{R}$	実数全体のなす集合. $(-\infty, \infty)$ とも表す.
$\mathbb{R}^n$	n 次元実ユークリッド空間.
$B_r(\boldsymbol{x}_0)$	点 $\boldsymbol{x}_0 \in \mathbb{R}^n$ を中心とする半径 $r > 0$ の開球. i.e. $B_r(\boldsymbol{x}_0) = \{\boldsymbol{x} \in \mathbb{R}^n \mid \lvert \boldsymbol{x} - \boldsymbol{x}_0 \rvert < r\}$
$\mathbb{C}$	複素数全体のなす集合.

基本編

曲線と曲面の微積分

第1章 ベクトルの基礎と内積・外積

この章では，ベクトルの基礎事項の復習と内積・外積の説明を行う．ベクトルの基礎と内積については高校数学および線形代数で学習したと思われるが，外積については大学で習う概念であるので，ここでしっかりと基礎を固めてもらいたい．

1.1 スカラーとベクトル

質量，温度，長さなどのように1つの「大きさ」，つまり実数で表される量を**スカラー**といい，力，変位，速度などのように「大きさと向き」をもつ量を**ベクトル**という．ベクトルは矢印 (有向線分) によって表現することができる．このとき，矢の長さがベクトルの大きさ，矢の向きがベクトルの向きを表す．よって，ベクトルはその位置とは無関係に定義されるものであり，空間内の平行移動によって一致させることができるとき，それらのベクトルは同じである (等しい) と定める．

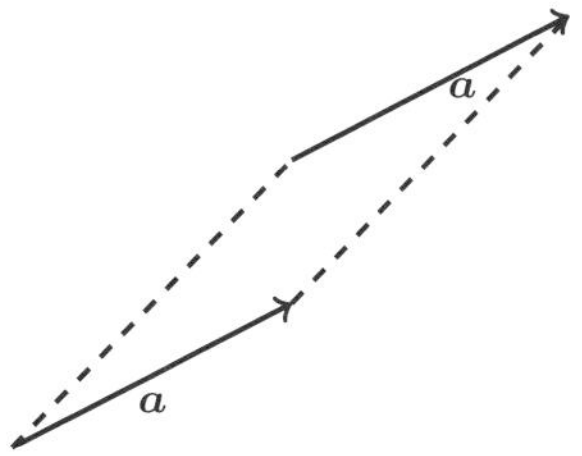

図 1.1

本書では，スカラーと区別するために，ベクトルは $\boldsymbol{a}, \boldsymbol{b}$ のようにイタリックの太文字で表す．高校で用いてきたような $\vec{a}, \vec{b}$ のような表記はしない．ベクトルの大きさは絶対値記号を用いて $|\boldsymbol{a}|$ と書く．大きさが1のベクトルを**単位ベクトル**といい，$\boldsymbol{e}$ で表す．特にベクトル $\boldsymbol{a}$ と同じ向きの単位ベクトルであることを強調したい場合は $\boldsymbol{e}_a$ と表す．また，大きさが零のベクトルを**ゼロ（零）ベクトル**といい，$\boldsymbol{0}$ で表す．ゼロベクトルでないベクトル $\boldsymbol{a}$ に対して，大きさが同じで向きが逆のものを**逆ベクトル**といい，$-\boldsymbol{a}$ で表す．ベクトル $\boldsymbol{a}$ を $k \in \mathbb{R}$ 倍する（**スカラー倍**するという）とは，$k > 0$ のとき $\boldsymbol{a}$ の向きは同じで長さを k 倍することをいい，$k < 0$ のときは向きを逆にして長さを $|k|$ 倍したものをいい，$k\boldsymbol{a}$ で表す．また，$k = 0$ のときは $k\boldsymbol{a} = \boldsymbol{0}$ となる．さらに2つのベクトル $\boldsymbol{a}$ と $\boldsymbol{b}$ が与えられたとき，$\boldsymbol{a}$ の終点に $\boldsymbol{b}$ の始点を一致させたとき，$\boldsymbol{a}$ の始点から $\boldsymbol{b}$ の終点に至るベクトルを定義できる．これを2つのベクトル $\boldsymbol{a}$ と $\boldsymbol{b}$ の**和** $\boldsymbol{a}+\boldsymbol{b}$ と定義する．

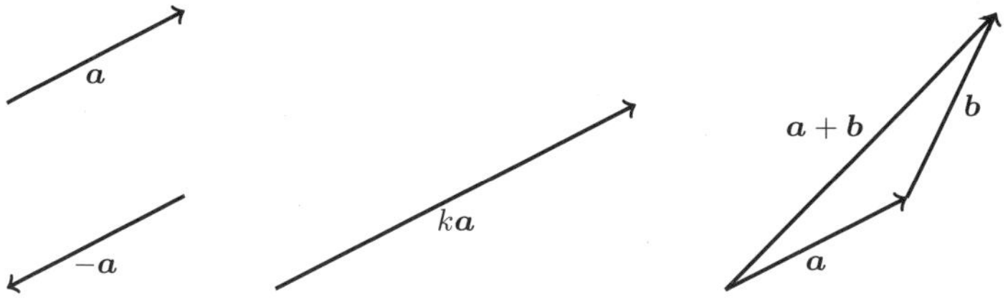

図 1.2

これらの定義の下で，次が成立する[1]．

公理 1.1　$\boldsymbol{a}, \boldsymbol{b}, \boldsymbol{c} \in \mathbb{R}^n$ と $\alpha,\ \beta \in \mathbb{R}$ に対して，

(1)　$\boldsymbol{a}+\boldsymbol{b} = \boldsymbol{b}+\boldsymbol{a}$　（加法の交換則）

(2)　$(\boldsymbol{a}+\boldsymbol{b})+\boldsymbol{c} = \boldsymbol{a}+(\boldsymbol{b}+\boldsymbol{c})\ (= \boldsymbol{a}+\boldsymbol{b}+\boldsymbol{c})$　（加法の結合則）

(3)　$\boldsymbol{a}+\boldsymbol{0} = \boldsymbol{0}+\boldsymbol{a} = \boldsymbol{a}$　（零ベクトルの存在）

---

[1] 集合 V の元 $\boldsymbol{a}, \boldsymbol{b}$ の和 $\boldsymbol{a}+\boldsymbol{b}$ とスカラー倍 $k\boldsymbol{a}$ $(k \in \mathbb{R})$ がつねに V の中で定義され，公理 1.1 を満たすとき，V を $\mathbb{R}$ 上のベクトル空間という．また，この公理 1.1 をベクトル空間の公理という．

(4) 任意の $\boldsymbol{a}$ に対して，$\boldsymbol{a}+\boldsymbol{a}'=\boldsymbol{a}'+\boldsymbol{a}=\boldsymbol{0}$ となる $\boldsymbol{a}'$ が存在する．

(逆ベクトルの存在)

(5) $(\alpha+\beta)\boldsymbol{a}=\alpha\boldsymbol{a}+\beta\boldsymbol{a}$ (スカラー和の分配法則)

(6) $\alpha(\boldsymbol{a}+\boldsymbol{b})=\alpha\boldsymbol{a}+\alpha\boldsymbol{b}$ (ベクトル和の分配法則)

(7) $(\alpha\beta)\boldsymbol{a}=\alpha(\beta\boldsymbol{a})=\alpha\beta\boldsymbol{a}$ (スカラー倍の結合則)

(8) $1\boldsymbol{a}=\boldsymbol{a}$ (1 倍の定義)

が成り立つ．

本書では主に $n=2$ (平面) および $n=3$ (空間) の場合を扱う．$n=3$ のとき，ベクトル $\boldsymbol{a}$ を $\mathbb{R}^3$ の元として，$a_i \in \mathbb{R}$ $(i=1,2,3)$ を用いて

$$\boldsymbol{a}=(a_1,a_2,a_3) \quad \text{または} \quad \begin{pmatrix} a_1 \\ a_2 \\ a_3 \end{pmatrix}$$

と表すとき，これをベクトル $\boldsymbol{a}$ の**成分表示**という．また，このように成分表示されたベクトルを，**数ベクトル**ともよぶ．これに対して有向線分で表現されているものを**幾何ベクトル**ともよぶが，本書ではどちらも区別なく単にベクトルとよぶ．ベクトルの成分表示を用いて，これまでの内容を厳密に定義する．

定義 1.1

(i) すべての成分が 0 であるベクトルをゼロベクトルといい，$\boldsymbol{0}$ と表す．

(ii) 2 つのベクトル $\boldsymbol{a}=(a_1,a_2,a_3)$, $\boldsymbol{b}=(b_1,b_2,b_3)$ が等しいとは，

$$a_i=b_i \qquad (i=1,2,3)$$

が成立することをいう．

(iii) ベクトル $\boldsymbol{a}=(a_1,a_2,a_3)$ に対して，

$$|\boldsymbol{a}|=\sqrt{a_1^2+a_2^2+a_3^2}$$

を $\boldsymbol{a}$ の大きさという．

また，和とスカラー倍をそれぞれ

$$(a_1, a_2, a_3) + (b_1, b_2, b_3) = (a_1 + b_1, a_2 + b_2, a_3 + b_3),$$
$$k(a_1, a_2, a_3) = (ka_1, ka_2, ka_3) \quad (k \in \mathbb{R})$$

と定めると，公理 1.1 を満たすことが容易に確認できる．

ベクトル $\boldsymbol{e}_1, \boldsymbol{e}_2, \boldsymbol{e}_3$ をそれぞれ

$$\boldsymbol{e}_1 = (1, 0, 0), \qquad \boldsymbol{e}_2 = (0, 1, 0), \qquad \boldsymbol{e}_3 = (0, 0, 1)$$

と定めると，これらはすべて単位ベクトルである．これらを 3 次元空間の基本ベクトル[2)]という．ベクトル $\boldsymbol{a} = (a_1, a_2, a_3)$ は基本ベクトルを用いることで

$$\boldsymbol{a} = a_1\boldsymbol{e}_1 + a_2\boldsymbol{e}_2 + a_3\boldsymbol{e}_3$$

と表すことができる．また，基本ベクトルは一次独立である[3)]．

1.2　内積

摩擦のない水平面 (xy 平面) 上に質量 m の質点があるとしよう．この質点は，ばね定数 $k > 0$ のばねが取り付けられており，ばねの長さは自然な長さ，すなわち，力が働いていない状態であるとし，ばねの端点は固定されているとする．この質点を，xz 平面内の一定の方向へ，一定の力 $\boldsymbol{f}$ を作用させて引っ張る．$\boldsymbol{f}$ は，x 軸正方向とのなす角が θ である向きであるとする．質点は，xy 平面上に置いたまま，ばねの長さを自然長から長さ ℓ だけ伸ばす．

---

2) $\mathbb{R}^3$ の標準基底ともいう．

3) 一般に，n 個のベクトル $\boldsymbol{a}_i \in \mathbb{R}^3$ $(i = 1, \ldots, n)$ に対して，

$$\sum_{i=1}^{n} \lambda_i \boldsymbol{a}_i = \boldsymbol{0}$$

となる実数 λ_i が $\lambda_i = 0$ $(i = 1, \ldots, n)$ しか存在しないとき，$\boldsymbol{a}_i$ $(i = 1, \ldots, n)$ は一次独立であるという．また，一次独立でないとき，これらは一次従属であるという．線形代数の事実からすれば，3 次元空間においては 4 つ以上のベクトルは必ず一次従属になる．

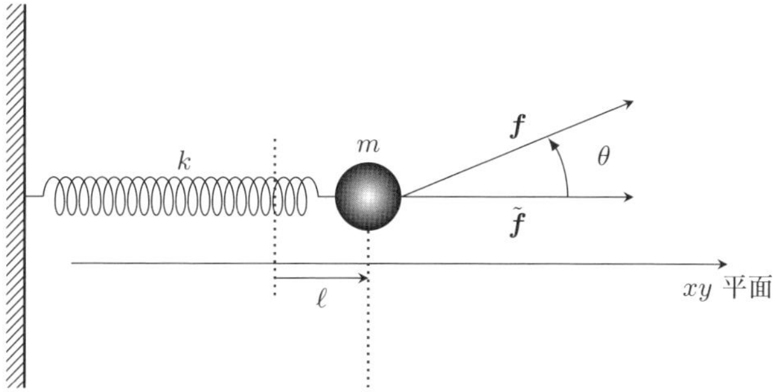

図 1.3

このとき，$\boldsymbol{f}$ がばねを伸ばすのに費やした仕事 W は，$\tilde{\boldsymbol{f}}$ を $\boldsymbol{f}$ の x 軸方向への分解とすると，

$$W = \ell|\tilde{\boldsymbol{f}}| = \ell|\boldsymbol{f}|\cos\theta \ \left(= \frac{1}{2}k\ell^2 \right)$$

が成り立つ (右辺は，ばねが蓄えたエネルギーである)．このとき，x 軸正方向の単位ベクトルを $\boldsymbol{e}_x$ とすれば，$\boldsymbol{\ell} = \ell\boldsymbol{e}_x$ に対して，

$$W = |\boldsymbol{f}||\boldsymbol{\ell}|\cos\theta$$

と表せる．そこで次のような概念を定義しよう[4)]．

定義 1.2　ゼロでない 2 つのベクトル $\boldsymbol{a}, \boldsymbol{b}$ のなす角を θ $(0 \leq \theta \leq \pi)$ とするとき，

$$\boldsymbol{a} \cdot \boldsymbol{b} = |\boldsymbol{a}||\boldsymbol{b}|\cos\theta$$

と定め，$\boldsymbol{a}$ と $\boldsymbol{b}$ の**内積**（**スカラー積**）という．ここで，$a = 0$ または $b = 0$ ならば，$a \cdot b = 0$ と定める．

また，ベクトル $\boldsymbol{a}, \boldsymbol{b}$ に対して，

$$\tilde{\boldsymbol{b}} := \frac{\boldsymbol{a} \cdot \boldsymbol{b}}{|\boldsymbol{a}|^2}\boldsymbol{a}$$

4) 内積を $\langle \boldsymbol{a}, \boldsymbol{b} \rangle$ や $(\boldsymbol{a}, \boldsymbol{b})$ と表すこともある．

をベクトル $\boldsymbol{b}$ の $\boldsymbol{a}$ 方向への**正射影**という．図1.3の $\tilde{\boldsymbol{f}}$ は $\boldsymbol{f}$ の $\boldsymbol{\ell}$ 方向への正射影である．

3次元のベクトル $\boldsymbol{a}, \boldsymbol{b}$ がそれぞれ $\boldsymbol{a} = (a_1, a_2, a_3)$, $\boldsymbol{b} = (b_1, b_2, b_3)$ と成分表示されているとき，内積 $\boldsymbol{a}\cdot\boldsymbol{b}$ の成分表示は

$$\boldsymbol{a}\cdot\boldsymbol{b} = a_1b_1 + a_2b_2 + a_3b_3 \quad \left(= \sum_{i=1}^{3} a_ib_i\right) \tag{1.1}$$

で与えられる[5)]．

これらから明らかなように以下が成立する．

性質 1.1　$\boldsymbol{a}, \boldsymbol{b}, \boldsymbol{c} \in \mathbb{R}^3$ と $k \in \mathbb{R}$ に対して，

(1)　$\boldsymbol{a}\cdot\boldsymbol{b} = \boldsymbol{b}\cdot\boldsymbol{a}$　（交換則）

(2)　$k(\boldsymbol{a}\cdot\boldsymbol{b}) = (k\boldsymbol{a})\cdot\boldsymbol{b}$　（結合則）

(3)　$\boldsymbol{a}\cdot(\boldsymbol{b}+\boldsymbol{c}) = \boldsymbol{a}\cdot\boldsymbol{b} + \boldsymbol{a}\cdot\boldsymbol{c}$　（分配則）

が成立する．また

(4)　$\boldsymbol{a}\cdot\boldsymbol{a} = |\boldsymbol{a}|^2$

(5)　$\boldsymbol{a}\cdot\boldsymbol{b} = 0 \Leftrightarrow \boldsymbol{a} \perp \boldsymbol{b}$（$\boldsymbol{a}$ と $\boldsymbol{b}$ は垂直）

である．ゼロベクトル $\boldsymbol{0}$ は任意のベクトルに対して垂直であると定める．

なお，基本ベクトルについては

$$\boldsymbol{e}_i\cdot\boldsymbol{e}_j = \delta_{ij} = \begin{cases} 1 & i = j, \\ 0 & i \neq j \end{cases}$$

が成立する[6)]．これを基にして，性質1.1を用いると式(1.1)を示すことがで

---

5) 一般に $\mathbb{R}^n$ の2つのベクトル $\boldsymbol{a} = (a_1, a_2, \ldots, a_n)$, $\boldsymbol{b} = (b_1, b_2, \ldots, b_n)$ に対して，その内積 $\boldsymbol{a}\cdot\boldsymbol{b}$ は

$$\boldsymbol{a}\cdot\boldsymbol{b} = a_1b_1 + a_2b_2 + \cdots + a_nb_n = \sum_{i=1}^{n} a_ib_i$$

で与えられる．

6) この δ_{ij} を**クロネッカーのデルタ**という．

きる．

問 1.1　性質 1.1 と基本ベクトルの内積の関係から式 (1.1) を確かめよ．

問 1.2　3 次元ベクトル $\boldsymbol{a}$ に対して，任意の 3 次元ベクトル $\boldsymbol{b}$ との内積がつねに $\boldsymbol{a}\cdot\boldsymbol{b}=0$ を満たしているとする．このとき，$\boldsymbol{a}=\boldsymbol{0}$ であることを示せ．

例題 1.1　ゼロでない 2 つのベクトル $\boldsymbol{a}, \boldsymbol{b}$ でつくられる平行四辺形の面積 S は

$$S=\sqrt{|\boldsymbol{a}|^2|\boldsymbol{b}|^2-(\boldsymbol{a}\cdot\boldsymbol{b})^2}$$

で与えられることを示せ．

(解答)　ベクトル $\boldsymbol{b}$ の終点からベクトル $\boldsymbol{a}$ への垂線の長さを h とすると，

$$S=|\boldsymbol{a}|h$$

なので，2 つのベクトル $\boldsymbol{a}, \boldsymbol{b}$ のなす角を $\theta\ (0\leq\theta\leq\pi)$ とすると，

$$\begin{aligned}S=|\boldsymbol{a}|h&=|\boldsymbol{a}||\boldsymbol{b}|\sin\theta\\&=|\boldsymbol{a}||\boldsymbol{b}|\sqrt{1-\cos^2\theta}\\&=|\boldsymbol{a}||\boldsymbol{b}|\sqrt{1-\frac{(\boldsymbol{a}\cdot\boldsymbol{b})}{|\boldsymbol{a}|^2|\boldsymbol{b}|^2}}=\sqrt{|\boldsymbol{a}|^2|\boldsymbol{b}|^2-(\boldsymbol{a}\cdot\boldsymbol{b})^2}\end{aligned}$$

となる．　□

問 1.3　長さが 1 である 2 つのベクトル $\boldsymbol{a}, \boldsymbol{b}$ でつくられる平行四辺形の面積 S が最大となるのは，この平行四辺形が正方形のときであることを示せ．

1.3　外積

3 次元空間内に x 軸に太さの無視できる導線があり，x 軸正の方向に電流 I が流れているとする．また，y 軸正の方向には静磁場 $\boldsymbol{B}$ があるとする．このとき，z 軸正の方向に，導線の単位長さあたり $I|\boldsymbol{B}|$ の力がはたらくことが知られている．この考え方を踏まえて外積を定義する．

外積の定義に際して，次を導入する．

定義 1.3　3次元の座標系 O–xyz が**右手系**であるとは，手のひらから右手の親指へ向かう方向を x 軸正方向，手のひらから右手の人差し指へ向かう方向を y 軸正方向としたとき，右手中指を手のひらに対して垂直に立てたときの，手のひらから中指に向かう方向を z 軸正方向とする直交座標系である．

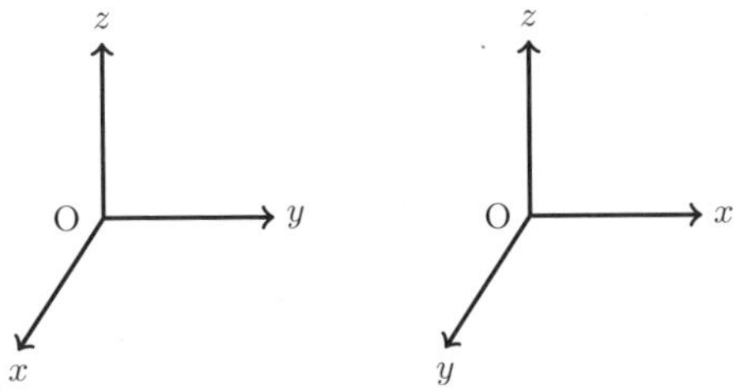

図 1.4　左が右手系の座標で，右が左手系の座標.

これに対して，**左手系**とは，右手の代わりに左手で同様な方法で方向を決めた直交座標系をいう．

3次元空間には，右手系と左手系のちょうど2種類の直交座標系が定義できる．今後，特に断りがない限り，3次元の直交座標系は右手系であるとする．なお，電磁気学においては，磁場中の電流にはたらく力との関係 (磁場と電流の向きと力の関係) は左手系であり，磁場中の電気回路の運動 (回路の位置の変化) による起電力の向きとの関係は右手系である[7]．

基本ベクトルを用いて説明すると，右ネジが $\boldsymbol{e}_1$ から $\boldsymbol{e}_2$ の方向に“反時計回り”の回転をするに従いネジの進行方向が $\boldsymbol{e}_3$ の向きに一致するとき，座標系は右手系であるといい，$\boldsymbol{e}_3$ の向きと逆のとき，座標系は左手系であるという．任意に与えた3つのベクトル $\boldsymbol{a}, \boldsymbol{b}, \boldsymbol{c}$ についても，$\boldsymbol{a}$ と $\boldsymbol{b}$ のなす角を θ $(0 \leq \theta \leq \pi)$ とするとき，$\boldsymbol{a}, \boldsymbol{b}, \boldsymbol{c}$ がこの順序で右手系であるとは，右ネジが反時計回りに $\boldsymbol{a}$ から $\boldsymbol{b}$ に回転するとき，その進行方向が $\boldsymbol{c}$ に一致することである．

[7] これをフレミング (Fleming) の法則という．

以上の準備の下で，外積を次のように定義する．

定義 1.4　ゼロでない 2 つのベクトル $\boldsymbol{a}$, $\boldsymbol{b}$ のなす角を $\theta\ (0 \leq \theta \leq \pi)$ とするとき，

(i)　$|\boldsymbol{c}| = |\boldsymbol{a}||\boldsymbol{b}| \sin\theta$

(ii)　$\boldsymbol{a} \perp \boldsymbol{c}$ かつ $\boldsymbol{b} \perp \boldsymbol{c}$

(iii)　$\boldsymbol{a}$, $\boldsymbol{b}$, $\boldsymbol{c}$ は (この順序で) 右手系

を満たすベクトル $\boldsymbol{c}$ を $\boldsymbol{a}$ と $\boldsymbol{b}$ の**外積** (**ベクトル積**) といい，$\boldsymbol{a} \times \boldsymbol{b}$ と表す．

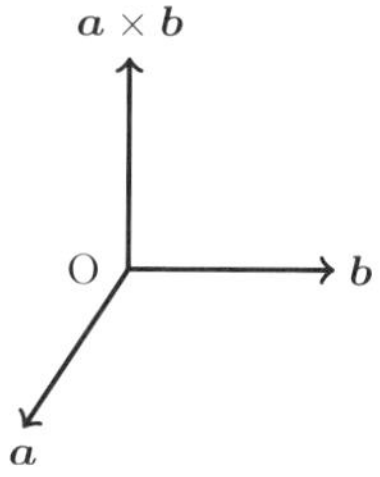

図 1.5

上記の定義と例題 1.1 より，$\boldsymbol{a}$ と $\boldsymbol{b}$ の外積は，これらのベクトルでつくられる平行四辺形の面積を大きさにもち，それぞれに垂直なベクトルであることがわかる．したがって，基本ベクトルについては

$$\boldsymbol{e}_i \times \boldsymbol{e}_i = \boldsymbol{0}, \qquad \boldsymbol{e}_1 \times \boldsymbol{e}_2 = \boldsymbol{e}_3, \qquad \boldsymbol{e}_2 \times \boldsymbol{e}_3 = \boldsymbol{e}_1, \qquad \boldsymbol{e}_3 \times \boldsymbol{e}_1 = \boldsymbol{e}_2$$

が成立する．この基本ベクトルに関する性質を用いることで，3 次元のベクトル $\boldsymbol{a}$, $\boldsymbol{b}$ がそれぞれ

$$\boldsymbol{a} = (a_1, a_2, a_3) = a_1\boldsymbol{e}_1 + a_2\boldsymbol{e}_2 + a_3\boldsymbol{e}_3, \quad \boldsymbol{b} = (b_1, b_2, b_3) = b_1\boldsymbol{e}_1 + b_2\boldsymbol{e}_2 + b_3\boldsymbol{e}_3$$

と成分表示されているとき，外積 $\boldsymbol{a} \times \boldsymbol{b}$ の成分表示が求められる．実際，

$$\begin{aligned}\boldsymbol{a} \times \boldsymbol{b} &= (a_1\boldsymbol{e}_1 + a_2\boldsymbol{e}_2 + a_3\boldsymbol{e}_3) \times (b_1\boldsymbol{e}_1 + b_2\boldsymbol{e}_2 + b_3\boldsymbol{e}_3) \\ &= (a_2b_3 - a_3b_2)\boldsymbol{e}_1 + (a_3b_1 - a_1b_3)\boldsymbol{e}_2 + (a_1b_2 - a_2b_1)\boldsymbol{e}_3\end{aligned}$$

となるから，行列式を用いれば

$$\boldsymbol{a}\times\boldsymbol{b}=\left(\begin{vmatrix}a_2 & a_3\\ b_2 & b_3\end{vmatrix},\ \begin{vmatrix}a_3 & a_1\\ b_3 & b_1\end{vmatrix},\ \begin{vmatrix}a_1 & a_2\\ b_1 & b_2\end{vmatrix}\right) \tag{1.2}$$

で与えられる．また，基本ベクトルを用いると，

$$\boldsymbol{a}\times\boldsymbol{b}=\begin{vmatrix}\boldsymbol{e}_1 & \boldsymbol{e}_2 & \boldsymbol{e}_3\\ a_1 & a_2 & a_3\\ b_1 & b_2 & b_3\end{vmatrix}$$

と形式的に与えられる．

これらから明らかなように以下が成立する．

性質 1.2　$\boldsymbol{a},\boldsymbol{b},\boldsymbol{c}\in\mathbb{R}^3$ と $k\in\mathbb{R}$ に対して，

(1)　$\boldsymbol{a}\times\boldsymbol{a}=\boldsymbol{0}$

(2)　$\boldsymbol{a}\times\boldsymbol{b}=-\boldsymbol{b}\times\boldsymbol{a}$

(3)　$k\boldsymbol{a}\times\boldsymbol{b}=\boldsymbol{a}\times k\boldsymbol{b}=k(\boldsymbol{a}\times\boldsymbol{b})$

(4)　$\boldsymbol{a}\times(\boldsymbol{b}+\boldsymbol{c})=\boldsymbol{a}\times\boldsymbol{b}+\boldsymbol{a}\times\boldsymbol{c}$

(5)　$(\boldsymbol{a}+\boldsymbol{b})\times\boldsymbol{c}=\boldsymbol{a}\times\boldsymbol{c}+\boldsymbol{b}\times\boldsymbol{c}$

が成立する．また

(6)　$\boldsymbol{a}\times\boldsymbol{b}=\boldsymbol{0}\Leftrightarrow\boldsymbol{a}/\!/\boldsymbol{b}$ ($\boldsymbol{a}$ と $\boldsymbol{b}$ は平行)

である．ゼロベクトル $\boldsymbol{0}$ は任意のベクトルに対して平行であると定める．

問 1.4　3 次元ベクトル $\boldsymbol{a}$ に対して，任意の 3 次元ベクトル $\boldsymbol{b}$ との外積 $\boldsymbol{a}\times\boldsymbol{b}=\boldsymbol{0}$ がつねに成り立つならば，$\boldsymbol{a}=\boldsymbol{0}$ であることを示せ．

問 1.5　$\boldsymbol{a}=(1,2,0),\ \boldsymbol{b}=(2,1,0)$ のとき，$\boldsymbol{a}\times\boldsymbol{b}$ を計算せよ．

外積は内積の場合と異なり分配則は成立するが，結合則は成立しない．すなわち，一般には

$$\boldsymbol{a}\times(\boldsymbol{b}\times\boldsymbol{c})\neq(\boldsymbol{a}\times\boldsymbol{b})\times\boldsymbol{c}$$

である．ここで，成分を用いて具体的にこのことを確認してみよう．$\boldsymbol{a} = (a_1, a_2, a_3)$，$\boldsymbol{b} = (b_1, b_2, b_3)$，$\boldsymbol{c} = (c_1, c_2, c_3)$ とおく．このとき，

$$\boldsymbol{b} \times \boldsymbol{c} = \begin{pmatrix} b_2c_3 - b_3c_2 \\ \\ b_3c_1 - b_1c_3 \\ \\ b_1c_2 - b_2c_1 \end{pmatrix}$$

であるから，

$$\begin{aligned}
\boldsymbol{a} \times (\boldsymbol{b} \times \boldsymbol{c}) &= \begin{pmatrix} a_2(b_1c_2 - b_2c_1) + a_3(b_1c_3 - b_3c_1) \\ \\ -a_1(b_1c_2 - b_2c_1) + a_3(b_2c_3 - b_3c_2) \\ \\ -a_1(b_1c_3 - b_3c_1) - a_2(b_2c_3 - b_3c_2) \end{pmatrix} \\
&= \begin{pmatrix} (a_2c_2 + a_3c_3)b_1 - (a_2b_2 + a_3b_3)c_1 \\ \\ (a_1c_1 + a_3c_3)b_2 - (a_1b_1 + a_3b_3)c_2 \\ \\ (a_1c_1 + a_2c_2)b_3 - (a_1b_1 + a_2b_2)c_3 \end{pmatrix} \\
&= \begin{pmatrix} (a_1c_1 + a_2c_2 + a_3c_3)b_1 - (a_1b_1 + a_2b_2 + a_3b_3)c_1 \\ \\ (a_1c_1 + a_2c_2 + a_3c_3)b_2 - (a_1b_1 + a_2b_2 + a_3b_3)c_2 \\ \\ (a_1c_1 + a_2c_2 + a_3c_3)b_3 - (a_1b_1 + a_2b_2 + a_3b_3)c_3 \end{pmatrix} \\
&= (\boldsymbol{a} \cdot \boldsymbol{c})\boldsymbol{b} - (\boldsymbol{a} \cdot \boldsymbol{b})\boldsymbol{c}
\end{aligned}$$

となる．一方，

$$(\boldsymbol{a} \times \boldsymbol{b}) \times \boldsymbol{c} = -\boldsymbol{c} \times (\boldsymbol{a} \times \boldsymbol{b})$$

であるから，上記の結果を用いると

$$\boldsymbol{c} \times (\boldsymbol{a} \times \boldsymbol{b}) = (\boldsymbol{c} \cdot \boldsymbol{b})\boldsymbol{a} - (\boldsymbol{c} \cdot \boldsymbol{a})\boldsymbol{b}$$

であり，

$$(\boldsymbol{a} \times \boldsymbol{b}) \times \boldsymbol{c} = (\boldsymbol{c} \cdot \boldsymbol{a})\boldsymbol{b} - (\boldsymbol{c} \cdot \boldsymbol{b})\boldsymbol{a}$$

となる．したがって，$\boldsymbol{a}=\boldsymbol{c}$ または $\boldsymbol{a}\cdot\boldsymbol{b}=\boldsymbol{c}\cdot\boldsymbol{b}=0$ の場合を除いては，

$$\boldsymbol{a}\times(\boldsymbol{b}\times\boldsymbol{c})\neq(\boldsymbol{a}\times\boldsymbol{b})\times\boldsymbol{c}$$

である．なお，このような 3 つのベクトルの外積を，**ベクトル 3 重積**という．ベクトル 3 重積に関しては，**ヤコビの恒等式**とよばれる循環的な恒等式が成立する (章末問題 **8** 参照).

一方，内積と外積の演算が 1 つずつ入ったものはどうなるだろうか．$\boldsymbol{a}\cdot(\boldsymbol{b}\times\boldsymbol{c})$ について計算してみよう．それぞれのベクトルの成分は，ベクトル 3 重積の計算と同じであるとする．ここでは，

$$\boldsymbol{b}\times\boldsymbol{c}=\left(\begin{vmatrix} b_2 & b_3 \\ c_2 & c_3 \end{vmatrix}, -\begin{vmatrix} b_1 & b_3 \\ c_1 & c_3 \end{vmatrix}, \begin{vmatrix} b_1 & b_2 \\ c_1 & c_2 \end{vmatrix}\right)$$

と書き表そう．このとき，行列式の 1 行目に関する展開を逆に使えば

$$\boldsymbol{a}\cdot(\boldsymbol{b}\times\boldsymbol{c})=a_1\begin{vmatrix} b_2 & b_3 \\ c_2 & c_3 \end{vmatrix}-a_2\begin{vmatrix} b_1 & b_3 \\ c_1 & c_3 \end{vmatrix}+a_3\begin{vmatrix} b_1 & b_2 \\ c_1 & c_2 \end{vmatrix}=\begin{vmatrix} a_1 & a_2 & a_3 \\ b_1 & b_2 & b_3 \\ c_1 & c_2 & c_3 \end{vmatrix}$$

であることがわかる．同様に，

$$\boldsymbol{b}\cdot(\boldsymbol{c}\times\boldsymbol{a})=\begin{vmatrix} b_1 & b_1 & b_3 \\ c_1 & c_2 & c_3 \\ a_1 & a_2 & a_3 \end{vmatrix}=\begin{vmatrix} a_1 & a_2 & a_3 \\ b_1 & b_2 & b_3 \\ c_1 & c_2 & c_3 \end{vmatrix}$$

であり，

$$\boldsymbol{c}\cdot(\boldsymbol{a}\times\boldsymbol{b})=\begin{vmatrix} c_1 & c_2 & c_3 \\ a_1 & a_2 & a_3 \\ b_1 & b_2 & b_3 \end{vmatrix}=\begin{vmatrix} a_1 & a_2 & a_3 \\ b_1 & b_2 & b_3 \\ c_1 & c_2 & c_3 \end{vmatrix}$$

となることが行列式の行の入れ替えを行うことでわかる．したがって，

$$\boldsymbol{a}\cdot(\boldsymbol{b}\times\boldsymbol{c})=\boldsymbol{b}\cdot(\boldsymbol{c}\times\boldsymbol{a})=\boldsymbol{c}\cdot(\boldsymbol{a}\times\boldsymbol{b})$$

であり，この値を**スカラー 3 重積**とよび，

$$[\boldsymbol{a},\boldsymbol{b},\boldsymbol{c}] := \boldsymbol{a}\cdot(\boldsymbol{b}\times\boldsymbol{c}) \tag{1.3}$$

と表す．この定義より，ベクトルの順序を入れ替えると，

$$[\boldsymbol{a},\boldsymbol{b},\boldsymbol{c}] = -[\boldsymbol{b},\boldsymbol{a},\boldsymbol{c}]$$

であることが容易にわかる．

スカラー 3 重積の図形的意味を考える．$|\boldsymbol{b}\times\boldsymbol{c}|$ は外積の定義より，ベクトル $\boldsymbol{b}$ と $\boldsymbol{c}$ によってつくられる平行四辺形の面積を表す．ここで $\boldsymbol{a}$ と $\boldsymbol{b}\times\boldsymbol{c}$ のなす角を θ $(0\le\theta\le\pi)$ とすると，$|\boldsymbol{a}||\cos\theta|$ はこの平行四辺形に垂直な方向の長さに対応するので，

$$|\boldsymbol{a}||\boldsymbol{b}\times\boldsymbol{c}||\cos\theta|$$

は，$\boldsymbol{a}$, $\boldsymbol{b}$, $\boldsymbol{c}$ でつくられる平行六面体の体積に等しい．

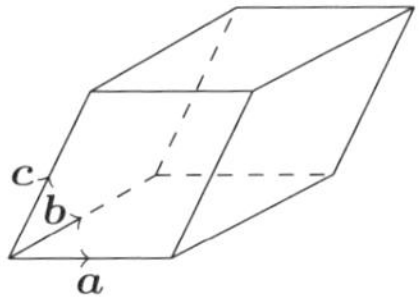

図 1.6

このとき，$\boldsymbol{a}$, $\boldsymbol{b}$, $\boldsymbol{c}$ が右手系なら $[\boldsymbol{a},\boldsymbol{b},\boldsymbol{c}]>0$ であり，左手系なら $[\boldsymbol{a},\boldsymbol{b},\boldsymbol{c}]<0$ となる．よって，$[\boldsymbol{a},\boldsymbol{b},\boldsymbol{c}]$ は $\boldsymbol{a}$, $\boldsymbol{b}$, $\boldsymbol{c}$ でつくられる平行六面体の "向き付けられた体積" であるといわれる．

問 1.6　3 つのベクトル $\boldsymbol{a}=(1,1,0)$，$\boldsymbol{b}=(0,1,1)$，$\boldsymbol{c}=(1,0,1)$ で張られる平行六面体の体積を求めよ．

問 1.7　長さが 1 である 3 つのベクトル $\boldsymbol{a}$, $\boldsymbol{b}$, $\boldsymbol{c}$ でつくられる平行六辺形の面積 V が最大となるのは，この平行六辺形が立方体のときであることを示せ．

章末問題

1.　3 次元空間の一次独立な 3 つのベクトル $\boldsymbol{a}$, $\boldsymbol{b}$, $\boldsymbol{c}$ と，$x_i, y_i, z_i \in \mathbb{R}$ $(i=1,2,3)$ に対して，

$$\boldsymbol{x} = x_1\boldsymbol{a} + x_2\boldsymbol{b} + x_3\boldsymbol{c},$$
$$\boldsymbol{y} = y_1\boldsymbol{a} + y_2\boldsymbol{b} + y_3\boldsymbol{c},$$
$$\boldsymbol{z} = z_1\boldsymbol{a} + z_2\boldsymbol{b} + z_3\boldsymbol{c}$$

とする．このとき，$\boldsymbol{x}, \boldsymbol{y}, \boldsymbol{z}$ が一次従属であるための必要十分条件は

$$\begin{vmatrix} x_1 & x_2 & x_3 \\ y_1 & y_2 & y_3 \\ z_1 & z_2 & z_3 \end{vmatrix} = 0$$

であることを示せ．

2. 同一直線上にない 3 点 (a_1, b_1, c_1), (a_2, b_2, c_2), (a_3, b_3, c_3) を通る平面の方程式は

$$\begin{vmatrix} x & y & z & 1 \\ a_1 & b_1 & c_1 & 1 \\ a_2 & b_2 & c_2 & 1 \\ a_3 & b_3 & c_3 & 1 \end{vmatrix} = 0$$

であることを示せ．

3. 3 次元空間の一次独立な 2 つのベクトル $\boldsymbol{a}, \boldsymbol{b}$ のなす角を θ とすると，余弦定理は

$$|\boldsymbol{a} - \boldsymbol{b}|^2 = |\boldsymbol{a}|^2 + |\boldsymbol{b}|^2 - 2|\boldsymbol{a}||\boldsymbol{b}|\cos\theta$$

である．これを，$(\boldsymbol{a} - \boldsymbol{b}) \cdot (\boldsymbol{a} - \boldsymbol{b})$ を計算することで示せ．

4. 中線定理

$$|\boldsymbol{a} + \boldsymbol{b}|^2 + |\boldsymbol{a} - \boldsymbol{b}|^2 = 2(|\boldsymbol{a}|^2 + |\boldsymbol{b}|^2)$$

を示せ．

5. 3 次元空間の 3 つのベクトル $\boldsymbol{a}, \boldsymbol{b}, \boldsymbol{c}$ $(|\boldsymbol{a}| = 1)$ に対して，

$$\tilde{\boldsymbol{b}} = \boldsymbol{b} - (\boldsymbol{b} \cdot \boldsymbol{a})\boldsymbol{a}, \quad \hat{\boldsymbol{b}} = \frac{\tilde{\boldsymbol{b}}}{|\tilde{\boldsymbol{b}}|}, \quad \tilde{\boldsymbol{c}} = \boldsymbol{c} - (\boldsymbol{c} \cdot \hat{\boldsymbol{b}})\hat{\boldsymbol{b}} - (\boldsymbol{c} \cdot \boldsymbol{a})\boldsymbol{a}$$

とおく．このとき，$\tilde{\boldsymbol{b}} \perp \boldsymbol{a}$, $\tilde{\boldsymbol{c}} \perp \tilde{\boldsymbol{b}}$, $\tilde{\boldsymbol{c}} \perp \boldsymbol{a}$ であることを示せ．このようにして直交するベクトルをつくっていく方法をグラム・シュミット (Gram-Schmidt) の直交化という．

6. $\boldsymbol{a} = (x, y, z)$, $\boldsymbol{b} = (y, z, x)$, $\boldsymbol{c} = (z, x, y)$ とおく $(x, y, z \in \mathbb{R})$．このとき，$\boldsymbol{a} \cdot (\boldsymbol{b} \times \boldsymbol{c})$ と $\boldsymbol{a} \times (\boldsymbol{b} \times \boldsymbol{c})$ を計算せよ．

7. 3 次元空間の 4 つのベクトル $\boldsymbol{a}, \boldsymbol{b}, \boldsymbol{c}, \boldsymbol{d}$ に対して，次の等式が成立することを確認せよ．

(1) $(\boldsymbol{a} \times \boldsymbol{b}) \cdot (\boldsymbol{c} \times \boldsymbol{d}) = (\boldsymbol{a} \cdot \boldsymbol{c})(\boldsymbol{b} \cdot \boldsymbol{d}) - (\boldsymbol{b} \cdot \boldsymbol{c})(\boldsymbol{a} \cdot \boldsymbol{d})$

(2) $(\boldsymbol{a} \times \boldsymbol{b}) \times (\boldsymbol{c} \times \boldsymbol{d}) = [\boldsymbol{a}, \boldsymbol{b}, \boldsymbol{d}]\boldsymbol{c} - [\boldsymbol{a}, \boldsymbol{b}, \boldsymbol{c}]\boldsymbol{d}$

(3)　　$$|\boldsymbol{a} \times \boldsymbol{b}|^2 = |\boldsymbol{a}|^2 |\boldsymbol{b}|^2 - (\boldsymbol{a} \cdot \boldsymbol{b})^2$$

(ラグランジュ (Lagrange) の恒等式)

8.　3 次元空間の 3 つのベクトル $\boldsymbol{a}, \boldsymbol{b}, \boldsymbol{c}$ に対して，ヤコビの恒等式

$$\boldsymbol{a} \times (\boldsymbol{b} \times \boldsymbol{c}) + \boldsymbol{b} \times (\boldsymbol{c} \times \boldsymbol{a}) + \boldsymbol{c} \times (\boldsymbol{a} \times \boldsymbol{b}) = \boldsymbol{0}$$

が成り立つことを確認せよ．

第2章 ベクトル値関数の微積分と曲線・曲面

この章では，ベクトル値関数に関する基礎理論と曲線論・曲面論の基本事項を扱う．曲線論については平面曲線から始めて，空間曲線のもつ基本的な性質について解説する．平面曲線については高校でも学んだが，空間曲線は事実上，初めて扱う事柄であり，新しい概念も出てくるのでしっかりと理解してほしい．また，曲面論については，曲面のもつ幾何学的性質を曲面上の曲線を調べることで導出することを考える．ここでは，併せて3次元直交座標系でのよく知られている曲面について，表示式とその概形を紹介する．曲線論よりも複雑な計算が増えるため，具体例を意識しながら内容の理解を進めてほしい．

2.1 ベクトル値関数の微積分

独立変数 t に対して，実数値関数 $x(t), y(t), z(t)$ を成分にもつベクトル

$$\boldsymbol{A} = \boldsymbol{A}(t) = (x(t), y(t), z(t)) \in \mathbb{R}^3$$

を**1変数ベクトル値関数**という[1)]．このとき，独立変数 t を**パラメータ**ともよぶ．典型的な物理量としては，運動する質点の位置が1変数ベクトル値関数であり，

$$\boldsymbol{A}(t) = x(t)\boldsymbol{e}_1 + y(t)\boldsymbol{e}_2 + z(t)\boldsymbol{e}_3 \tag{2.1}$$

と表すことも多い．また，$x(t), y(t), z(t)$ が t に関してすべて定数であるとき，

[1)] 一般に，$\boldsymbol{A}(t)$ が $\mathbb{R}^m$ $(m \geq 2)$ に属する場合に，ベクトル値関数という．これに対して $m = 1$ の場合，つまり実数値関数をスカラー値関数という．

$\boldsymbol{A}(t)$ は**定ベクトル**であるという．

! 注意 2.1　一般に，独立変数が n 個の場合，$\boldsymbol{t}=(t_1,\ldots,t_n)$ に対して，実数値関数 $x(\boldsymbol{t})$, $y(\boldsymbol{t})$, $z(\boldsymbol{t})$ を成分にもつベクトル

$$\boldsymbol{A}=\boldsymbol{A}(\boldsymbol{t})=(x(\boldsymbol{t}),y(\boldsymbol{t}),z(\boldsymbol{t}))$$

を n **変数ベクトル値関数**という．

以後，本節では 1 変数ベクトル値関数のみを扱い，単にベクトル値関数とよぶ．ベクトル値関数の収束と連続性を次のように定める．

定義 2.1　区間 I で定義されたベクトル値関数 $\boldsymbol{A}(t)$ に対して，

$$\lim_{t\to t_0}|\boldsymbol{A}(t)-\boldsymbol{B}|=0 \tag{2.2}$$

を満たす定ベクトル $\boldsymbol{B}$ が存在するとき，**$\boldsymbol{A}(t)$ は $t\to t_0$ のとき定ベクトル $\boldsymbol{B}$ に収束する**といい

$$\lim_{t\to t_0}\boldsymbol{A}(t)=\boldsymbol{B}$$

と表す．特に，

$$\lim_{t\to t_0}\boldsymbol{A}(t)=\boldsymbol{A}(t_0)$$

のとき，**$\boldsymbol{A}$ は $t=t_0$ で連続である**という．I 上のすべての点で $\boldsymbol{A}(t)$ が連続ならば，$\boldsymbol{A}(t)$ は I で連続であるという．

$\boldsymbol{A}(t)$ が式 (2.1) で表されているとき，$\boldsymbol{B}=(b_1,b_2,b_3)$ とすると，式 (2.2) は

$$\lim_{t\to t_0}x(t)=b_1,\qquad \lim_{t\to t_0}y(t)=b_2,\qquad \lim_{t\to t_0}z(t)=b_3$$

と同値であり，$\boldsymbol{A}(t)$ が連続であることは $x(t)$, $y(t)$, $z(t)$ が連続であることと同値である．

微分可能性についても以下のように定義される．

定義 2.2 区間 I で定義されたベクトル値関数 $\boldsymbol{A}(t)$ に対して，極限値

$$\lim_{\Delta t \to 0} \frac{\boldsymbol{A}(t_0 + \Delta t) - \boldsymbol{A}(t_0)}{\Delta t} \quad (= \boldsymbol{C})$$

が存在するとき，$\boldsymbol{A}(t)$ **は** $t = t_0$ **で微分可能である**といい，$\boldsymbol{A}'(t_0) = \boldsymbol{C}$ と表し，この値 $\boldsymbol{C}$ を $t = t_0$ における**微分係数**という．I 上のすべての点で $\boldsymbol{A}(t)$ が微分可能ならば，$\boldsymbol{A}(t)$ は I で微分可能であるという．

t を動かしたとき，$\boldsymbol{A}(t)$ の微分係数を対応させる関数を 1 階の**導関数**といい，

$$\boldsymbol{A}'(t), \qquad \frac{d}{dt}\boldsymbol{A}(t), \qquad \frac{d\boldsymbol{A}(t)}{dt}$$

などと表す．連続性と同様に，$\boldsymbol{A}(t)$ が微分可能であることは，$x(t), y(t), z(t)$ が微分可能であることと同値であり，

$$\boldsymbol{A}'(t) = x'(t)\boldsymbol{e}_1 + y'(t)\boldsymbol{e}_2 + z'(t)\boldsymbol{e}_3$$

である．

! 注意 2.2 $\boldsymbol{A}(t)$ が区間 I で微分可能であり，$\boldsymbol{A}'(t)$ が I 上で連続なベクトル値関数であるとき，$\boldsymbol{A}(t)$ は I 上で C^1 級であるといい，$\boldsymbol{A} \in C^1(I)$ と表す．さらに，$\boldsymbol{A}'(t)$ が連続な導関数をもつとき，$\boldsymbol{A}(t)$ は C^2 級であるといい，$\boldsymbol{A} \in C^2(I)$ と表す．一般に $k \in \mathbb{N}$ に対して，C^k 級も同様に定義される[2)]．任意の $m \in \mathbb{N}$ に対して，$\boldsymbol{A} \in C^m(I)$ であるとき，$\boldsymbol{A}(t)$ は無限回（無限階と書くこともある）微分可能である，もしくは，滑らかな関数であるといい，$\boldsymbol{A} \in C^\infty(I)$ と表す．また，$\boldsymbol{A}(t)$ が式 (2.1) で表されるとき，$\boldsymbol{A} \in C^k(I)$ であることと，$x, y, z \in C^k(I)$ であることは同値である．

微分と同様に積分についてもスカラー値関数と同様に定義できる[3)]．

[2)] $\boldsymbol{A}(t)$ が I で連続であるとき，$\boldsymbol{A} \in C^0(I)$ または単に $\boldsymbol{A} \in C(I)$ と表す．

[3)] $\dfrac{d}{dt}\boldsymbol{B}(t) = \boldsymbol{A}(t)$ なる $\boldsymbol{B}(t)$ は $\boldsymbol{A}(t)$ の原始関数である．

定義 2.3　ベクトル値関数 $\boldsymbol{A}(t)$ に対して,

$$\boldsymbol{B}(t) = \int \boldsymbol{A}(t)\,dt$$

を $\boldsymbol{A}(t)$ の**不定積分**という. これは定ベクトルを除いて一意に定まる. また, $\boldsymbol{A}(t)$ が式 (2.1) で与えられるとき,

$$\boldsymbol{B}(t) = \left(\int x(t)\,dt\right)\boldsymbol{e}_1 + \left(\int y(t)\,dt\right)\boldsymbol{e}_2 + \left(\int z(t)\,dt\right)\boldsymbol{e}_3$$

である.

問 2.1　v_i $(i = 1, 2, 3)$ と g を定数として

$$\boldsymbol{A}(t) = \left(v_1 t,\, v_2 t,\, v_3 t - \frac{1}{2}gt^2\right)$$

とおく. このとき, $\boldsymbol{A}'(t)$ と $\displaystyle\int \boldsymbol{A}(t)\,dt$ を求めよ.

以上の定義の下, 微積分に関する演算を確認しよう. 区間 I 上のスカラー値関数 $f(t), A_1(t), A_2(t), A_3(t)$ に対して, ベクトル値関数 $\boldsymbol{A}(t) = (A_1(t), A_2(t), A_3(t))$ とし, これらの積 $f(t)\boldsymbol{A}(t)$ の微分を考える. 以下, 簡単のため, それぞれ f, $\boldsymbol{A}$ と表す. このとき, $f\boldsymbol{A}$ の第 1 成分は fA_1 なので, スカラー値関数に関する積の微分公式より

$$\frac{d}{dt}(fA_1) = \frac{df}{dt}A_1 + f\frac{dA_1}{dt}$$

となる. 同様に

$$\frac{d}{dt}(fA_2) = \frac{df}{dt}A_2 + f\frac{dA_2}{dt}, \qquad \frac{d}{dt}(fA_3) = \frac{df}{dt}A_3 + f\frac{dA_3}{dt}$$

なので,

$$\frac{d}{dt}(f\boldsymbol{A}) = \sum_{i=1}^{3}\left(\frac{df}{dt}A_i + f\frac{dA_i}{dt}\right)\boldsymbol{e}_i = \frac{df}{dt}\boldsymbol{A} + f\frac{d\boldsymbol{A}}{dt}$$

となる. 同様の計算により, 次の性質が成立することが容易に確かめられる.

性質 2.1 $\boldsymbol{A}, \boldsymbol{B}$ をベクトル値関数，f をスカラー値関数とする．このとき，以下が成立する．

(1) $\dfrac{d}{dt}(f\boldsymbol{A}) = \dfrac{df}{dt}\boldsymbol{A} + f\dfrac{d\boldsymbol{A}}{dt}$

(2) $\dfrac{d}{dt}(\boldsymbol{A}+\boldsymbol{B}) = \dfrac{d\boldsymbol{A}}{dt} + \dfrac{d\boldsymbol{B}}{dt}$

(3) $\dfrac{d}{dt}(\boldsymbol{A}\cdot\boldsymbol{B}) = \dfrac{d\boldsymbol{A}}{dt}\cdot\boldsymbol{B} + \boldsymbol{A}\cdot\dfrac{d\boldsymbol{B}}{dt}$

(4) $\dfrac{d}{dt}(\boldsymbol{A}\times\boldsymbol{B}) = \dfrac{d\boldsymbol{A}}{dt}\times\boldsymbol{B} + \boldsymbol{A}\times\dfrac{d\boldsymbol{B}}{dt}$

微分と同様に積分についても次が成立する．

性質 2.2 $\boldsymbol{A}, \boldsymbol{B}$ をベクトル値関数，f をスカラー値関数，c を定数とする．このとき，以下が成立する．

(1) $\displaystyle\int c\boldsymbol{A}\,dt = c\int \boldsymbol{A}\,dt$

(2) $\displaystyle\int (\boldsymbol{A}+\boldsymbol{B})\,dt = \int \boldsymbol{A}\,dt + \int \boldsymbol{B}\,dt$

(3) $\displaystyle\int f\frac{d\boldsymbol{A}}{dt}\,dt = f\boldsymbol{A} - \int \frac{df}{dt}\boldsymbol{A}\,dt$

(4) $\displaystyle\int \boldsymbol{A}\cdot\frac{d\boldsymbol{B}}{dt}\,dt = \boldsymbol{A}\cdot\boldsymbol{B} - \int \frac{d\boldsymbol{A}}{dt}\cdot\boldsymbol{B}\,dt$

(5) $\displaystyle\int \boldsymbol{A}\times\frac{d\boldsymbol{B}}{dt}\,dt = \boldsymbol{A}\times\boldsymbol{B} - \int \frac{d\boldsymbol{A}}{dt}\times\boldsymbol{B}\,dt$

問 2.2 区間 $I = [0,1]$ 上で定義された C^1 級ベクトル値関数 $\boldsymbol{A}$, $\boldsymbol{B}$ が $\boldsymbol{A} = (a_1(t), a_2(t), a_3(t))$, $\boldsymbol{B} = (b_1(t), b_2(t), b_3(t))$ と表示されているとき，性質 2.2 の (4) と (5) を区間 I に対する定積分として確認せよ．

! 注意 2.3 一般に，独立変数が n 個 $(n \geq 2)$ の場合，上記の微分に関する性質は，すべて偏微分に関する性質として成立する．

例題 2.1 ベクトル値関数 $\boldsymbol{A}(t)$ の長さが一定であるとき，$\boldsymbol{A}(t) \perp \boldsymbol{A}'(t)$ であることを示せ．

(解答) $|\boldsymbol{A}(t)|$ は一定なので，

$$\frac{d}{dt}|\boldsymbol{A}(t)| = 0$$

である．一方，

$$\frac{d}{dt}|\boldsymbol{A}(t)|^2 = \frac{d}{dt}(\boldsymbol{A}(t)\cdot\boldsymbol{A}(t)) = 2\boldsymbol{A}(t)\cdot\boldsymbol{A}'(t),$$
$$\frac{d}{dt}|\boldsymbol{A}(t)|^2 = 2|\boldsymbol{A}(t)|\left(\frac{d}{dt}|\boldsymbol{A}(t)|\right)$$

なので，

$$\boldsymbol{A}(t)\cdot\boldsymbol{A}'(t) = |\boldsymbol{A}(t)|\left(\frac{d}{dt}|\boldsymbol{A}(t)|\right) = 0.$$

よって，$\boldsymbol{A}(t) \perp \boldsymbol{A}'(t)$ である． □

2.2 2次元平面内の曲線

高校数学では，平面上の曲線 C は，その多くは直交座標系 O–xy で $y = f(x)$ $(a \leq x \leq b)$ と定義されるものとして扱っている．しかし，この表示方法だと，曲線が自分自身と交わる (自己交叉する) 場合や，同じ x の値に対して，$f(x)$ が 2 つ以上の値をもつ (多価関数) の場合には不都合が生じる．実際，原点を中心とする半径 1 の円を上記の方法で表現しようとすると，

$$y = \begin{cases} \sqrt{1-x^2}, & y \geq 0 \text{ のとき}, \\ -\sqrt{1-x^2}, & y \leq 0 \text{ のとき} \end{cases}$$

と同一の関数で表示することができない．一方，極座標による表示を考えると，$t \in [0, 2\pi)$ に対して，

$$x(t) = \cos t, \qquad y(t) = \sin t$$

と，すべての範囲において，同一の関数で表現することができる．これは，質点の運動の軌跡のように捉える見方であるともいえる．

一般に，点 P の座標が 2 次元の基本ベクトル $\boldsymbol{e}_1 = (1, 0)$, $\boldsymbol{e}_2 = (0, 1)$ を用いて，実数 t の関数として

$$\boldsymbol{p}(t) = x(t)\boldsymbol{e}_1 + y(t)\boldsymbol{e}_2 \tag{2.3}$$

と表されるとき，t を動かせば点 P の軌跡として曲線 C が定まる．これを曲線 C の**ベクトル表示**または**パラメータ表示**といい，

$$C = \{\boldsymbol{p}(t) \mid \alpha \leq t \leq \beta\} = \{(x(t), y(t)) \mid \alpha \leq t \leq \beta\} \tag{2.4}$$

と表す．

先に述べた曲線 C の表示式 (2.3) は $\boldsymbol{e}_1$ と $\boldsymbol{e}_2$ によって表現させることからもわかるとおり，「座標系があらかじめある」という立場からの表示である．つまり，曲線の表示式は座標のとり方によって見た目が変わってしまう．物理学などの応用上では，考察する対象によって座標系をとり替えることが非常に重要であることからも，座標系のとり方によらない「測り方」が望まれる．これに対して，曲線上のある基準点から曲線に沿った長さをパラメータとして導入されたものが，**弧長パラメータ**である．

弧長パラメータを定義するに当たり，次を導入する．

定義 2.4　区間 I 上で定義された滑らかな関数 $x(t)$, $y(t)$ に対して，パラメータ表示式 (2.4) で与えられる曲線 C が**正則な平面曲線**であるとは，すべての $t \in I$ に対して，

$$(x'(t))^2 + (y'(t))^2 \neq 0$$

が成り立つことをいう．

以後，正則な曲線のみを考え，単に曲線とよぶ．

! 注意 2.4　$I = [-\pi, \pi]$ とし，$\boldsymbol{p}(t) = (\sin t, \sin^2 t)$ で表される曲線は，$y = x^2$ の $x \in [-1, 1]$ の部分であるが，$\boldsymbol{p}'(\pm\pi/2) = \boldsymbol{0}$ となるため，正則な曲線ではない ($\boldsymbol{p}$ は，実は $y = x^2$ 上を $(0,0) \to (-1,1) \to (0,0) \to (1,1) \to (0,0)$ のように動き，しかも $x = \pm 1$ で点の運動が止まる)．

問 2.3　$\boldsymbol{p}(t) = (\sin t, \sin^2 t)$ で表される曲線は，$\boldsymbol{p}'(\pm\pi/2) = \boldsymbol{0}$ となることを確認せよ．

曲線 C がパラメータ表示式 (2.4) で与えられているとき，端点 $(t = \alpha)$ から

の曲線の長さは

$$s(t) = \int_{\alpha}^{t} \sqrt{(x'(\tau))^2 + (y'(\tau))^2}\, d\tau \tag{2.5}$$

で与えられる．これを α から t までの曲線 C の**弧長**という．また，

$$ds = \sqrt{(x'(t))^2 + (y'(t))^2}\, dt$$

をこの曲線の**線素**という．これは一般に，曲線 C の長さ L は，パラメータ表示を用いると

$$L = \int_0^L ds = \int_{\alpha}^{\beta} \sqrt{(x'(t))^2 + (y'(t))^2}\, dt$$

となるためである．一方，式 (2.5) より関数 $s(t)$ は t について単調増加関数なので，逆関数として $s \mapsto t(s)$ を定義することができる．この変数 s を**弧長パラメータ**という．式 (2.5) において $\alpha = 0$ とし，曲線のパラメータ表示 $(x(t), y(t))$ がすべての $t \geq 0$ に対して

$$(x'(t))^2 + (y'(t))^2 = 1$$

を満たしているとき，$s(t) = t$ であり，このパラメータ t は弧長パラメータとなる．すなわち，つねに「速さ１」で運動する質点の移動した距離が弧長パラメータとなる．

問 2.4　$r > 0$, $\omega > 0$ として曲線

$$C = \{(x(t), y(t)) \,|\, x(t) = r\cos\omega t,\ y(t) = r\sin\omega t,\ 0 \leq t \leq \pi\}$$

とおく．この曲線 (円弧) を弧長パラメータ s を用いて表せ．

以下，記号の混同を避けるため，一般のパラメータ t に関する微分を $\square' := \frac{d}{dt}$，弧長パラメータ s に関する微分を $\dot{\square} := \frac{d}{ds}$ で表す．明確に使い分けているので，十分注意して読んでいこう．

平面の曲線上の点の位置ベクトル $\boldsymbol{p}(t)$ は式 (2.1) より直交座標 O–xy では，

$$\boldsymbol{p}(t) = \begin{pmatrix} x(t) \\ y(t) \end{pmatrix}$$

のように表される．前節の微分の定義より，h を微小量として $\boldsymbol{p}(t+h)$ と $\boldsymbol{p}(t)$ を結ぶベクトルに対して，$h \to 0$ の極限を考えると，

$$\boldsymbol{p}'(t) = \lim_{h\to 0} \frac{\boldsymbol{p}(t+h) - \boldsymbol{p}(t)}{h} = \begin{pmatrix} x'(t) \\ \\ y'(t) \end{pmatrix}$$

を得る．これを点 $\boldsymbol{p}(t)$ でのパラメータ t に対する**接ベクトル**という．また，式 (2.5) より

$$s(t) = \int_{\alpha}^{t} |\boldsymbol{p}'(\tau)|\, d\tau$$

なので，弧長パラメータ s に対して

$$\frac{ds}{dt} = |\boldsymbol{p}'|$$

が成立する．よって

$$\dot{\boldsymbol{p}} = \boldsymbol{p}' \cdot \frac{dt}{ds} = \frac{1}{|\boldsymbol{p}'|}\boldsymbol{p}' \tag{2.6}$$

となり，ベクトル

$$\dot{\boldsymbol{p}} = \begin{pmatrix} \dfrac{dx}{ds}(s) \\ \\ \dfrac{dy}{ds}(s) \end{pmatrix}$$

は単位ベクトルになる．これを $\boldsymbol{p}(s)$ での**接ベクトル**といい，$\boldsymbol{t}(s)$ で表す．なお，弧長パラメータや接ベクトルの概念は 2 次元の平面曲線に限られた話ではなく，一般次元であっても同様に定義される．特に 3 次元の場合については後の 2.3 節で扱う．

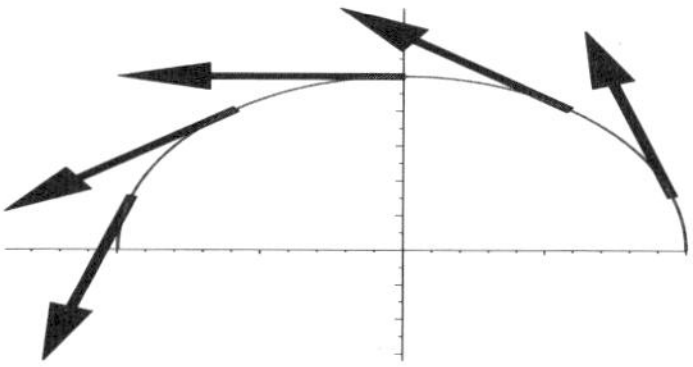

図 2.1

次に曲率という概念を導入しよう．曲率とは，曲線の曲がり具合を，円で近似して表現する表現の 1 つといってもよい．そのことをみていこう．

平面曲線の曲率を定義するために，まず法線ベクトルを次のように定義する．

定義 2.5　弧長パラメータ s で表現された平面曲線 $C : \boldsymbol{p} = \boldsymbol{p}(s)$ の接ベクトル $\boldsymbol{t}$ に直交する長さが 1 のベクトル値関数 $\boldsymbol{n} = \boldsymbol{n}(s)$ を

$$\boldsymbol{n} = \begin{pmatrix} 0 & -1 \\ 1 & 0 \end{pmatrix} \boldsymbol{t} \tag{2.7}$$

で定め，曲線 C の**法線ベクトル**とよぶ．このとき，明らかに $|\boldsymbol{n}(s)| = 1$ である．

これは，法線ベクトル $\boldsymbol{n}$ は，接ベクトル $\boldsymbol{t}$ を $\pi/2$ 回転させて得られることを意味する．つまり $\boldsymbol{t}$ と $\boldsymbol{n}$ は直交する．さて，$\boldsymbol{t}$ の定義より $|\boldsymbol{t}| = 1$ なので，$\boldsymbol{t} = \dot{\boldsymbol{p}}$ より

$$\dot{\boldsymbol{p}} \cdot \dot{\boldsymbol{p}} = 1$$

である．この両辺を s で微分すると

$$\ddot{\boldsymbol{p}} \cdot \dot{\boldsymbol{p}} = \dot{\boldsymbol{t}} \cdot \boldsymbol{t} = 0 \tag{2.8}$$

より接ベクトル $\dot{\boldsymbol{p}}\ (= \boldsymbol{t})$ と $\ddot{\boldsymbol{p}}$ は直交する．ここで，$\ddot{\square} := \frac{d^2}{ds^2}$ である．よって，$\ddot{\boldsymbol{p}}$ は単位法線ベクトル $\boldsymbol{n}$ のスカラー倍で表される．このとき，$\boldsymbol{n}$ の係数は一般に弧長パラメータ s に依存する関数である．

定義 2.6　弧長パラメータ s で表現された平面曲線 $C : \boldsymbol{p} = \boldsymbol{p}(s)$ とその法線ベクトル $\boldsymbol{n} = \boldsymbol{n}(s)$ に対して，

$$\ddot{\boldsymbol{p}} = \kappa \boldsymbol{n}$$

で定まる滑らかな関数 $\kappa = \kappa(s)$ を平面曲線 C の**曲率**という．

例題 2.2　半径 $r > 0$ の円 C_r の曲率を求めよ．

(解答)　原点を中心としても一般性を失わないので，半径 r の円 C_r を

$$C_r : \boldsymbol{p}(t) = \begin{pmatrix} r\cos t \\ r\sin t \end{pmatrix}, \qquad t \in [0, 2\pi]$$

とパラメータ表示できる．このとき，接ベクトルは $\boldsymbol{p}'(t) = (-r\sin t, r\cos t)$ なので $|\boldsymbol{p}'(t)| = r$ であり，パラメータ t は弧長パラメータではないことに注意する．新しいパラメータとして $s = rt$ を導入すると，

$$\boldsymbol{p}(s) = \begin{pmatrix} r\cos\dfrac{s}{r} \\ r\sin\dfrac{s}{r} \end{pmatrix}, \qquad s \in [0, 2\pi r]$$

となり，接ベクトルは $\dot{\boldsymbol{p}}(s) = (-\sin(s/r), \cos(s/r))$ なので，$|\dot{\boldsymbol{p}}(s)| = 1$ であり，s は弧長パラメータである．法線ベクトル $\boldsymbol{n}(s)$ は

$$\boldsymbol{n}(s) = \begin{pmatrix} 0 & -1 \\ 1 & 0 \end{pmatrix} \dot{\boldsymbol{p}}(s) = -\begin{pmatrix} \cos\dfrac{s}{r} \\ \sin\dfrac{s}{r} \end{pmatrix}$$

であり，

$$\ddot{\boldsymbol{p}}(s) = -\frac{1}{r}\begin{pmatrix} \cos\dfrac{s}{r} \\ \sin\dfrac{s}{r} \end{pmatrix} = \frac{1}{r}\boldsymbol{n}(s)$$

となる．よって，C_r の曲率 $\kappa(s)$ は半径の逆数 $\dfrac{1}{r}$ となる．　□

! 注意 2.5　上記の例題では曲線 C_r は反時計回りに向きづけられた曲線としたが，曲線の向きを逆にし，つまり時計回りに向きづけすると，曲率 κ は $-\kappa$ に変わることに注意する．

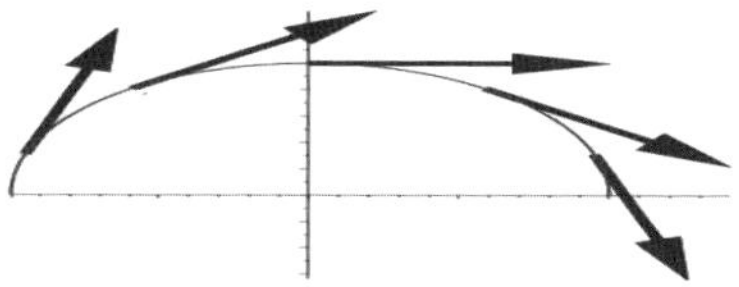

図 2.2

例題 2.2 からもわかるとおり，曲線の曲率はその曲線に接する円の半径と密接な関係がある．一般に，平面曲線 $\boldsymbol{p}(s)$ の点 $\boldsymbol{p}(s_0)$ での曲率を $\kappa(s_0) \neq 0$ と

すると，曲線 $\boldsymbol{p}$ は点 $\boldsymbol{p}(s_0)$ で半径 $1/|\kappa(s_0)|$ の円と接する．このとき

$$\rho = \rho(s) = \frac{1}{|\kappa(s)|} > 0$$

を点 $\boldsymbol{p}(s)$ における**曲率半径**という．半径をいろいろと変えた円を考えると，小さい円ほどよく曲がっていることに容易に気づく．小さい円の場合，つまり曲率半径が小さい場合，曲率は大きくなり，大きい円の場合，曲率は小さくなる．したがって，曲率とは曲線の曲がり具合を表していることがわかる．また，直線の場合，つまり曲率 $\kappa = 0$ の場合は，半径が無限大の円であると自然に理解できる．

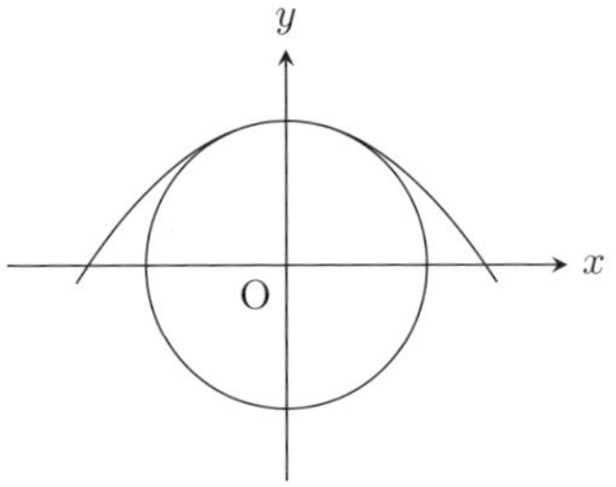

図 2.3　$y = 1 - x^2/2$ のグラフと，点 $(0, 1)$ でのこの曲線の曲率半径と同じ半径の円．

例題 2.3　実数 t でパラメータ表示された平面曲線 $\boldsymbol{p} = \boldsymbol{p}(t)$ の曲率 $\kappa = \kappa(t)$ は

$$\kappa = \frac{\det(\boldsymbol{p}', \boldsymbol{p}'')}{|\boldsymbol{p}'|^3}$$

となることを示せ．

(解答)　定義 2.6 より，弧長パラメータで表現された平面曲線の曲率は

$$\dot{\boldsymbol{t}} = \kappa \boldsymbol{n} \tag{2.9}$$

で与えられる．接ベクトル $\boldsymbol{t}(s)$ は式 (2.6) より

$$\boldsymbol{t} = \frac{\boldsymbol{p}'}{|\boldsymbol{p}'|}$$

であり，式 (2.5) より

$$\frac{dt}{ds} = \left(\frac{ds}{dt}\right)^{-1} = \frac{1}{|\boldsymbol{p}'|}$$

なので，

$$\dot{\boldsymbol{t}} = \frac{dt}{ds}\frac{d}{dt}\left(\frac{\boldsymbol{p}'}{|\boldsymbol{p}'|}\right) = \frac{1}{|\boldsymbol{p}'|}\left(\frac{\boldsymbol{p}''}{|\boldsymbol{p}'|} - \frac{\boldsymbol{p}'}{|\boldsymbol{p}'|^2}\frac{d|\boldsymbol{p}'|}{dt}\right)$$

である．ここで $\boldsymbol{t} \perp \boldsymbol{n}$ であることに注意して，式 (2.9) と $\boldsymbol{n}$ との内積をとると，

$$\kappa = \frac{1}{|\boldsymbol{p}'|}\left(\frac{\boldsymbol{p}''}{|\boldsymbol{p}'|} - \frac{\boldsymbol{p}'}{|\boldsymbol{p}'|^2}\frac{d|\boldsymbol{p}'|}{dt}\right)\cdot \boldsymbol{n} = \frac{1}{|\boldsymbol{p}'|^2}\boldsymbol{p}''\cdot\boldsymbol{n}$$

となる．定義 2.5 より

$$\boldsymbol{n} = \begin{pmatrix} 0 & -1 \\ 1 & 0 \end{pmatrix}\frac{\boldsymbol{p}'}{|\boldsymbol{p}'|}$$

なので，

$$\kappa = \frac{1}{|\boldsymbol{p}'|^3}\boldsymbol{p}''\cdot\begin{pmatrix} 0 & -1 \\ 1 & 0 \end{pmatrix}\boldsymbol{p}' = \frac{\det(\boldsymbol{p}', \boldsymbol{p}'')}{|\boldsymbol{p}'|^3}$$

となる．　□

問 2.5　$a > 0$ とし，

$$\boldsymbol{p}(t) = (a(1+\cos t)\cos t, a(1+\cos t)\sin t)\,, \quad t \in [0, \pi)$$

とパラメータ表示される曲線の曲率 $\kappa(t)$ を計算せよ．

例題 2.3 より，曲線 C が $y = f(x)$ で与えられているとき，この曲線の曲率は

$$\kappa(x) = \frac{f''(x)}{(1 + (f'(x))^2)^{\frac{3}{2}}} \tag{2.10}$$

で与えられることが容易にわかる．

問 2.6　式 (2.10) を確認せよ．

問 2.7　$a > 0$ とし $f(x) = ax^2$ とおくとき，点 $(x, f(x))$ での曲率半径を求めよ．

! 注意 2.6　上記で定義した平面曲線に関する曲率は，関数の凹凸によっては負の値もとりうるものである．これは，法線ベクトル $\boldsymbol{n}$ を定義 2.5 のように接ベクトル $\boldsymbol{t}$ を $\pi/2$ 回転させたものとして定義したためである．一方，式 (2.8) より

$$\tilde{\boldsymbol{n}} := \dot{\boldsymbol{t}}$$

も $\boldsymbol{t}$ と直交するベクトルである．このとき

$$\boldsymbol{n} = \frac{1}{|\tilde{\boldsymbol{n}}|}\tilde{\boldsymbol{n}}$$

を点 $\boldsymbol{p}(s)$ における曲線の**法線ベクトル**とし，

$$\kappa_*(s) = |\tilde{\boldsymbol{n}}| = \left|\dot{\boldsymbol{t}}(s)\right| \quad (= |\ddot{\boldsymbol{p}}(s)|)$$

を曲線 $\boldsymbol{p}(s)$ の**曲率**と定める場合もある．このとき $\kappa_* = |\kappa|$ である．この場合，明らかに $\kappa_* \geq 0$ である．この定義は空間曲線の場合の曲率の定義と同じものである (2.3 節参照)．この場合，例題 2.2 で扱った半径 $r > 0$ の円 C_r に対して，時計回りの場合でも反時計回りの場合でも同じ曲率 $1/r$ を与えることになり，その向きは言及できないように思われる．しかし，上記の定義において，$\tilde{\boldsymbol{n}}$ は接ベクトル $\boldsymbol{t}$ を $\pi/2$ 回転させたものと同じ向きとは限らない．よって，この $\tilde{\boldsymbol{n}}$ の向きによって，曲がり方を規定している．また，この円 C_r を空間曲線として捉えた場合は，それぞれの回り方に対して逆向きの従法線ベクトル（次節で定義する）が現れる．そのため，同じ曲率をもっていてもそれぞれ別の曲線と捉えることができる．

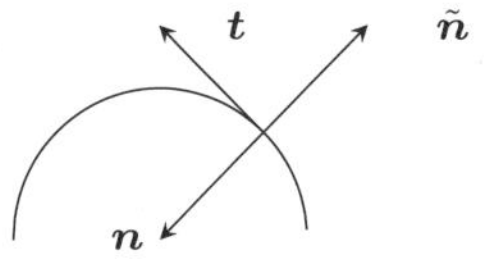

図 2.4

2.2.1　2 次元のフルネ・セレーの定理

接ベクトルと法線ベクトルの関係性を調べよう．定義 2.5 および 2.6 より，接ベクトル $\boldsymbol{t}$，法線ベクトル $\boldsymbol{n}$ および曲率 κ について次が成立する．

定理 2.1（フルネ・セレー (Frenet・Serret) の定理）　弧長パラメータ s で表現された平面曲線 $C : \boldsymbol{p} = \boldsymbol{p}(s)$ に対して，その接ベクトル $\boldsymbol{t}$ と法線ベクトル $\boldsymbol{n}$ は

$$\begin{cases} \dot{\boldsymbol{t}} &= \kappa \boldsymbol{n}, \\ \dot{\boldsymbol{n}} &= -\kappa \boldsymbol{t} \end{cases} \tag{2.11}$$

を満たす．

証明　$\dot{\boldsymbol{t}} = \ddot{\boldsymbol{p}} = \kappa \boldsymbol{n}$ より，式 (2.11) の第 1 式が成立する．また，式 (2.7) より

$$\dot{\boldsymbol{n}} = \kappa \begin{pmatrix} 0 & -1 \\ 1 & 0 \end{pmatrix} \boldsymbol{n} = -\kappa \boldsymbol{t}$$

であり，第 2 式が成立する．　□

式 (2.11) は 1 階の常微分方程式系であるため，微分方程式の基本定理より，$s = 0$ における $\boldsymbol{t}$ および $\boldsymbol{n}$ の値が知られていれば，$\kappa(s)$ を既知の滑らかな関数とするとき，解 $\boldsymbol{t}(s), \boldsymbol{n}(s)$ が一意的に存在することが知られている．曲線 $\boldsymbol{p}(s)$ は $\dot{\boldsymbol{p}}(s) = \boldsymbol{t}(s)$ を積分し，出発点を定めれば決定されることがわかる．

2.2.2　4 頂点定理 ★

この項と次の項は，理論的に美しい内容であるが，初学者は読み飛ばしても差し支えない．

曲線 $C = \{\boldsymbol{p}(s) \mid a \leq s \leq b\}$ が，$\boldsymbol{p}(a) = \boldsymbol{p}(b)$ を満たし，かつ，$\boldsymbol{p}(s_1) = \boldsymbol{p}(s_2)$ を満たす $a \leq s_1 < s_2 \leq b$ は $s_1 = a$ かつ $s_2 = b$ のみに限るとき，C を**単純閉曲線**という．さらに，単純閉曲線上の任意の 2 点を結ぶ線分が，この閉曲線で囲まれた領域の外側と共通部分をもたないとき，C を**凸単純閉曲線**もしくは**卵形線**という．閉曲線であって，もし $\boldsymbol{p}(s)$ が C^∞ 級であれば，曲線 C を**滑らかな閉曲線**という．

曲線 C の曲率 κ が s について C^3 級であるとき，$\kappa'(s) = 0$ となる点を曲線の**頂点**という．例えば，図を描いてみても明らかだが，楕円 $x^2/9 + y^2/4 = 1$ の頂点は，$(\pm 3, 0), (0, \pm 2)$ である．楕円は 4 つの頂点をもつのであるが，実はこのことは一般論としても成り立つ．すなわち，次の定理が成立する．

> **定理 2.2**　滑らかな凸単純閉曲線は，少なくとも 4 つの頂点をもつ．

証明　滑らかな凸単純閉曲線を $C = \{\boldsymbol{p}(s) \mid a \leq s \leq b\}$ とおく．この曲線の各点で定義される曲率 $\kappa(s)$ は s の関数として滑らかな関数となる．滑らかな閉曲線であるから $\kappa(a) = \kappa(b)$ であることに注意する．このとき κ は閉区間 $[a, b]$ のどこかで最大値と最小値をとり，そのとき $\dot{\kappa}(s) = 0$ となる．したがって，頂点が 2 つは必ず存在する．残り 2 つの存在を背理法を用いて示す．そのために，$\kappa(s)$ が最大値をとる点を M，最小値をとる点を N とし，2 点 M, N を通る直線を x 軸，これに垂直な方向を y 軸とする．

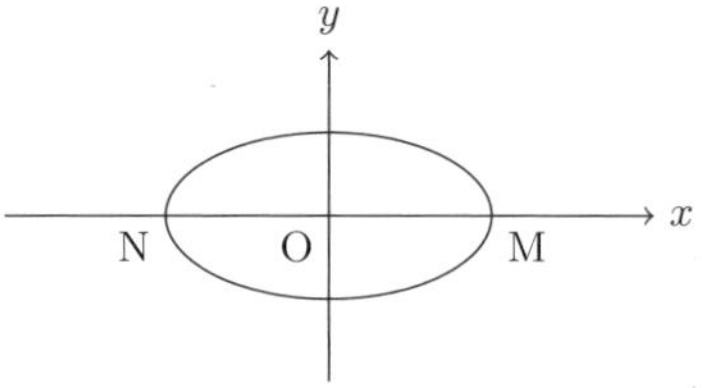

図 2.5

$\boldsymbol{p}(s) = (x(s), y(s))$ とおく．s が増加するに従い，N から M に向かうとき，$\kappa(s)$ は最小値から最大値に向かい，しかも頂点がないと仮定しているので，この範囲では $\dot{\kappa}(s) > 0$ である．また，N から M へ向かうときは，ここでも他に頂点がなければ $\dot{\kappa}(s) < 0$ である．よって，$\dot{\kappa}(s)y(s) \neq 0$ $(a < s < b)$ であるが，y 軸の向きを $\dot{\kappa}(s)y(s) > 0$ $(a < s < b)$ であるとしてよい．したがって，$y(a) = y(b) = 0$ に注意すると

$$0 < \int_a^b \dot{\kappa}(s)y(s)\,ds = \Big[\kappa(s)y(s)\Big]_a^b - \int_a^b \kappa(s)\dot{y}(s)\,ds = -\int_a^b \kappa(s)\dot{y}(s)\,ds$$

であることがわかる．ここで式 (2.11) より，$\boldsymbol{n} = (\xi_1(s), \xi_2(s))$ とおくと，

$$\dot{\xi}_2(s) = -\kappa(s)\dot{y}(s)$$

なので，

$$0 < -\int_a^b \kappa(s)\dot{y}(s)\,ds = \int_a^b \xi_2(s)\,ds = \Big[\xi_2(s)\Big]_a^b = 0$$

となり矛盾する．よって，M, N とは異なる点においても $\dot{\kappa}(s) = 0$ となる．この点を P とおく．

もし点 P が点 N から点 M に向かう途中にあったとする．このとき，点 P 以外では $\dot{\kappa}(s) > 0$ である．そうでなければ，点 P 以外にも $\dot{\kappa}(s) = 0$ となる点があることになり，点 M から点 N への経路上には $\dot{\kappa}(s) = 0$ となる点はないとしていることに反する．結局，3 点 M, N, P 以外では $\dot{\kappa}(s)y(s) > 0$ であることがわかり，

$$\int_a^b \dot{\kappa}(s)y(s)\,ds > 0$$

がわかる．すると先ほどの議論をもう一度行うと，また積分の符号に矛盾を生じ，少なくとも 4 つの頂点が存在することがわかる．　□

2.2.3　フェンヒェルの定理★

曲線の位置ベクトル $\boldsymbol{p}(s)$ に対して，法線ベクトル $\boldsymbol{n}(s)$ を対応させることを考えよう．つまり，この対応は，原点を中心とする半径 1 の円周上の点の位置ベクトルを対応させるものである．この対応を**ガウス (Gauss) の表示**という．$\Delta s > 0$ を微小量とすると，テイラー展開より，

$$\boldsymbol{n}(s+\Delta s) = \boldsymbol{n}(s) + \dot{\boldsymbol{n}}(s)\Delta s + O((\Delta s)^2)$$

である[4)]．$\dot{\boldsymbol{n}}(s) = -\kappa \boldsymbol{t}(s)$ であるから，

$$\boldsymbol{n}(s+\Delta s) = \boldsymbol{n}(s) - \kappa \boldsymbol{t}(s)\Delta s + O((\Delta s)^2)$$

と書ける．$\boldsymbol{t}$ は $\boldsymbol{n}$ と垂直なので，この式は s の微小変化により $\boldsymbol{n}$ が単位円の接線方向に速さ $|\kappa|$ で動くことを意味している．より詳細には，符号がマイナスなので，反時計回りに速さ $|\kappa|$ ($\kappa < 0$ のときは時計回り) で動く．

閉曲線の場合，法線方向のベクトルの変化をガウスの表示により捉えることができる．そこで，曲率の積分について考えてみよう．閉曲線 (単純とは限らない) に対して，曲率の積分値を 2π で割ったもの

$$m := \frac{1}{2\pi}\int_a^b \kappa(s)\,ds$$

を閉曲線の**回転数**という．この量は，実は整数値 (負の値のこともある) をとる．ガウスの表示より，円周上での $\boldsymbol{n}(s)$ の挙動をみると，$\kappa(s) > 0$ のところでは左回りに動き，$\kappa(s) < 0$ のところでは右に動くが，これらを込めて閉曲線の周をパラメータに従って動いたとき，左回りに何周回ったかを示す量が m である．例えば，$\boldsymbol{p}(s) = (\cos s, \sin s)$ $(0 \leq s \leq 2\pi)$ であれば，$\boldsymbol{t}(s) = (-\sin s, \cos s)$，$\boldsymbol{n}(s) = (-\cos s, -\sin s)$ なので，$\dot{\boldsymbol{n}}(s) = (\sin s, -\cos s) = -\boldsymbol{t}$ となり，$\kappa(s) = 1$ であって，回転数 m は 1 であることがわかる．

回転数は，曲率が負の場合があると積分値は相殺されて小さくなるので，曲率の絶対値の積分を考えると，別の意味のある量が出てくる．このとき，

$$\mu := \int_a^b |\kappa(s)|\,ds$$

---

4) この O をランダウ (Landau) 記号という．$O(h^2)$ とは，$h \to 0$ (または $|h| \to \infty$) のとき，高々 h^2 の定数倍として振る舞うことを意味する．

を**閉曲線の全曲率**という．全曲率に対しては，次のような事実が知られている．

> **定理 2.3（フェンヒェルの定理）**　2 次元平面内の滑らかな閉曲線 C に対して，その全曲率 μ はつねに
>
> $$\mu \geq 2\pi$$
>
> である．等号が成り立つのは，C が凸単純閉曲線である場合に限られる．

証明　弧長パラメータ s を用いて曲線 C が

$$C = \boldsymbol{p}(s) = \{(x(s), y(s)) \,|\, a \leq s \leq b\}$$

と表されているとする．s が a から b まで動くとき，$\boldsymbol{t}(s) = (\dot{x}(s), \dot{y}(s))$ がもし単位円の円の半周よりも小さい範囲しか動かないとすると，矛盾が生じることをまず示す．このとき，$\boldsymbol{t}(s)$ は上半平面内の単位円周上を動くとしてよい．したがって，つねに $\dot{y}(s) > 0$ となるが，C は閉曲線なので $y(a) = y(b)$ であることに注意すると

$$0 < \int_a^b \dot{y}(s)\, ds = y(b) - y(a) = 0$$

となり矛盾する．したがって，$\boldsymbol{t}$ は少なくとも単位円の半周を動く．すなわち，

$$\int_a^b |\boldsymbol{t}|\, ds \geq \pi$$

である．そこで，$s_1 \in (a, b]$ を

$$\{\boldsymbol{t}(s) \,|\, a \leq s \leq s_1\}$$

がちょうど単位円の半周となるような最小の値とする．このとき，$\boldsymbol{t}(s_1) = -\boldsymbol{t}(a)$ であるとしてよい．このとき，法線ベクトル $\boldsymbol{n}$ は式 (2.7) よりつねに $\boldsymbol{t}(s)$ の $\pi/2$ 後を角度を保って動く．よって，特に $\boldsymbol{n}(s_1) = -\boldsymbol{n}(a)$ である．ここで，$\dot{\boldsymbol{t}} = -\kappa \boldsymbol{n}$ であり，

$$\int_a^{s_1} |\dot{\boldsymbol{t}}|\, ds = \int_a^{s_1} |\kappa(s)|\, ds$$

であるが，左辺は $\boldsymbol{t}$ が $s = a$ から $s = s_1$ まで動いたときの道のりを表し，道のりは π を下回らないことが示されているので，

$$\int_a^{s_1} |\kappa(s)|\,ds \geq \pi.$$

同様にして，残りの経路に関しても

$$\int_{s_1}^{b} |\kappa(s)|\,ds \geq \pi$$

がわかる．以上によりまず，

$$\int_a^{b} |\kappa(s)|\,ds \geq 2\pi$$

であることがわかる．

以下では等号が成立する場合を考える．もし

$$\int_a^{b} |\kappa(s)|\,ds = 2\pi$$

であるとすると，κ は定符号であって，かつ，$\dot{\boldsymbol{n}}(s)$ は s が a から b まで動くとき，ちょうど単位円周上を一周することになる．定符号なので，$\kappa(s) \geq 0$ としてよい．このとき，もし C が単純閉曲線でないとすると，$\boldsymbol{p}(a) = \boldsymbol{p}(s_0)$ となる自己交叉点 $s_0 \in (a,b)$ が存在する．閉曲線であるので，自己交叉点において $\boldsymbol{t}(a), \boldsymbol{t}(s_0)$ ともに水平方向 (x 軸方向) には向いていないと仮定しても問題ない．これは，位置ベクトル $\boldsymbol{p}(s)$ の y 座標の最大値・最小値は自己交叉点ではないことを仮定していることになる．しかも，$a < s < s_0$, $s_0 < s < b$ のそれぞれで閉曲線をなしていることになるので，それぞれの範囲で y 座標の極大値・極小値がある．すると，極大値・極小値では法線ベクトル $\boldsymbol{n}(s)$ は y 方向の成分のみとなるが，このように y 成分のみとなる法線ベクトルの位置が 4 つはあることになる．しかし，$\boldsymbol{n}(s)$ は全曲率がちょうど 2π と仮定したから，円周を過不足なく 1 周するため，y 成分のみとなる点はちょうど 2 つであり矛盾する．よって，自己交叉しないことがわかる．

最後に，曲線が凸であることを示す．このためには，各点の接線のどれをとっても，閉曲線はその片側にあることを示せばよい．曲線上の点 $\boldsymbol{p}(s_2)$ において，曲線を回転させることで，その点での接線は x 軸に平行であるとしてよい．もし，この点での接線の両側に曲線があるとすると，$\boldsymbol{p}(s)$ の y 座標の最大を与える点 s_3 と，最小を与える点 s_4 (s_3, $s_4 \in [a,b]$, $s_3 \neq s_4$) がある．すなわち，

$\boldsymbol{p}(s_2)$, $\boldsymbol{p}(s_3)$, $\boldsymbol{p}(s_4)$ での接ベクトル $\boldsymbol{t}(s_2)$, $\boldsymbol{t}(s_3)$, $\boldsymbol{t}(s_4)$ は x 成分のみのベクトルである．すると，これらに対応する $\boldsymbol{n}(s_2)$, $\boldsymbol{n}(s_3)$, $\boldsymbol{n}(s_4)$ は y 成分のみのベクトルである．$\boldsymbol{n}(s)$ は円周をちょうど1周するので，y 方向のみのベクトルとなるのはちょうど2点のみであるが，ここでは3点存在することになる．これは曲線が接線の両側にくることがあると仮定したことから導かれる矛盾である．したがって，曲線の接線はどの位置であっても接線の片側にのみ曲線があることがわかる．これは曲線の凸性を示すものである． □

! 注意 2.7　ここで示したフェンヒェルの定理は3次元内の閉曲線に対しても成り立つ．

問 2.8　単位円 $C = \{(\cos s, \sin s) \mid 0 \leq s \leq 2\pi\}$ のとき，全曲率 $\mu = 2\pi$ を確認せよ．

2.3　3次元空間内の曲線

3次元空間内の曲線も基本的には，平面上の曲線と同様に考えることができる．パラメータ t に対して，空間内の点の位置ベクトル $\boldsymbol{p}(t)$ は直交座標では，

$$\boldsymbol{p}(t) = \begin{pmatrix} x(t) \\ y(t) \\ z(t) \end{pmatrix}$$

のように表される．前節と同様，$x(t)$, $y(t)$, $z(t)$ はすべて C^∞ 級であり，かつ，

$$(x'(t))^2 + (y'(t))^2 + (z'(t))^2 \neq 0$$

であるとするとき，$\boldsymbol{p}(t)$ は**正則な空間曲線**という．さらに，$t \in [\alpha, \beta]$ のとき，前節と同様に

$$s(t) := \int_\alpha^t \sqrt{(x'(\tau))^2 + (y'(\tau))^2 + (z'(\tau))^2}\, d\tau$$

としたとき，やはり $s(t)$ は t について単調増加関数であり，この s を3次元の**弧長パラメータ**という．また，

$$ds = \sqrt{(x'(t))^2 + (y'(t))^2 + (z'(t))^2}\, dt$$

をこの曲線の**線素**という．このとき，ベクトル

$$\dot{\boldsymbol{p}}(s) = \begin{pmatrix} \dot{x}(s) \\ \dot{y}(s) \\ \dot{z}(s) \end{pmatrix} \tag{2.12}$$

を，点 $\boldsymbol{p}(s)$ での**接ベクトル**といい，$\boldsymbol{t}(s)$ で表す．点 $\boldsymbol{p}(s)$ を通り，接ベクトル $\boldsymbol{t}(s)$ に垂直な平面を点 $\boldsymbol{p}(s)$ における**法平面**という．法平面上の点の座標を $\boldsymbol{X} = (X, Y, Z)$ とおくと，

$$(\boldsymbol{X} - \boldsymbol{p}(s)) \cdot \boldsymbol{t}(s) = \begin{pmatrix} X - x(s) \\ Y - y(s) \\ Z - z(s) \end{pmatrix} \cdot \begin{pmatrix} \dot{x}(s) \\ \dot{y}(s) \\ \dot{z}(s) \end{pmatrix} = 0$$

となるので，法平面の上の点 $\boldsymbol{X} = (X, Y, Z)$ は

$$(X - x(s))\dot{x} + (Y - y(s))\dot{y} + (Z - z(s))\dot{z} = 0$$

を満たす．

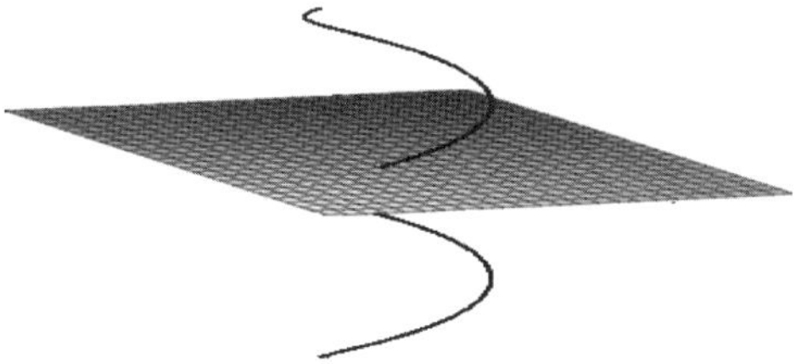

図 2.6　曲線と法平面.

平面ベクトルと同様にして，接ベクトル $\boldsymbol{t}$ の長さが 1 であることを用いると，式 (2.8) より，

$$\dot{\boldsymbol{t}} \perp \boldsymbol{t}$$

がわかる．この $\dot{\boldsymbol{t}}$ の方向を**主法線方向**といい，

$$\dot{\boldsymbol{t}} = \frac{1}{\rho}\boldsymbol{n} \tag{2.13}$$

となる単位ベクトル $\boldsymbol{n}$ を**主法線ベクトル**，ρ を曲率半径，$\kappa = 1/\rho$ を曲率という．

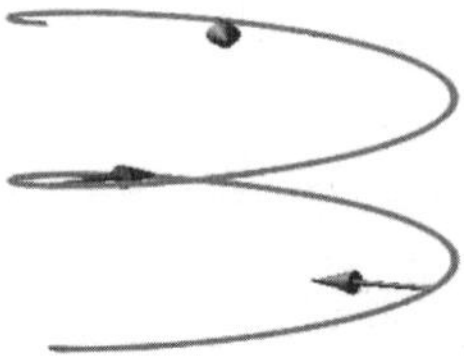

図 2.7　曲線に対する主法線ベクトル．

問 2.9　位置ベクトル $\boldsymbol{p}(t) = (\cos\omega t, \sin\omega t, at)$ $(\omega > 0,\ a > 0)$ で与えられる曲線 (常螺線) を弧長パラメータ s で表せ．

次に，2 次元空間内の曲線では現れなかった“ねじれ”というものについて考える．$\boldsymbol{t}$ と $\boldsymbol{n}$ は直交するので，外積

$$\boldsymbol{b} := \boldsymbol{t} \times \boldsymbol{n}$$

を定義することができる．このとき

$$|\boldsymbol{b}| = |\boldsymbol{t} \times \boldsymbol{n}| = |\boldsymbol{t}||\boldsymbol{n}| \sin\frac{\pi}{2} = 1$$

である．この $\boldsymbol{b}$ を**従法線ベクトル**もしくは**陪**(ばい)**法線ベクトル**という．定義より，各 s において $\{\boldsymbol{t}, \boldsymbol{n}, \boldsymbol{b}\}$ は互いに直交する単位ベクトルであり，3 次元空間の基底にもなる．また，これらは $\boldsymbol{t}, \boldsymbol{n}, \boldsymbol{b}$ の順で右手系をなす．特に，$\boldsymbol{t}$, $\boldsymbol{n}$ で張られる平面を**接触平面**，$\boldsymbol{t}$, $\boldsymbol{b}$ で張られる平面を**展直平面**という．

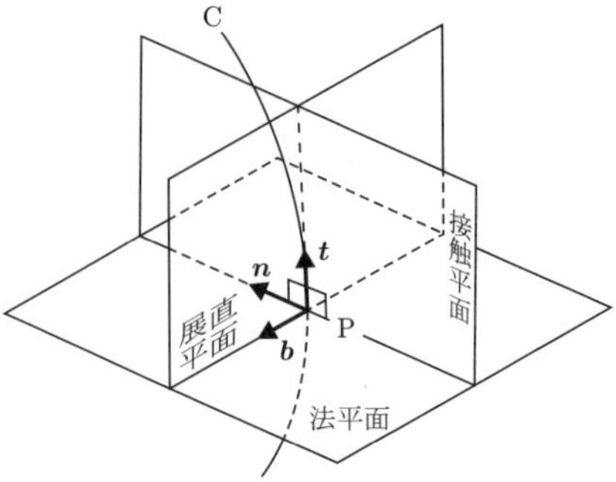

図 2.8　法平面，接触平面と展直平面．

接触平面上の点の座標を $\boldsymbol{X} = (X, Y, Z)$ とおくと，$s = s_0$ 接触における平面の方程式は

$$(\boldsymbol{t}(s_0) \times \boldsymbol{n}(s_0)) \cdot (\boldsymbol{X} - \boldsymbol{p}(s)) = 0$$

で与えられる．

$\{\boldsymbol{t}, \boldsymbol{n}, \boldsymbol{b}\}$ は 3 次元空間の基底であるので，$\dot{\boldsymbol{n}}, \dot{\boldsymbol{b}}$ を $\boldsymbol{t}, \boldsymbol{n}, \boldsymbol{b}$ の一次結合で表示することを試みよう．まず，$\dot{\boldsymbol{t}} /\!/ \boldsymbol{n}$ なので，

$$\dot{\boldsymbol{t}} \times \boldsymbol{n} = \boldsymbol{0}$$

である．よって，

$$\dot{\boldsymbol{b}} = \dot{\boldsymbol{t}} \times \boldsymbol{n} + \boldsymbol{t} \times \dot{\boldsymbol{n}} = \boldsymbol{t} \times \dot{\boldsymbol{n}}$$

がわかる．また $\boldsymbol{n} \cdot \boldsymbol{n} = 1$ であるから，両辺を s で微分すると $\dot{\boldsymbol{n}} \perp \boldsymbol{n}$ なので，

$$\boldsymbol{n} \times \dot{\boldsymbol{b}} = \boldsymbol{n} \times (\boldsymbol{t} \times \dot{\boldsymbol{n}}) = (\boldsymbol{n} \cdot \dot{\boldsymbol{n}})\,\boldsymbol{t} - (\boldsymbol{n} \cdot \boldsymbol{t})\dot{\boldsymbol{n}} = \boldsymbol{0}$$

となる．よって $\dot{\boldsymbol{b}} /\!/ \boldsymbol{n}$ であり，

$$\dot{\boldsymbol{b}} = -\tau \boldsymbol{n} \tag{2.14}$$

となるスカラー値関数 $\tau(s)$ が存在する．これを曲線 $\boldsymbol{p}(s)$ の**ねじれ率**（**捩率**（れいりつ））という．これは s に対して，接触平面が接線の周りを回転する率である．

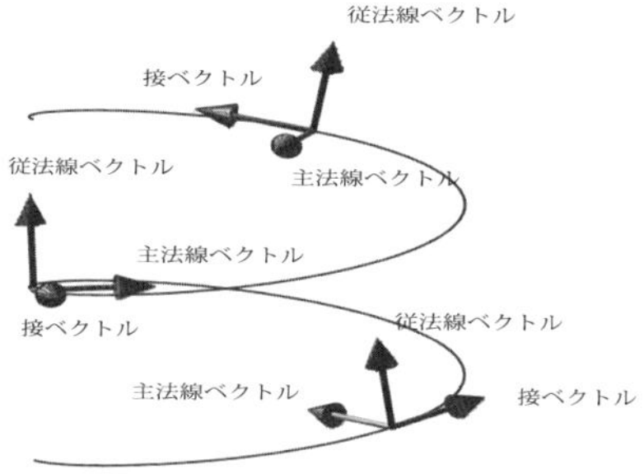

図 2.9

! 注意 2.8　曲線 C が直線であることと $\kappa(s) = 0$ であることは同値であり，曲線 C が平面曲線であることと $\tau(s) = 0$ であることは同値であることが容易に確認できる．

2 次元の場合と同様に，3 次元の場合もフルネ・セレーの定理が成立する．このことを説明していこう．まず，$\boldsymbol{t}, \boldsymbol{n}, \boldsymbol{b}$ はこの順で右手系をなすので，法線ベ

クトル $\boldsymbol{n}$ は

$$\boldsymbol{n} = \boldsymbol{b} \times \boldsymbol{t}$$

とも書ける．この両辺を s で微分し，式 (2.13) と式 (2.14) を用いると，

$$\dot{\boldsymbol{n}} = \dot{\boldsymbol{b}} \times \boldsymbol{t} + \boldsymbol{b} \times \dot{\boldsymbol{t}} = -\tau \boldsymbol{n} \times \boldsymbol{t} + \kappa \boldsymbol{b} \times \boldsymbol{n}$$

が成立する．ここで再度右手系であることを用いると

$$\boldsymbol{n} \times \boldsymbol{t} = -\boldsymbol{b}, \qquad \boldsymbol{b} \times \boldsymbol{n} = -\boldsymbol{t}$$

なので，

$$\dot{\boldsymbol{n}} = \tau \boldsymbol{b} - \kappa \boldsymbol{t} \tag{2.15}$$

を得る．以上の式 (2.13), (2.14), (2.15) をまとめると次がわかる．

定理 2.4（フルネ・セレーの定理）　弧長パラメータ s で表現された空間曲線 $C : \boldsymbol{p} = \boldsymbol{p}(s)$ に対して，その接ベクトル $\boldsymbol{t}$，主法線ベクトル $\boldsymbol{n}$ および従法線ベクトル $\boldsymbol{b}$ は

$$\begin{cases} \dot{\boldsymbol{t}} &= \kappa \boldsymbol{n}, \\ \dot{\boldsymbol{n}} &= \tau \boldsymbol{b} - \kappa \boldsymbol{t}, \\ \dot{\boldsymbol{b}} &= -\tau \boldsymbol{n} \end{cases} \tag{2.16}$$

を満たす．

平面曲線に関するフルネ・セレーの定理式 (2.11) と同様に，式 (2.16) は1階の常微分方程式系であるため，微分方程式の基本定理より，$s = 0$ における $\boldsymbol{t}, \boldsymbol{n}$ および $\boldsymbol{b}$ の値が与えられていれば，$\kappa(s)$ と $\tau(s)$ を既知の滑らかな関数とするとき，解 $\boldsymbol{t}(s), \boldsymbol{n}(s), \boldsymbol{b}(s)$ が一意的に存在することが知られている．曲線 $\boldsymbol{p}(s)$ は $\dot{\boldsymbol{p}}(s) = \boldsymbol{t}(s)$ を積分し，出発点を定めれば決定される．したがって，空間曲線は実質上曲率 κ とねじれ率 τ で決定されている．

ここで，$(\boldsymbol{t}, \boldsymbol{n}, \boldsymbol{b})$ を基本ベクトルとして定義される座標系 $(\boldsymbol{t}, \boldsymbol{n}, \boldsymbol{b})$ を**フルネ標構**という．この座標系は s とともに変化する．滑らかな曲線の位置ベクトル $\boldsymbol{p}(s)$ において $s > 0$ が十分小さいとき，s について3次までテイラー展開す

ると

$$
\begin{aligned}
\boldsymbol{p}(s) &= \boldsymbol{p}(0) + \boldsymbol{t}(0)s + \kappa(0)\boldsymbol{n}(0)\frac{s^2}{2} \\
&\quad + \left(-\kappa(0)^2\boldsymbol{t}(0) + \dot{\kappa}(0)\boldsymbol{n}(0) + \kappa(0)\tau(0)\boldsymbol{b}(0)\right)\frac{s^3}{6} + O(s^4)
\end{aligned}
\tag{2.17}
$$

となる．これを**ブーケ (Bouquet) の公式**という．s の 2 次の展開に曲率の影響が現れ，3 次の項にはねじれ率も現れることを注意しておこう．なお，空間内の曲線の場合，位置ベクトル $\boldsymbol{p}(s)$ に対して $\boldsymbol{t}(s)$ を対応させる対応を**ガウスの球面表示**という．平面上の曲線の場合は，法線ベクトルの $\boldsymbol{n}(s)$ を対応させたのと異なることに注意すること．

例題 2.4　実数 t でパラメータ表示された空間曲線 $\boldsymbol{p} = \boldsymbol{p}(t)$ の曲率 $\kappa = \kappa(t)$ および，ねじれ率 $\tau = \tau(t)$ は

$$
\kappa = \frac{|\boldsymbol{p}' \times \boldsymbol{p}''|}{|\boldsymbol{p}'|^3}, \qquad \tau = \frac{[\boldsymbol{p}', \boldsymbol{p}'', \boldsymbol{p}''']}{|\boldsymbol{p}' \times \boldsymbol{p}''|^2}
$$

となることを示せ．

（解答）　実数 t でパラメータ表示された空間曲線 $\boldsymbol{p} = \boldsymbol{p}(t)$ の弧長 s に関する微分を考える．平面曲線の場合と同様に

$$
\frac{dt}{ds} = \left(\frac{ds}{dt}\right)^{-1} = \frac{1}{|\boldsymbol{p}'|}
$$

となる．また，

$$
\frac{d}{dt}|\boldsymbol{p}'| = \frac{\boldsymbol{p}' \cdot \boldsymbol{p}''}{|\boldsymbol{p}'|}
$$

なので，

$$
\begin{aligned}
\dot{\boldsymbol{p}}(s) &= \frac{\boldsymbol{p}'}{|\boldsymbol{p}'|}, \\
\ddot{\boldsymbol{p}}(s) &= \frac{1}{|\boldsymbol{p}'|}\left(\frac{\boldsymbol{p}''}{|\boldsymbol{p}'|} - \frac{\boldsymbol{p}'}{|\boldsymbol{p}'|^2}\frac{d}{dt}|\boldsymbol{p}'|\right) = \frac{\boldsymbol{p}''}{|\boldsymbol{p}'|^2} - \frac{\boldsymbol{p}' \cdot \boldsymbol{p}''}{|\boldsymbol{p}'|^4}\boldsymbol{p}', \\
\dddot{\boldsymbol{p}}(s) &= \frac{1}{|\boldsymbol{p}'|}\left(\frac{\boldsymbol{p}''}{|\boldsymbol{p}'|^2} - \frac{\boldsymbol{p}' \cdot \boldsymbol{p}''}{|\boldsymbol{p}'|^4}\boldsymbol{p}'\right)' \\
&= \frac{\boldsymbol{p}'''}{|\boldsymbol{p}'|^3} - \frac{3(\boldsymbol{p}' \cdot \boldsymbol{p}'')}{|\boldsymbol{p}'|^5}\boldsymbol{p}'' + \frac{4(\boldsymbol{p}' \cdot \boldsymbol{p}'')^2 - |\boldsymbol{p}'|^2(|\boldsymbol{p}''|^2 + \boldsymbol{p}' \cdot \boldsymbol{p}''')}{|\boldsymbol{p}'|^7}\boldsymbol{p}'
\end{aligned}
$$

となる．ここで $\ddot{\boldsymbol{p}} = \dot{\boldsymbol{t}}$ なので，式 (2.13) とラグランジュの恒等式 (第 1 章の章末問題 **7** (3) 参照) より

$$\kappa^2 = |\ddot{\boldsymbol{p}}|^2 = \left| \frac{\boldsymbol{p}''}{|\boldsymbol{p}'|^2} - \frac{\boldsymbol{p}' \cdot \boldsymbol{p}''}{|\boldsymbol{p}'|^4}\boldsymbol{p}' \right|^2 = \frac{|\boldsymbol{p}'|^2|\boldsymbol{p}''|^2 - (\boldsymbol{p}' \cdot \boldsymbol{p}'')^2}{|\boldsymbol{p}'|^6} = \frac{|\boldsymbol{p}' \times \boldsymbol{p}''|^2}{|\boldsymbol{p}'|^6}$$

であり，曲率 κ は

$$\kappa = \frac{|\boldsymbol{p}' \times \boldsymbol{p}''|}{|\boldsymbol{p}'|^3}$$

で与えられる．

次にねじれ率について考える．スカラー 3 重積の定義式 (1.3) より

$$[\boldsymbol{t}, \boldsymbol{n}, \boldsymbol{b}] = \boldsymbol{t} \cdot (\boldsymbol{n} \times \boldsymbol{b}) = \boldsymbol{t} \cdot \boldsymbol{t} = 1$$

であり，また，フルネ・セレーの定理における式 (2.16) より

$$\dddot{\boldsymbol{p}}(s) = \ddot{\boldsymbol{t}} = \kappa \dot{\boldsymbol{n}} = \kappa\tau\boldsymbol{b} - \kappa^2\boldsymbol{t}$$

なので，スカラー 3 重積の線型性と $\dot{\boldsymbol{p}} = \boldsymbol{t}$ より

$$[\dot{\boldsymbol{p}},\, \ddot{\boldsymbol{p}},\, \dddot{\boldsymbol{p}}] = \Big[\boldsymbol{t},\, \kappa\boldsymbol{n},\, \kappa\tau\boldsymbol{b} - \kappa^2\boldsymbol{t}\Big] = \kappa^2\tau[\boldsymbol{t}, \boldsymbol{n}, \boldsymbol{b}] = \kappa^2\tau$$

となる．一方，$[\boldsymbol{p}',\, \boldsymbol{p}',\, \boldsymbol{p}''] = [\boldsymbol{p}',\, \boldsymbol{p}'',\, \boldsymbol{p}''] = 0$ であることに注意すると，

$$[\dot{\boldsymbol{p}},\, \ddot{\boldsymbol{p}},\, \dddot{\boldsymbol{p}}] = \left[\frac{\boldsymbol{p}'}{|\boldsymbol{p}'|},\, \frac{\boldsymbol{p}''}{|\boldsymbol{p}'|^2},\, \frac{\boldsymbol{p}'''}{|\boldsymbol{p}'|^3}\right] = \frac{1}{|\boldsymbol{p}'|^6}[\boldsymbol{p}',\, \boldsymbol{p}'',\, \boldsymbol{p}''']$$

なので，ねじれ率 τ は

$$\tau = \frac{[\boldsymbol{p}', \boldsymbol{p}'', \boldsymbol{p}''']}{|\boldsymbol{p}' \times \boldsymbol{p}''|^2}$$

で与えられる．　□

問 2.10　位置ベクトル $\boldsymbol{p}(t) = (\cos\omega t, \sin\omega t, at)$ $(\omega > 0,\ a > 0)$ で与えられる曲線 (問 2.9 と同じ曲線) の曲率 κ とねじれ率 τ を求めよ．

> **例題 2.5**　2 つの滑らかな曲線 C_1, C_2 が同じ曲率と同じねじれ率をもてば，平行移動で重なることを示せ．

(解答)　曲線 C_1, C_2 の弧長パラメータによる表示をそれぞれ $\boldsymbol{p}_1(s)$, $\boldsymbol{p}_2(s)$ とし，それぞれの接ベクトル，主法線ベクトル，従法線ベクトルを $\boldsymbol{t}_1$, $\boldsymbol{n}_1$, $\boldsymbol{b}_1$, $\boldsymbol{t}_2$,

$\boldsymbol{n}_2$, $\boldsymbol{b}_2$ と表す．仮定から

$$\kappa_1 = \kappa_2, \qquad \tau_1 = \tau_2$$

である．いま，

$$\lambda(s) = \boldsymbol{t}_1 \cdot \boldsymbol{t}_2 + \boldsymbol{n}_1 \cdot \boldsymbol{n}_2 + \boldsymbol{b}_1 \cdot \boldsymbol{b}_2$$

とおく．s_0 を任意にとると，適当な平行移動と回転により

$$\boldsymbol{t}_1(s_0) = \boldsymbol{t}_2(s_0), \quad \boldsymbol{n}_1(s_0) = \boldsymbol{n}_2(s_0), \quad \boldsymbol{b}_1(s_0) = \boldsymbol{b}_2(s_0),$$

となる．式 (2.16) より

$$\begin{aligned}
\dot{\lambda} = \dot{\boldsymbol{t}}_1 \cdot \boldsymbol{t}_2 + \boldsymbol{t}_1 \cdot \dot{\boldsymbol{t}}_2 \\
+ \dot{\boldsymbol{n}}_1 \cdot \boldsymbol{n}_2 + \boldsymbol{n}_1 \cdot \dot{\boldsymbol{n}}_2 \\
+ \dot{\boldsymbol{b}}_1 \cdot \boldsymbol{b}_2 + \boldsymbol{b}_1 \cdot \dot{\boldsymbol{b}}_2 \\
= \kappa_1 \boldsymbol{n}_1 \cdot \boldsymbol{t}_2 + \boldsymbol{t}_1 \cdot \kappa_2 \boldsymbol{n}_2 \\
+ (-\kappa_1 \boldsymbol{t}_1 + \tau_1 \boldsymbol{b}_1) \cdot \boldsymbol{n}_2 + \boldsymbol{n}_1 \cdot (-\kappa_2 \boldsymbol{t}_2 + \tau_2 \boldsymbol{b}_2) \\
+ (-\tau_1 \boldsymbol{n}_1) \cdot \boldsymbol{b}_2 + \boldsymbol{b}_1 \cdot (-\tau_2 \boldsymbol{n}_2) \\
= \kappa_1 (\boldsymbol{n}_1 \cdot \boldsymbol{t}_2 - \boldsymbol{t}_1 \cdot \boldsymbol{n}_2) + \kappa_2 (\boldsymbol{t}_1 \cdot \boldsymbol{n}_2 - \boldsymbol{n}_1 \cdot \boldsymbol{t}_2) \\
+ \tau_1 (\boldsymbol{b}_1 \cdot \boldsymbol{n}_2 - \boldsymbol{n}_1 \cdot \boldsymbol{b}_2) + \tau_2 (\boldsymbol{n}_1 \cdot \boldsymbol{b}_2 - \boldsymbol{b}_1 \cdot \boldsymbol{n}_2)
\end{aligned}$$

なので，$\dot{\lambda}(s_0) = 0$ となる．s_0 は任意なので，

$$\frac{d}{ds}\lambda(s) = 0$$

であり，$\lambda(s) =$ 定数 となり

$$\lambda(s_0) = |\boldsymbol{t}_1(s_0)|^2 + |\boldsymbol{n}_1(s_0)|^2 + |\boldsymbol{b}_1(s_0)|^2 = 3$$

より，$\lambda(s) = 3$ である．一方，

$$\boldsymbol{t}_1 \cdot \boldsymbol{t}_2 \leq 1, \qquad \boldsymbol{n}_1 \cdot \boldsymbol{n}_2 \leq 1, \qquad \boldsymbol{b}_1 \cdot \boldsymbol{b}_2 \leq 1,$$

なので

$$\boldsymbol{t}_1 \cdot \boldsymbol{t}_2 = \boldsymbol{n}_1 \cdot \boldsymbol{n}_2 = \boldsymbol{b}_1 \cdot \boldsymbol{b}_2 = 1$$

が従う．特に，

$$|\boldsymbol{t}_1 - \boldsymbol{t}_2|^2 = |\boldsymbol{t}_1|^2 - 2\boldsymbol{t}_1 \cdot \boldsymbol{t}_2 + |\boldsymbol{t}_2|^2 = 0$$

なので，$\boldsymbol{t}_1 = \boldsymbol{t}_2$ である．よって，

$$\dot{\boldsymbol{p}}_1 = \dot{\boldsymbol{p}}_2$$

であり，ある定ベクトル $\boldsymbol{C}$ が存在して

$$\boldsymbol{p}_2 = \boldsymbol{p}_1 + \boldsymbol{C}$$

となる．よって，C_1 は C_2 の平行移動により得られる．　□

2.4　曲面の性質

この節では，曲面のもつ幾何学的性質を曲面上の曲線を調べることでいろいろと導き出すことを考える．一般的な性質については，曲線論よりも複雑になるため，まずはじめに 3 次元直交座標系でのよく知られている曲面について，表示式とその概形を確認しよう．

2.4.1　様々な曲面の例

まず，1 次式で表されるものとしては，**平面 (plane)** が挙げられる．実数 a, b, c, d に対して，

$$ax + by + cz + d = 0, \qquad (a, b, c) \neq (0, 0, 0)$$

は平面を表す．このとき，ベクトル $\boldsymbol{n} = (a, b, c)$ はこの平面に垂直なベクトルである．

次に，2 次式で表されるものを紹介する．これらは一般に **2 次曲面**とよばれる．

1. **球面 (sphere)**　$r > 0$ に対して，

$$x^2 + y^2 + z^2 = r^2$$

　は原点中心，半径 r の球面を表す．このとき，ベクトル $\boldsymbol{n} = (x_0, y_0, z_0)$ は球面上の点 (x_0, y_0, z_0) において，球面と垂直なベクトルである．

2. **楕円面 (ellipsoid)**　$a, b, c > 0$ に対して，単位球面を x 軸方向に a 倍，y 軸方向に b 倍，z 軸方向に c 倍した

$$\left(\frac{x}{a}\right)^2 + \left(\frac{y}{b}\right)^2 + \left(\frac{z}{c}\right)^2 = 1$$

を楕円面という．a, b, c がすべて異なる場合，xy 平面 $(z = 0)$，yz 平面 $(x = 0)$，xz 平面 $(y = 0)$ による断面はすべて楕円となっている．

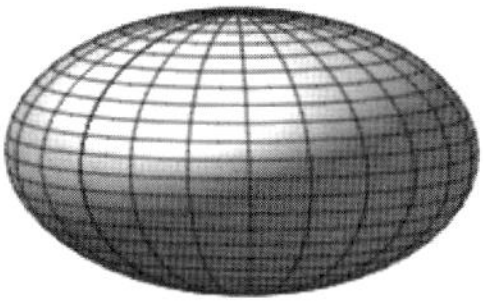

図 2.10

3. **楕円放物面 (elliptic paraboloid)**　$p, q > 0$ として，

$$z = \frac{x^2}{2p} + \frac{y^2}{2q}$$

を楕円放物面という．xz 平面 $(y = 0)$，yz 平面 $(x = 0)$ では放物線，平面 $z = c > 0$ による断面は楕円となっている．

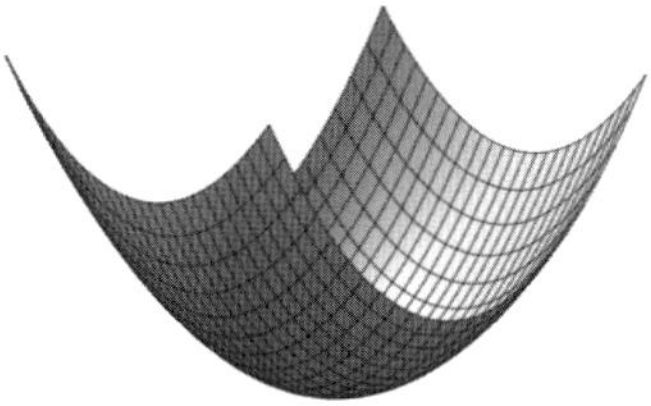

図 2.11

4. **双曲放物面 (hyperbolic paraboloid)**　$p, q > 0$ として，楕円放物面で符号を変えた

$$z = \frac{x^2}{2p} - \frac{y^2}{2q}$$

を双曲放物面という．xz 平面 $(y = 0)$，yz 平面 $(x = 0)$ では放物線，平面 $z = c > 0$ による断面は双曲線となっている．また，原点 $(0, 0, 0)$ はこの曲面上にあり，原点は鞍（あん）点になっている．

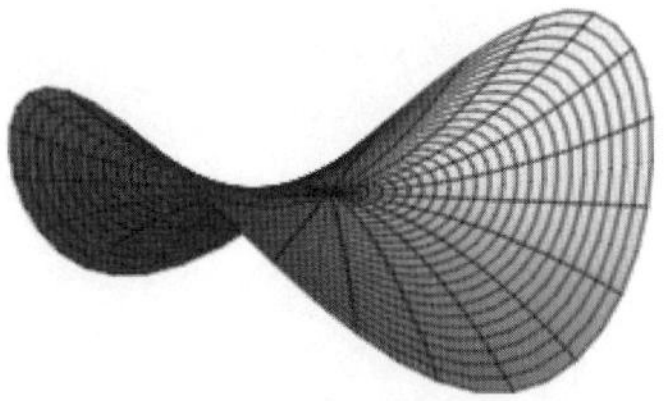

図 2.12

5. **1 葉双曲面 (hyperboloid of one sheet)**　$a, b > 0$ として,

$$\frac{x^2}{a^2} + \frac{y^2}{b^2} - \frac{z^2}{c^2} = 1$$

を 1 葉双曲面という．この図形は，$z = m$ の断面は m の値によらずつねに楕円であり，xz 平面 $(y = 0)$，yz 平面 $(x = 0)$ では双曲線となっている．

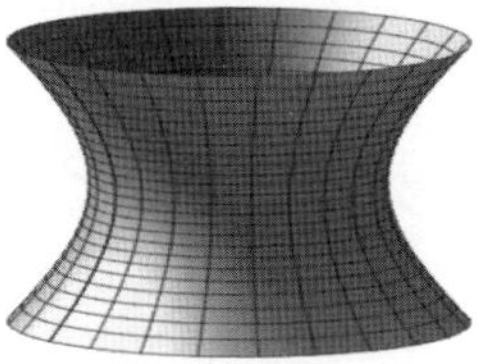

図 2.13

6. **2 葉双曲面 (hyperboloid of two sheets)**　1 葉双曲面の右辺の符号を変えた

$$\frac{x^2}{a^2} + \frac{y^2}{b^2} - \frac{z^2}{c^2} = -1$$

を 2 葉双曲面という．$z = m$ での断面は，$|m| < c$ なら存在しないためである．xz 平面 $(y = 0)$，yz 平面 $(x = 0)$ では双曲線となっていることは，1 葉双曲面と同様である．

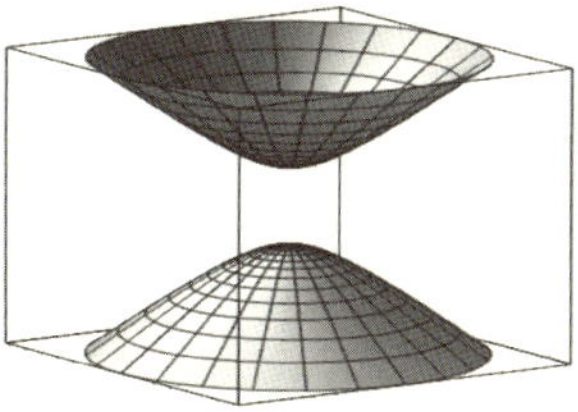

図 2.14

7. 錐面 (conical surface)　$a, b, h > 0$ として

$$\frac{z^2}{h^2} = \frac{x^2}{a^2} + \frac{y^2}{b^2}$$

を錐面という．xy 平面による断面は，原点ただ 1 点である．また，xz 平面 $(y = 0)$，yz 平面 $(x = 0)$ では直線となっている．

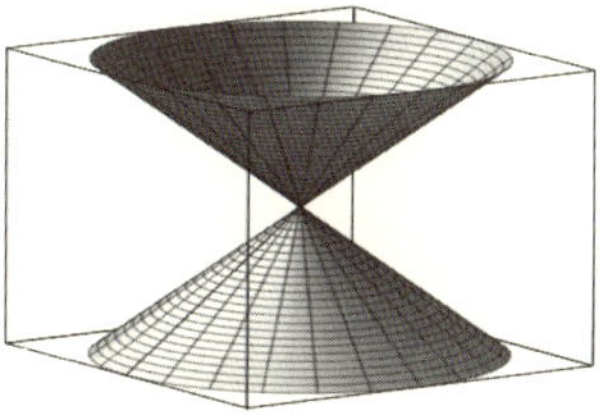

図 2.15

2.4.2 線素・面素

点 P の座標が実数 u, v の関数として

$$\boldsymbol{p}(u, v) = x(u, v)\boldsymbol{e}_1 + y(u, v)\boldsymbol{e}_2 + z(u, v)\boldsymbol{e}_3 \tag{2.18}$$

と表されるとき，(u, v) を動かせば点 P の軌跡として曲面 S が定まる．これを曲面 S の**ベクトル表示**または**パラメータ表示**といい，

$$S = \{\boldsymbol{p}(u, v) \mid (u, v) \in D\} = \{(x(u, v), y(u, v), z(u, v)) \mid (u, v) \in D\}$$

と表す．ここで D は $\mathbb{R}^2$ の領域である．以下では，領域の定義を与えるが，そのためには連結という概念も必要なので，双方を定義する．

定義 2.7　集合 $S \subset \mathbb{R}^n$ が**連結でない**とは，$\mathbb{R}^n$ の開集合 G_1，G_2 を適切に選ぶと

(i)　$G_1 \cap S \neq \emptyset, \quad G_2 \cap S \neq \emptyset$

(ii)　$S = (G_1 \cap S) \cup (G_2 \cap S), \quad (G_1 \cap S) \cap (G_2 \cap S) = \emptyset$

となるときをいう．もし，このような開集合 G_1，G_2 を選ぶことができないとき，集合 S は**連結**であるという．

! 注意 2.9　1 つ例を挙げる．$0 < a < b$ とする．$S = (0, a) \cup (a, b)$ とおくと，$G_1 = (0, a)$，$G_2 = (a, b)$ ととれば，上の条件をすべて満たし，この S は連結ではないことがわかる．一方，2 次元平面において

$$S = \{(x, y) \mid x^2 + y^2 \leq 1,\ (x, y) \neq (0, 0)\}$$

は連結である．

定義 2.8　$\mathbb{R}^n$ の空でない開集合 D が連結であるとき，D は**領域**とよばれる．

この 2 つの定義から，曲線の場合と同様に，正則な曲面を次のように定義する．

定義 2.9　$\mathbb{R}^2$ の領域 D 上で定義された滑らかな関数 $x(u, v)$，$y(u, v)$，$z(u, v)$ に対して，パラメータ表示式 (2.18) で与えられる曲面 S が**正則な曲面**であるとは，すべての $(u, v) \in D$ に対して，

$$\frac{\partial \boldsymbol{p}}{\partial u} \times \frac{\partial \boldsymbol{p}}{\partial v} \neq \boldsymbol{0}$$

が成り立つことをいう．

以後，正則な曲面のみを考え，単に曲面とよぶ．

! 注意 2.10　例えば $\boldsymbol{p} = (u + v, uv, (uv)^2)$ で表される曲面は $(u, v) = (1, 1)$ で正則ではない．

問 2.11 $\boldsymbol{p} = (uv, (uv)^2, (uv)^3)$ で表される曲面は $(u, v) = (1, 1)$ で正則ではないことを確認せよ.

曲面 S がパラメータ表示式 (2.18) で与えられているとする. S 上の点 $\mathrm{P}_0 = \boldsymbol{p}(u_0, v_0)$ に対して

$$\boldsymbol{p}_1(u) := \boldsymbol{p}(u, v_0), \qquad \boldsymbol{p}_2(v) := \boldsymbol{p}(u_0, v)$$

をそれぞれ (P_0 における) u–曲線, v–曲線という.

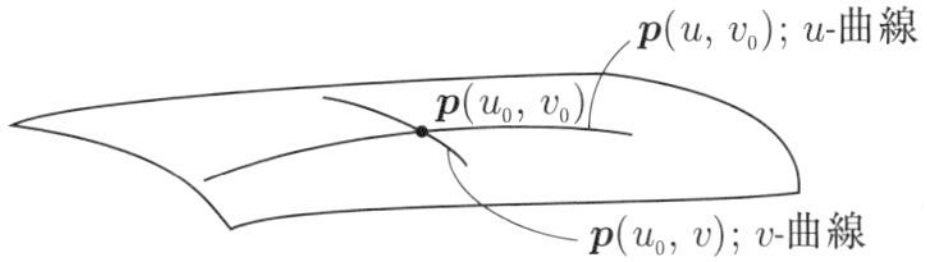

図 2.16 u–曲線と v–曲線.

この各々に対して, 点 P_0 における接ベクトル

$$\frac{\partial}{\partial u}\boldsymbol{p}_1(u_0) = \frac{\partial}{\partial u}\boldsymbol{p}(u_0, v_0), \qquad \frac{\partial}{\partial v}\boldsymbol{p}_2(v_0) = \frac{\partial}{\partial v}\boldsymbol{p}(u_0, v_0)$$

が存在する. この 2 つのベクトルによって張られる平面を点 P_0 における**接平面**という. また, 接平面に垂直なベクトルを**法線ベクトル**という. 外積の定義より

$$\boldsymbol{n} = \pm \frac{1}{\left|\dfrac{\partial}{\partial u}\boldsymbol{p} \times \dfrac{\partial}{\partial v}\boldsymbol{p}\right|} \frac{\partial}{\partial u}\boldsymbol{p} \times \frac{\partial}{\partial v}\boldsymbol{p}$$

は単位法線ベクトルである.

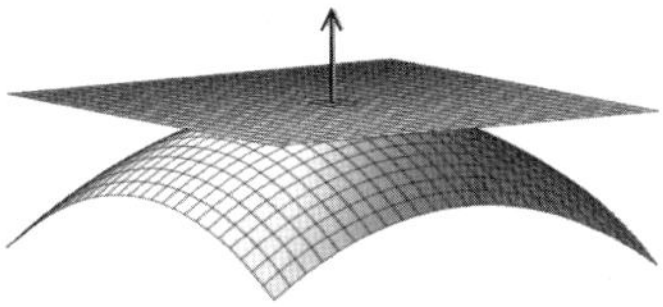

図 2.17 曲面 $z = 1 - x^2 - y^2$ の点 $(0, 0, 1)$ における接平面と法線ベクトル.

曲面 S に対して

$$E := \left|\frac{\partial}{\partial u}\boldsymbol{p}\right|^2 = \left(\frac{\partial x}{\partial u}\right)^2 + \left(\frac{\partial y}{\partial u}\right)^2 + \left(\frac{\partial z}{\partial u}\right)^2,$$

$$F := \frac{\partial}{\partial u}\boldsymbol{p}\cdot\frac{\partial}{\partial v}\boldsymbol{p} = \frac{\partial x}{\partial u}\frac{\partial x}{\partial v} + \frac{\partial y}{\partial u}\frac{\partial y}{\partial v} + \frac{\partial z}{\partial u}\frac{\partial z}{\partial v},$$

$$G := \left|\frac{\partial}{\partial v}\boldsymbol{p}\right|^2 = \left(\frac{\partial x}{\partial v}\right)^2 + \left(\frac{\partial y}{\partial v}\right)^2 + \left(\frac{\partial z}{\partial v}\right)^2$$

を**第 1 基本量**という．曲面上の微小ベクトル

$$\frac{\partial}{\partial u}\boldsymbol{p}\,du, \qquad \frac{\partial}{\partial v}\boldsymbol{p}\,dv$$

で張られる平行四辺形の面積は，外積の定義と例題 1.1 より

$$\left|\frac{\partial}{\partial u}\boldsymbol{p}\,du \times \frac{\partial}{\partial v}\boldsymbol{p}\,dv\right| = \left|\frac{\partial}{\partial u}\boldsymbol{p} \times \frac{\partial}{\partial v}\boldsymbol{p}\right| du\,dv = \sqrt{EG - F^2}\,du\,dv$$

なので，(u, v) が D 上を動くとき，対応する曲面 S 上の面積はこの平行四辺形の面積の細分で与えられる．この面積を改めて S と記述すると

$$S = \iint_D \sqrt{EG - F^2}\,du\,dv$$

となる．このとき

$$dS = \sqrt{EG - F^2}\,du\,dv$$

をこの曲面の**面素**という．さらに，u, v が t の関数であるとき，

$$\begin{aligned}
\left|\frac{d}{dt}\boldsymbol{p}\right|^2 &= \left(\frac{\partial \boldsymbol{p}}{\partial u}\frac{du}{dt} + \frac{\partial \boldsymbol{p}}{\partial v}\frac{dv}{dt}\right)\cdot\left(\frac{\partial \boldsymbol{p}}{\partial u}\frac{du}{dt} + \frac{\partial \boldsymbol{p}}{\partial v}\frac{dv}{dt}\right) \\
&= \left|\frac{\partial \boldsymbol{p}}{\partial u}\right|^2\left(\frac{du}{dt}\right)^2 + 2\left(\frac{\partial \boldsymbol{p}}{\partial u}\cdot\frac{\partial \boldsymbol{p}}{\partial v}\right)\frac{du}{dt}\frac{dv}{dt} + \left|\frac{\partial \boldsymbol{p}}{\partial v}\right|^2\left(\frac{dv}{dt}\right)^2 \\
&= E\left(\frac{du}{dt}\right)^2 + 2F\frac{du}{dt}\frac{dv}{dt} + G\left(\frac{dv}{dt}\right)^2
\end{aligned}$$

なので，t が a から b まで動くとき，対応して定まる曲線の長さは

$$s = \int_a^b \sqrt{E\left(\frac{du}{dt}\right)^2 + 2F\frac{du}{dt}\frac{dv}{dt} + G\left(\frac{dv}{dt}\right)^2}\,dt$$

で与えられる．このとき

$$ds = \sqrt{E\left(\frac{du}{dt}\right)^2 + 2F\frac{du}{dt}\frac{dv}{dt} + G\left(\frac{dv}{dt}\right)^2}\,dt$$

を**線素**といい，

$$\mathrm{I} := (ds)^2 = E\,(du)^2 + 2F\,du\,dv + G\,(dv)^2 \tag{2.19}$$

を**第1基本形式**という．今後，特に断らない限り $(du)^2 = du^2$，$(dv)^2 = dv^2$ と表す．この第1基本形式 (2.19) は，2×2 行列を用いて

$$\mathrm{I} = (du\ dv)\begin{pmatrix} E & F \\ F & G \end{pmatrix}\begin{pmatrix} du \\ dv \end{pmatrix}$$

のような2次形式の形に表すことができる．ここで，

$$A = \begin{pmatrix} E & F \\ F & G \end{pmatrix} \tag{2.20}$$

とおくと，$\mathrm{I} = (ds)^2 \geq 0$ なので，行列 A は**正定値行列**となっている．すなわち，零ベクトルではない任意の2次元ベクトル $\boldsymbol{x}$ に対して，必ず $A\boldsymbol{x} \cdot \boldsymbol{x} > 0$ となっている．また，もし $F = 0$ かつ $E = G$ ならば，行列 A は単位行列の定数倍になることが容易にわかる．このとき (u, v) のパラメータ表示を**等温座標系** という．

例題 2.6　$a > 0$ に対して，原点を中心として，半径 a の球の表面積を求めよ．

(解答)　原点中心，半径 a の球のパラメータ表示は

$$\boldsymbol{p}(u, v) = (a \sin u \cos v, a \sin u \sin v, a \cos u), \qquad 0 \leq u \leq \pi, \quad 0 \leq v \leq 2\pi,$$

で与えられる．このとき，

$$\begin{aligned} \frac{\partial \boldsymbol{p}}{\partial u} &= (a \cos u \cos v, a \cos u \sin v, -a \sin u), \\ \frac{\partial \boldsymbol{p}}{\partial v} &= (-a \sin u \sin v, a \sin u \cos v, 0) \end{aligned}$$

なので，

$$E = \frac{\partial \boldsymbol{p}}{\partial u} \cdot \frac{\partial \boldsymbol{p}}{\partial u} = a^2, \quad F = \frac{\partial \boldsymbol{p}}{\partial u} \cdot \frac{\partial \boldsymbol{p}}{\partial v} = 0, \quad G = \frac{\partial \boldsymbol{p}}{\partial v} \cdot \frac{\partial \boldsymbol{p}}{\partial v} = a^2 \sin^2 u$$

となる．よって，

$$dS = \sqrt{EG - F^2} = a^2 \sin u \, du \, dv$$

であり，求める球の表面積 S_1 は

$$S_1 = \int_0^{2\pi} \int_0^{\pi} a^2 \sin u \, du dv = 2a^2 \pi \int_0^{\pi} \sin u \, du = 4a^2 \pi$$

である． □

例題の計算により，半径 a の球面の第 1 基本形式は

$$\mathrm{I} = ds^2 = a^2 du^2 + a^2 \sin^2 u \, dv^2 \tag{2.21}$$

と書けることがわかる．

一般に，曲面 $S = \{\boldsymbol{p}(u, v)\}$ の各点 $\boldsymbol{p}$ に対して，その点での曲面に対する単位法線ベクトル $\boldsymbol{n}(\boldsymbol{p}(u, v))$ が定義されているとする．このとき，パラメータ u, v が曲面を定義する範囲を動くときに，$\boldsymbol{n}(\boldsymbol{p}(u, v))$ が連続的に変化するならば，この曲面は**向き付け可能**な曲面であるという．一般に曲面はつねに向き付け可能であるとは限らない．

実際，メビウス (Möbius) の帯とよばれる典型的な向き付け不可能な曲面がある．メビウスの帯は

$$\boldsymbol{p}(u, v) = ((v \cos u + 2) \sin 2u, (v \cos u + 2) \cos 2u, v \sin u)$$

としたとき

$$S = \{\boldsymbol{p}(u, v) \,|\, 0 \leq u \leq \pi, -1 \leq v \leq 1\}$$

で表される．

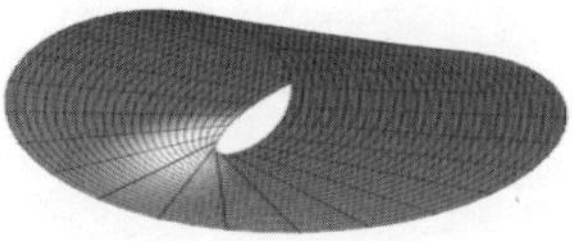

図 2.18　上の $\boldsymbol{p}(u, v)$ でのメビウスの帯の概形．

以下では，向き付け不可能であることを確かめよう．まず

$$\frac{\partial \boldsymbol{p}}{\partial u}(u, 0) \times \frac{\partial \boldsymbol{p}}{\partial v}(u, 0) = 4(-\sin u \sin 2u, -\sin u \cos 2u, \cos u)$$

である．このベクトルの長さは 4 であることが簡単にわかるので，単位法線ベクトルは符号を区別すると

$$\boldsymbol{n}(u,0) = \pm(-\sin u \sin 2u, -\sin u \cos 2u, \cos u)$$

のどちらかである．$(u,v)=(0,0)$ のとき，$\boldsymbol{n}(0,0)=(0,0,1)$ と仮定する．もし $\boldsymbol{n}$ が連続であるならば，$+$ の符号が適することがわかり，

$$\boldsymbol{n}(u,0) = (-\sin u \sin 2u, -\sin u \cos 2u, \cos u)$$

となる．このとき，$\boldsymbol{n}(\pi,0)=(0,0,-1)$ となるが，一方で $\boldsymbol{p}(0,0)=\boldsymbol{p}(\pi,0)=(0,2,0)$ より同じ点に対する法線ベクトルが異なる．$\boldsymbol{n}(0,0)=(0,0,-1)$ としても同様な矛盾がでる．したがって，この曲面は向き付けできないことがわかる．

発展的話題

より一般の曲面の場合にも通用する向き付けの定義をここでは参考として述べておく．まず，2 つの滑らかな曲面 S_1，S_2 があり，これらは

$$S_1 = \{\boldsymbol{p}_1(u_1,v_1) \mid (u_1,v_1) \in D_1 \subset \mathbb{R}^2\},$$
$$S_2 = \{\boldsymbol{p}_2(u_2,v_2) \mid (u_2,v_2) \in D_2 \subset \mathbb{R}^2\}$$

と表されているとする．このとき，次の 3 条件が成り立つとき，S_1 と S_2 は**パラメータの変換で同値**という．

(i) パラメータ $(u_1,v_1) \in D_1$ と $(u_2,v_2) \in D_2$ には滑らかな 1 対 1 対応が存在する．すなわち，滑らかな関数 φ，ψ が存在して

$$u_2 = \varphi(u_1,v_1), \quad v_2 = \psi(u_1,v_1)$$

と書け，この対応が 1 対 1 である．

(ii) u_1, v_1 から u_2, v_2 への変数変換のヤコビ行列式

$$J := \frac{\partial(\varphi,\psi)}{\partial(u_1,v_1)}$$

は決して 0 にならない．

(iii) $(u_1,v_1) \in D_1$ と $(u_2,v_2) = (\varphi(u_1,v_1), \psi(u_1,v_1)) \in D_2$ に対して

$$\boldsymbol{p}_1(u_1,v_1) = \boldsymbol{p}_2(u_2,v_2)$$

が成り立つ．

(ii) において，もし $J>0$ であれば，(u_1,v_1) と (u_2,v_2) は**同じ向き**であるといい，$J<0$ であれば**反対の向き**であるという．任意の $(u_1,v_1) \in D_1$ とその近傍

$U_1 \subset D_1$ において，(ii) で対応するパラメータの変換において

$$\frac{\partial(\varphi(u_1,v_1),\psi(u_1,v_1))}{\partial(u_1,v_1)} > 0$$

となるとき，曲面 S_1 は向き付け可能であるという．そしてこのとき，$\boldsymbol{p}_u \times \boldsymbol{p}_v$ の向きを曲面に対して外向きの法線ベクトルという．

2.4.3　平均曲率・全曲率

ここでは，パラメータ表示された曲面 $\boldsymbol{p}(u,v)$ 上の曲線 C がもつ幾何学的性質を調べていこう．C 上の基準点からの弧長を s とすると，C のパラメータ表示は，

$$C : \boldsymbol{p} = \boldsymbol{p}(u(s), v(s))$$

である．このパラメータ表示による接ベクトル $\boldsymbol{t}$ は

$$\boldsymbol{t} = \dot{\boldsymbol{p}} = \boldsymbol{p}_u \dot{u} + \boldsymbol{p}_v \dot{v} \tag{2.22}$$

と表される．ここで，

$$\boldsymbol{p}_u = \frac{\partial \boldsymbol{p}}{\partial u}, \quad \boldsymbol{p}_v = \frac{\partial \boldsymbol{p}}{\partial v}$$

である．以後，偏微分を表す記号に以下のような下付き文字を使うことにする．いま，考えている曲面は正則なので，$\boldsymbol{p}_u$ と $\boldsymbol{p}_v$ は一次独立である．また，前節の第1基本形式 (2.19) は，形式上，式 (2.22) に ds をかけてできる

$$\boldsymbol{t}\,ds = \boldsymbol{p}_u du + \boldsymbol{p}_v dv$$

の自分自身との内積で定義されると考えてもよい．実際，弧長パラメータ s の定義より，$|\boldsymbol{t}| = 1$ なので

$$\begin{aligned} \mathrm{I} = (ds)^2 &= \Bigl(\boldsymbol{p}_u du + \boldsymbol{p}_v dv\Bigr) \cdot \Bigl(\boldsymbol{p}_u du + \boldsymbol{p}_v dv\Bigr) \\ &= |\boldsymbol{p}_u|^2\, du^2 + 2\boldsymbol{p}_u \cdot \boldsymbol{p}_v du dv + |\boldsymbol{p}_v|^2\, dv^2 \end{aligned}$$

と表示できる．

次に曲線 C の主法線ベクトルについて考える．3次元空間の曲線としての主法線ベクトル $\boldsymbol{n}_C$ は，その点での曲率を κ，曲率半径を ρ_C とおくと，

$$\kappa \boldsymbol{n}_C = \frac{1}{\rho_C}\boldsymbol{n}_C = \dot{\boldsymbol{t}} = \frac{d}{ds}\left(\boldsymbol{p}_u\dot{u} + \boldsymbol{p}_v\dot{v}\right)$$
$$= \boldsymbol{p}_{uu}\dot{u}^2 + \boldsymbol{p}_u\ddot{u} + \boldsymbol{p}_{vv}\dot{v}^2 + \boldsymbol{p}_v\ddot{v} + 2\boldsymbol{p}_{uv}\dot{u}\dot{v}$$

となる．ここで，曲面 S に対する法線ベクトル $\boldsymbol{n}$ を考えると，必ずしも $\boldsymbol{n}/\!/\,\boldsymbol{n}_C$ とはならない．

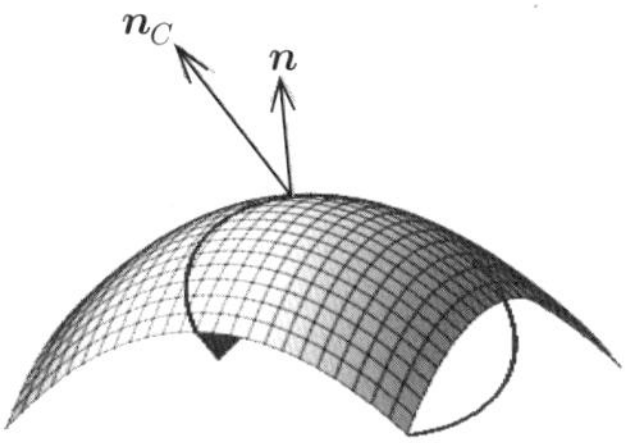

図 2.19 曲面 $z = 1 - x^2 - y^2$ の点 $(0,0,1)$ での法線ベクトル $\boldsymbol{n}$ と，この曲面を平面 $z = 1 - x - y$ で切ってできる曲線の点 $(0,0,1)$ での法線 $\boldsymbol{n}_C$ を表す．

曲面の法線ベクトル $\boldsymbol{n}$ は，接ベクトルを表現している式 (2.22) からすれば，$\boldsymbol{p}_u, \boldsymbol{p}_v$ に垂直なベクトルになるので，

$$\boldsymbol{n} = \frac{\boldsymbol{p}_u \times \boldsymbol{p}_v}{|\boldsymbol{p}_u \times \boldsymbol{p}_v|}$$

と表示される．よって，

$$\kappa \boldsymbol{n}\cdot\boldsymbol{n}_C = \frac{1}{\rho_C}\boldsymbol{n}\cdot\boldsymbol{n}_C$$
$$= \boldsymbol{n}\cdot\left\{\boldsymbol{p}_{uu}\dot{u}^2 + \boldsymbol{p}_u\ddot{u} + \boldsymbol{p}_{vv}\dot{v}^2 + \boldsymbol{p}_v\ddot{v} + 2\boldsymbol{p}_{uv}\dot{u}\dot{v}\right\}$$
$$= (\boldsymbol{p}_{uu}\cdot\boldsymbol{n})\dot{u}^2 + (\boldsymbol{p}_{vv}\cdot\boldsymbol{n})\dot{v}^2 + 2(\boldsymbol{p}_{uv}\cdot\boldsymbol{n})\dot{u}\dot{v}$$

となる．ここで，

$$L = \boldsymbol{p}_{uu}\cdot\boldsymbol{n}, \quad M = \boldsymbol{p}_{uv}\cdot\boldsymbol{n}, \quad N = \boldsymbol{p}_{vv}\cdot\boldsymbol{n}$$

を**第 2 基本量**とよぶ．このとき，$\boldsymbol{n}$ と $\boldsymbol{n}_c$ とのなす角を ψ とすると，$\boldsymbol{n}\cdot\boldsymbol{n}_C = \cos\psi$ であり，第 2 基本量を用いて，さらに du, dv, ds をあたかもスカラー関数のように扱うと

$$\kappa\cos\psi = \frac{\cos\psi}{\rho_C} = \frac{L\,(du)^2 + 2M\,du\,dv + N\,(dv)^2}{(ds)^2} \tag{2.23}$$

と書ける．この右辺の分子

$$\mathrm{II} := Ldu^2 + 2Mdudv + Ndv^2$$

を，**第2基本形式**とよぶ．$\boldsymbol{p}_u \perp \boldsymbol{n}$ かつ $\boldsymbol{p}_v \perp \boldsymbol{n}$ であるので

$$\boldsymbol{p}_u \cdot \boldsymbol{n} = 0, \quad \boldsymbol{p}_v \cdot \boldsymbol{n} = 0$$

が成り立っている．この関係式において，それぞれ，u, v で偏微分すると，

$$\boldsymbol{p}_{uu} \cdot \boldsymbol{n} + \boldsymbol{p}_u \cdot \boldsymbol{n}_u = 0, \quad \boldsymbol{p}_{vv} \cdot \boldsymbol{n} + \boldsymbol{p}_v \cdot \boldsymbol{n}_v = 0,$$
$$\boldsymbol{p}_{uv} \cdot \boldsymbol{n} + \boldsymbol{p}_u \cdot \boldsymbol{n}_v = 0, \quad \boldsymbol{p}_{uv} \cdot \boldsymbol{n} + \boldsymbol{p}_v \cdot \boldsymbol{n}_u = 0$$

となる．したがって，

$$L = -\boldsymbol{p}_u \cdot \boldsymbol{n}_u, \quad M = -\boldsymbol{p}_u \cdot \boldsymbol{n}_v = -\boldsymbol{p}_v \cdot \boldsymbol{n}_u, \quad N = -\boldsymbol{p}_v \cdot \boldsymbol{n}_v \tag{2.24}$$

とも書ける．このことから，

$$\mathrm{II} = -(\boldsymbol{p}_u du + \boldsymbol{p}_v dv) \cdot (\boldsymbol{n}_u du + \boldsymbol{n}_v dv)$$

と表すこともできる．第2基本形式は，次のような2次形式

$$\mathrm{II} = (du\ dv) \begin{pmatrix} L & M \\ M & N \end{pmatrix} \begin{pmatrix} du \\ dv \end{pmatrix}$$

としても表現できる．ここに現れる行列

$$H_{\boldsymbol{p}} = \begin{pmatrix} L & M \\ M & N \end{pmatrix} \tag{2.25}$$

は，3次元空間で $z = f(x, y)$ で表現された曲面のヘッセ (Hesse) 行列と同じ意味の行列である．したがって，その行列式 $\det H_{\boldsymbol{p}} = LN - M^2 > 0$ なら，その点で曲面は上もしくは下に凸であり，$\det H_{\boldsymbol{p}} < 0$ なら，鞍点のような形状になっていることがわかる．第2基本形式は，曲面の「曲がり方」を表すものともいえる．

ここから式 (2.23) に立ち返り，曲面の曲率について説明していこう．分母の $(ds)^2$ については，第 1 基本形式

$$(ds)^2 = E\,(du)^2 + 2F\,du\,dv + G\,(dv)^2$$

を用いて分母をおき換えると

$$\kappa\cos\psi = \frac{L\,(du)^2 + 2M\,du\,dv + N\,(dv)^2}{E\,(du)^2 + 2F\,du\,dv + G\,(dv)^2}$$

となる．さらに，右辺の分母分子を $(du)^2$ で割ると

$$\kappa\cos\psi = \frac{L + 2M\dfrac{dv}{du} + N\left(\dfrac{dv}{du}\right)^2}{E + 2F\dfrac{dv}{du} + G\left(\dfrac{dv}{du}\right)^2} \tag{2.26}$$

と書くこともできる．このとき，dv/du は考えている点での曲線の接線の傾きを表すことになる．右辺の E, F, G, L, M, N は $\boldsymbol{n}_C$ に依存しないで決まる量であり，また dv/du も曲面上の曲線の傾きを表す量であり，曲線の曲率が関わる 2 階微分をしていないので，$\boldsymbol{n}_C$ に依存しない量である．したがって，右辺は $\boldsymbol{n}_C$，すなわち，角度 ψ に依存しない量となっている．この右辺の値は，$\psi = 0$ もしくは $\psi = \pi$ (曲面としての法線ベクトルと曲線の主法線ベクトルが平行) である場合の曲線の曲率を与える．そこで，曲面上の指定された 1 点とその点での法線を含む平面で曲面を切断してできる曲線 (**法切り口**という) を考えれば，式 (2.26) の右辺の量を与えることができる．このときの曲線の曲率を**法曲率**という．曲面上の点 P での法曲率を R とおくと，

$$\frac{1}{R} = \frac{L + 2Mk + Nk^2}{E + 2Fk + Gk^2} \tag{2.27}$$

と表される．ここで，$k = dv/du$ とおいた．

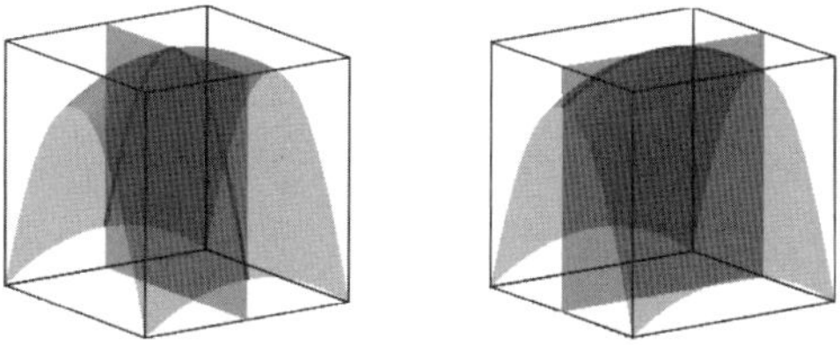

図 2.20 法切り口によって曲率が異なることがわかる．

法切り口は，曲面の法線方向を回転軸にして回転させることができるので，切る平面によって値が異なる．しかし，式 (2.27) をみると，$1/R$ は k に関する 2 次式を 2 次式で割った形になっているので，k に関して極大値もしくは極小値をとるような $1/R$ の値が存在するはずである．$1/R$ が極大・極小となる k の条件を求めよう．その必要条件 (結果的にはこの場合は十分条件にもなる) は

$$\frac{d}{dk}\left(\frac{1}{R}\right) = 0 \tag{2.28}$$

である．式 (2.27) を変形して

$$\frac{1}{R}(E + 2Fk + Gk^2) = L + 2Mk + Nk^2 \tag{2.29}$$

となるが，これは k についての恒等式である．したがって，式 (2.27) の両辺を k で微分しても等式は保たれ，

$$\frac{d}{dk}\left(\frac{1}{R}\right)(E + 2Fk + Gk^2) + \frac{1}{R}(2F + 2Gk) = 2M + 2Nk$$

を得るが，式 (2.28) の下では

$$\frac{1}{R}(F + Gk) = M + Nk \tag{2.30}$$

が成り立つ．ここで，(2.30)$\times k-$(2.29) を計算すると，

$$\frac{1}{R}(E + Fk) = L + Mk \tag{2.31}$$

を得る．式 (2.30) から

$$k = -\frac{F - MR}{G - NR}$$

となるが，これを式 (2.31) に代入すると，

$$(EG - F^2)\frac{1}{R^2} - (GL + EN - 2FM)\frac{1}{R} + LN - M^2 = 0 \tag{2.32}$$

が成り立つ．これは，$1/R$ の 2 次方程式なので，相異なる 2 つの実根をもてば極大値 $1/R_1$，極小値 $1/R_2$ が存在することがわかる．式 (2.32) の 2 つの根を**主曲率** という．しかしながら，主曲率の極大値・極小値の値よりも，2 次方程式 (2.32) を解かずに解と係数の関係からわかる

$$H = \frac{1}{2}\left(\frac{1}{R_1} + \frac{1}{R_2}\right) = \frac{GL + EN - 2FM}{2(EG - F^2)},$$

$$K = \frac{1}{R_1 R_2} = \frac{LN - M^2}{EG - F^2}$$

が重要な指標となる．H を点 P における**平均曲率**，K を**全曲率（ガウス曲率）**という．ここで，いま一度

$$E = \boldsymbol{p}_u \cdot \boldsymbol{p}_u, \quad F = \boldsymbol{p}_u \cdot \boldsymbol{p}_v, \quad G = \boldsymbol{p}_v \cdot \boldsymbol{p}_v$$

であることを思い起こそう．

また，式 (2.20) で定義される第 1 基本形式を表す行列 A と式 (2.25) で定義される第 2 基本形式を表す行列 $H_{\boldsymbol{p}}$ を用いると，

$$2H = \mathrm{tr}(A^{-1}H_{\boldsymbol{p}}), \quad K = \frac{\det H_{\boldsymbol{p}}}{\det A}$$

とも表される．なお，$R_1 = R_2$ のときは**臍点**（せい）とよばれ，どの方向にも一様な曲がり方をしていると解釈する．

! 注意 2.11 平均曲率 H と全曲率 K は次のように考えても得られる．第 2 基本形式 II から決まる 2 次形式 $\tilde{\mathrm{II}} = L\xi^2 + 2M\xi\eta + N\eta^2$ $(\xi, \eta \in \mathbb{R})$ について $E\xi^2 + 2F\xi\eta + G\eta^2 = 1$ の下での極大・極小を求めることを考える．これは，$E\xi^2 + 2F\xi\eta + G\eta^2 = 1$ に限定せず

$$\lambda = \frac{L\xi^2 + 2M\xi\eta + N\eta^2}{E\xi^2 + 2F\xi\eta + G\eta^2}$$

の最大・最小を考えることと同じである．この式は，

$$L\xi^2 + 2M\xi\eta + N\eta^2 - \lambda(E\xi^2 + 2F\xi\eta + G\eta^2) = 0$$

とできるが，これを ξ, η で偏微分して極大・極小条件を満たすための条件

$$\frac{\partial\lambda}{\partial\xi} = \frac{\partial\lambda}{\partial\eta} = 0$$

を用いると，

$$\begin{cases} (L - \lambda E)\xi + (M - \lambda F)\eta = 0, \\ (M - \lambda F)\xi + (N - \lambda G)\eta = 0 \end{cases}$$

を得る．これが非自明な解 (ξ, η) をもつための必要十分条件は

$$(EG - F^2)\lambda^2 - (GL + EN - 2FM)\lambda + LN - M^2 = 0$$

であり，式 (2.32) と同じ 2 次方程式である．

もし，曲面が通常の直交座標系で

$$S = \{\boldsymbol{p} = (x, y, z(x, y)) \mid (x, y) \in D \subset \mathbb{R}^2\}$$

のように表されているとする．すなわち，曲面 S がパラメータ x, y で表示されているとみなし，$z(x, y)$ は十分滑らかな 2 変数関数であるとすると，

$$p = \frac{\partial z}{\partial x}, \quad q = \frac{\partial z}{\partial y}$$

とおいたとき，点 $(x, y, z(x, y))$ での法線は

$$\boldsymbol{n} = \left(-\frac{p}{\sqrt{1+p^2+q^2}}, -\frac{q}{\sqrt{1+p^2+q^2}}, \frac{1}{\sqrt{1+p^2+q^2}} \right)$$

であることがわかる．また，

$$\boldsymbol{p}_u = \boldsymbol{p}_x = (1, 0, p), \quad \boldsymbol{p}_v = \boldsymbol{p}_y = (0, 1, q)$$

である．よって

$$E = \boldsymbol{p}_x \cdot \boldsymbol{p}_x = 1 + p^2, \qquad F = \boldsymbol{p}_y \cdot \boldsymbol{p}_y = pq,$$

$$G = \boldsymbol{p}_y \cdot \boldsymbol{p}_y = 1 + q^2, \qquad EG - F^2 = 1 + p^2 + q^2$$

となる．さらに，

$$r = \frac{\partial^2 z}{\partial x^2}, \quad s = \frac{\partial^2 z}{\partial x \partial y}, \quad t = \frac{\partial^2 z}{\partial y^2}$$

とおくと，

$$L = \frac{r}{\sqrt{1+p^2+q^2}}, \quad M = \frac{s}{\sqrt{1+p^2+q^2}}, \quad N = \frac{t}{\sqrt{1+p^2+q^2}}$$

となるので，平均曲率 H と全曲率 K は

$$H = \frac{(1+q^2)r + (1+p^2)t - 2pqs}{2(1+p^2+q^2)^{3/2}}, \quad K = \frac{rt - s^2}{(1+p^2+q^2)^2} \tag{2.33}$$

となる．

直交座標系と，パラメータ表示された曲面の場合で具体的に計算してみよう．

例題 2.7　曲面 $z = x^4 - y^2$ 上の各点 (x, y, z) での平均曲率と全曲率を求めよ．

(解答) $\boldsymbol{p}=(x,y,x^4-y^2)$ とおく．このとき，$p=4x^3$, $q=-2y$, $r=12x^2$, $s=0$, $t=-2$ である．これらの量を式 (2.33) に代入すると，

$$H=\frac{12x^2(1+4y^2)-2(1+16x^6)}{2(1+16x^6+4y^2)^{3/2}},\quad K=-\frac{24x^2}{(1+16x^6+4y^2)^2}$$

となる．□

次に，パラメータ表示された曲面で考えよう．

例題 2.8 楕円面

$$x^2+\frac{y^2}{4}+\frac{z^2}{9}=1$$

の点 $(x,y,z)=(1,0,0)$ での平均曲率と全曲率を求めよ．

(解答) まず，この楕円面は

$$\boldsymbol{p}=(\sin u\cos v, 2\sin u\sin v, 3\cos u)$$

とパラメータ表示できる．次に，

$$\boldsymbol{p}_u=(\cos u\cos v, 2\cos u\sin v, -3\sin u),\quad \boldsymbol{p}_v=(-\sin u\sin v, 2\sin u\cos v, 0)$$

となるから，

$$\begin{aligned}
\boldsymbol{p}_u\cdot\boldsymbol{p}_u&=\cos^2 u(\cos^2 v+4\sin^2 v)+9\sin^2 u,\\
\boldsymbol{p}_v\cdot\boldsymbol{p}_v&=\sin^2 u(\sin^2 v+4\cos^2 v),\\
\boldsymbol{p}_u\cdot\boldsymbol{p}_v&=3\sin u\cos u\sin v\cos v,\\
\boldsymbol{p}_u\times\boldsymbol{p}_v&=(6\sin^2 u\cos v, 3\sin^2 u\sin v, 2\sin u\cos u)
\end{aligned}$$

がわかる．点 $(1,0,0)$ においては，$u=\pi/2$, $v=0$ であるから，

$$E=\boldsymbol{p}_u\cdot\boldsymbol{p}_u=9,\quad F=\boldsymbol{p}_u\cdot\boldsymbol{p}_v=0,\quad G=\boldsymbol{p}_v\cdot\boldsymbol{p}_v=4$$

である．さらに，$\boldsymbol{p}_u\times\boldsymbol{p}_v=(6,0,0)$ である．よって，$\boldsymbol{n}=(1,0,0)$ ととれる．また，

$$\boldsymbol{p}_{uu} = (-\sin u \cos v, -2\sin u \sin v, -3\cos u),$$
$$\boldsymbol{p}_{uv} = (-\cos u \sin v, 2\cos u \cos v, 0),$$
$$\boldsymbol{p}_{vv} = (-\sin u \cos v, -2\sin u \sin v, 0)$$

である．したがって，$u = \frac{\pi}{2}$，$v = 0$ のとき

$$L = \boldsymbol{p}_{uu} \cdot \boldsymbol{n} = -1, \quad M = \boldsymbol{p}_{uv} \cdot \boldsymbol{n} = 0, \quad N = \boldsymbol{p}_{vv} \cdot \boldsymbol{n} = -1$$

となる．以上により，

$$H = -\frac{13}{72}, \quad K = \frac{1}{36}$$

となる． □

発展的話題

石鹸を溶かした水からできる石鹸膜でつくられる曲面について，次のようなことが知られている．石鹸膜上の 1 点での表と裏の圧力差を P，その点での石鹸膜の表面張力を T，その点での膜の平均曲率を H とすると

$$P = 4TH$$

が成立する．閉曲線をなす枠に張った石鹸膜が割れずに安定して存在しているときは，裏と表の圧力差がない状態なので $H = 0$ の場合である．簡単にわかるのは平面 (主曲率 0) の場合であるが，「これしかないのか，それとも他にあるのか」という疑問が生まれてくる．実は，$H = 0$ の曲面はたくさんあり，これらは極小曲面とよばれ，典型例が多く知られている．例えば

$$z = \log(\sqrt{x^2 + y^2} + \sqrt{x^2 + y^2 - 1}) \quad (x^2 + y^2 \geq 1), \tag{2.34}$$
$$z = \log \frac{\cos y}{\cos x} \quad \left(-\frac{\pi}{2} < x,\ y < \frac{\pi}{2}\right) \tag{2.35}$$

などがある．

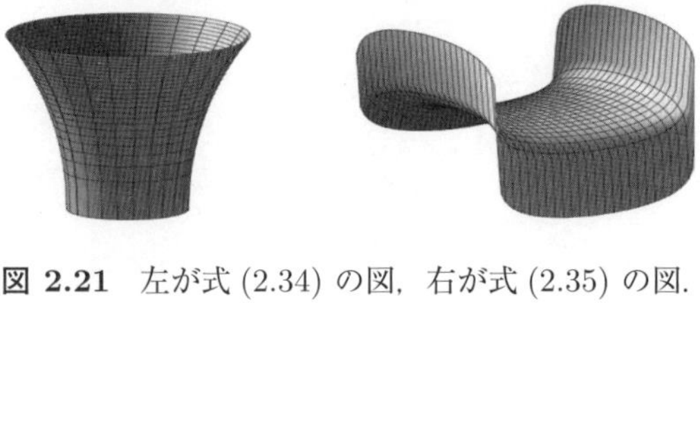

図 2.21　左が式 (2.34) の図，右が式 (2.35) の図．

章末問題

1. 3 次元空間内の曲線の位置ベクトルが $\boldsymbol{p} = (t\cos t, t\sin t, t)$ で与えられるとき，曲率とねじれ率を求めよ．

2. 3 次元空間内の曲線 C は，r を実数のパラメータとして

$$C = \left\{ (x, y, z) \,\middle|\, x = 1 - \frac{5}{4}\cos 2r,\ y = \frac{5}{2}r - \frac{5}{4}\sin 2r,\ z = 5\sin r + 1 \right\}$$

で与えられているとする．以下について答えよ．

(1) 弧長パラメータ s と r との関係を求めよ．

(2) $r = \pi$ でのこの曲線に対する接ベクトル $\boldsymbol{t}$，主法線ベクトル $\boldsymbol{n}$ および，従法線ベクトル $\boldsymbol{b}$ を求めよ．

3. 滑らかな関数 $f(u)$ を用いて表される z 軸周りの回転面

$$\boldsymbol{p} = (u\cos v, u\sin v, f(u)), \quad u_0 \leq u \leq u_1,\ 0 \leq v \leq 2\pi$$

を考える．このとき，面素 dS を計算せよ．次に，$1 \leq u \leq \sqrt{3}$ とし，$f(u) = \log u$ であるとき，この回転面の表面積を求めよ．

4. $a, b > 0$ として，楕円放物面

$$z = \frac{x^2}{2a} + \frac{y^2}{2b}$$

の各点での平均曲率と全曲率を求めよ．

5. 一葉双曲面 $x^2 + y^2 - z^2 = 1$ 上で $z > 0$ の部分の位置ベクトル $\boldsymbol{p}$ は，

$$\boldsymbol{p} = (\cosh u\cos v, \cosh u\sin v, \sinh u), \quad 0 < u, \quad 0 \leq v < 2\pi$$

と表されることを確認せよ．また，この u, v で表される点での平均曲率と全曲率を求めよ．

6. 関数 $f(u) = e^{-u}$ とし，$u > 0$ に対して

$$g(u) = \int_0^u \sqrt{1 - e^{-2t}}\, dt$$

とおく．このとき，位置ベクトルが

$$\boldsymbol{p}(u, v) = (f(u)\cos v, f(u)\sin v, g(u)) \quad u > 0, \quad 0 \leq v < 2\pi$$

で表される曲面の $u > 0$ の各点での平均曲率と全曲率を求めよ．なお，この曲面は**擬球**（ぎきゅう）とよばれる．

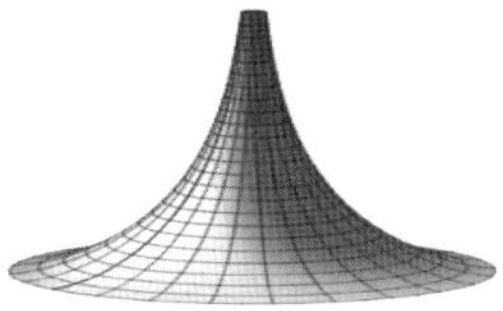

図 2.22

7. 位置ベクトルが

$$\boldsymbol{p}(u,v) = (u\cos v, u\sin v, v) \quad u \in \mathbb{R}, \quad 0 \le v < 2\pi$$

で表される曲面の各点での平均曲率と全曲率を求めよ．

8. パラメータの範囲が $u \in \mathbb{R}$, $0 \le v \le 2\pi$ であるとする．位置ベクトルが

$$\boldsymbol{p}(u,v) = \left(\sqrt{u^2+1}\cos v, \sqrt{u^2+1}\sin v, \log\left(u + \sqrt{u^2+1}\right)\right)$$

で表される曲面の各点での平均曲率と全曲率を求めよ．

9. 曲面 $S = \{\boldsymbol{p}(u,v)\}$ に対して法線ベクトル $\boldsymbol{n}$ が

$$\boldsymbol{n} = \frac{\boldsymbol{p}_u \times \boldsymbol{p}_v}{|\boldsymbol{p}_u \times \boldsymbol{p}_v|}$$

で定まる．このとき，

$$\boldsymbol{n}_u = \frac{FM - GL}{EG - F^2}\boldsymbol{p}_u + \frac{FL - EM}{EG - F^2}\boldsymbol{p}_v$$

$$\boldsymbol{n}_v = \frac{FN - GM}{EG - F^2}\boldsymbol{p}_u + \frac{FM - EN}{EG - F^2}\boldsymbol{p}_v$$

であることを示せ．これらは，ヴァインガルテン (Weingarten) の式とよばれる．

10. 滑らかな曲面 $S = \{\boldsymbol{p}(u,v)\}$ に対して**第3基本形式** III を

$$\mathrm{III} = (\boldsymbol{n}_u du + \boldsymbol{n}_v dv) \cdot (\boldsymbol{n}_u du + \boldsymbol{n}_v dv)$$

で定義する．このとき，平均曲率 H，全曲率 K，第1基本形式 I，第2基本形式 II との間に

$$K \cdot \mathrm{I} - 2H \cdot \mathrm{II} + \mathrm{III} = 0$$

なる関係が成り立つことを確認せよ．

第3章 スカラー場・ベクトル場と様々な微分

この章では，ベクトル解析において基本的な概念である場を導入し，スカラー場をベクトル場に，またはベクトル場をスカラー場に対応させる微分等を紹介する．物理学においても非常に重要な概念である保存場については第5章で解説する．

3.1 スカラー場とベクトル場

$\mathbb{R}^2$ または $\mathbb{R}^3$ の領域 D を考える．領域 D 内の座標を指定すると値が定まるような量を**場**とよぶ．特に，領域 D の各点 P に対してそれぞれ1つの実数値を定めるような分布 f を**スカラー場**といい，それぞれ1つのベクトルを付与する分布 $\boldsymbol{F}$ を**ベクトル場**という．すなわち，$D \subset \mathbb{R}^2$ 上のスカラー場 f とは $D \ni (x,y) \mapsto f(x,y) \in \mathbb{R}$ で与えられる D 上の関数 f であり，$D \subset \mathbb{R}^2$ 上のベクトル場 $\boldsymbol{F}$ とは $D \ni (x,y) \mapsto \boldsymbol{F}(x,y) \in \mathbb{R}^m$ $(m \geq 2)$ で与えられる D 上のベクトル値関数 $\boldsymbol{F}$ である．

- スカラー場の例

$$f(x,y) = \frac{10}{x^2+y^2+1} \tag{3.1}$$

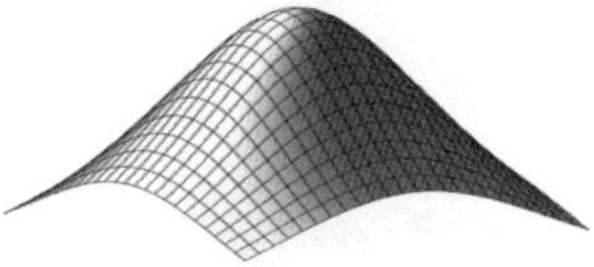

図 3.1　高さがスカラー場を表している．スカラー場は 2 次元領域で定義された関数とみなすことができる．

- ベクトル場の例

$$\boldsymbol{F} = \begin{pmatrix} -y \\ \\ x \end{pmatrix} \tag{3.2}$$

このベクトル場を図示すると以下のようになる．矢印の根元がベクトル場が定義されている点，矢印がベクトルの向き，長さがその大きさを表す．

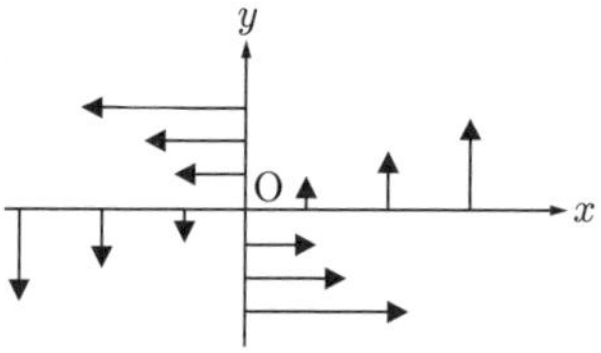

図 3.2

$\mathbb{R}^2$ 上のスカラー場 $f(x,y)$ とある定数 c に対して，

$$f(x,y) = c$$

となる (x,y) 平面の点全体 $\{(x,y) \mid f(x,y) = c\}$ を等位曲線または**等高線**という[1)]．同様に，$\mathbb{R}^3$ 上のスカラー場 $f(x,y,z)$ とある定数 d に対して，

$$f(x,y,z) = d$$

となる (x,y,z) 空間の点全体 $\{(x,y,z) \mid f(x,y,z) = d\}$ を等位曲面または**等位面**という．

[1)] 一般には曲線だが，空集合や 1 点からなることもある．

例題 3.1 式 (3.1) で与えられた $\mathbb{R}^2$ 上のスカラー場 $f(x,y)$ に対して，$f(x,y)=1$, $f(x,y)=10$, $f(x,y)=100$ のそれぞれの等高線を求めよ．

(解答) 式 (3.1) より，$f(x,y)=1$ のとき

$$\frac{10}{x^2+y^2+1}=1$$

となるから，これを変形すると

$$x^2+y^2=9$$

を得る．よって，$f(x,y)=1$ の等高線は原点を中心とする半径 3 の円である．

同様に，$f(x,y)=10$ のとき，

$$\frac{10}{x^2+y^2+1}=10$$

となるから，これを変形すると

$$x^2+y^2=0$$

を得る．よって，$f(x,y)=10$ の等高線は原点 1 点のみである．

一方，$f(x,y)=100$ のとき

$$\frac{10}{x^2+y^2+1}=100$$

より，

$$10x^2+10y^2+9=0$$

となるので，これを満たす (x,y) は存在しない．よって，$f(x,y)=100$ の等高線は空集合である． □

D 上のベクトル場 $\boldsymbol{F}$ に対して，D 内の滑らかな曲線 $C:\boldsymbol{p}(t)$ をその上での各点 $\boldsymbol{x}$ における接線ベクトルが $\boldsymbol{F}(\boldsymbol{x})$ であるように定めるとき，つまり

$$\frac{d}{dt}\boldsymbol{p}(t)=\boldsymbol{F}(\boldsymbol{p}(t)) \qquad (t\in I)$$

を満たすとき，この曲線 C をベクトル場 $\boldsymbol{F}$ の**流線**という．すなわち，$\boldsymbol{F}=f\boldsymbol{e}_1+g\boldsymbol{e}_2+h\boldsymbol{e}_3$ とすれば，任意の $\boldsymbol{x}_0\in D$ をある $t_0\in I$ で通過する流線

$\boldsymbol{p}(t) = (x(t), y(t), z(t))$ とは次の 1 階の常微分方程式系

$$\frac{dx}{dt} = f(x, y, z), \qquad \frac{dy}{dt} = g(x, y, z), \qquad \frac{dz}{dt} = h(x, y, z) \tag{3.3}$$

と初期値 $(x(t_0), y(t_0), z(t_0)) = (x_0, y_0, z_0)$ の解 $\boldsymbol{p}(t)$ のことである．また，式 (3.3) は

$$\frac{dx}{f} = \frac{dy}{g} = \frac{dz}{h}$$

とも表記される．

例題 3.2　式 (3.2) で与えられた $\mathbb{R}^2$ 上のベクトル場 $\boldsymbol{F}(x, y)$ に対して，点 $\boldsymbol{p}_0 = (-2, 0)$, $\boldsymbol{p}_1 = (0, 1)$ を通る流線 C_1, C_2 をそれぞれ求めよ．

(解答)　式 (3.2) より，

$$\frac{dx}{-y} = \frac{dy}{x}$$

なので $x\,dx = -y\,dy$ であり，両辺を不定積分すると

$$x^2 + y^2 = C \qquad (C：任意定数)$$

を得る．ここで，点 $\boldsymbol{p}_0 = (-2, 0)$ を通るとすると，$4 + 0 = C$ より $C = 4$ なので，C_1 は原点を中心とする半径 2 の円である．同様に，点 $\boldsymbol{p}_1 = (0, 1)$ を通るとすると，$0 + 1 = C$ より $C = 1$ なので，C_2 は原点を中心とする半径 1 の円である．　□

3.2　方向微分と勾配

3 次元空間内の平面 $z = 2y$ 上の点 $(x_0, y_0, 2y_0)$ を通る，この平面上の 2 直線 ℓ_1, ℓ_2 を考える．ただし，ℓ_1, ℓ_2 はそれぞれ x 軸正の方向から y 軸正の方向へ θ_1, θ_2 $(\theta_1 < \theta_2)$ の角度をなしているとする（図 3.3 参照）．

このとき，ℓ_1 の傾きは

$$\frac{2(y_0 + \sin\theta_1) - 2y_0}{\sqrt{(x_0 + \cos\theta_1 - x_0)^2 + (y_0 + \sin\theta_1 - y_0)^2}} = 2\sin\theta_1$$

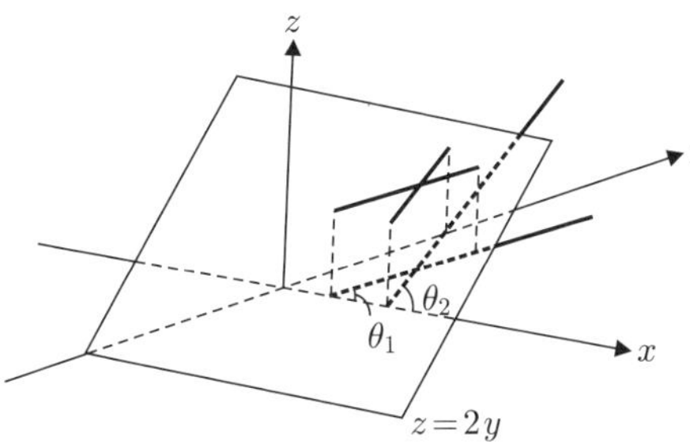

図 3.3

であり，同様に ℓ_2 の傾きは $2\sin\theta_2$ であることがわかる．よって，この場合，ℓ_1 よりも ℓ_2 の方が"急"であるといえ，特に $\theta = \pi/2$ のときが最大傾斜になることもわかる．では，一般の曲面についてはそれぞれの点における傾斜はどのように定めることができるであろうか．

一般のスカラー場 $f(x, y)$ と単位ベクトル $\boldsymbol{\nu} = (a, b)$ に対して，ℓ を $\boldsymbol{\nu}$ を方向ベクトルとし，(x, y) を通る直線とすると，

$$\ell = \begin{pmatrix} x + sa \\ \\ y + sb \end{pmatrix} \qquad (s \in \mathbb{R})$$

となる．このとき，この直線 ℓ に沿って

$$\begin{pmatrix} x \\ \\ y \\ \\ f(x, y) \end{pmatrix} \to \begin{pmatrix} x + sa \\ \\ y + sb \\ \\ f(x + sa, y + sb) \end{pmatrix}$$

と変化したときの平均傾斜は $|\boldsymbol{\nu}| = 1$ であることに注意すると，$s \geq 0$ のとき，

$$\frac{f(x + sa, y + sb) - f(x, y)}{\sqrt{(x + sa - x)^2 + (y + sb - y)^2}} = \frac{f(x + sa, y + sb) - f(x, y)}{s}$$

となる．よって，点 $(x, y, f(x, y))$ における傾斜は

$$c(x, y; \boldsymbol{\nu}) := \lim_{s \to 0} \frac{f(x + sa, y + sb) - f(x, y)}{s} = \frac{d}{ds} f(x + sa, y + sb)\bigg|_{s=0}$$

となる．この $c(x, y; \boldsymbol{\nu})$ は

$$c(x,y;\boldsymbol{\nu}) = a\frac{\partial f}{\partial x}(x,y) + b\frac{\partial f}{\partial y}(x,y) = \boldsymbol{\nu}\cdot\nabla f$$

と書ける．ただし

$$\nabla f := \begin{pmatrix} \dfrac{\partial f}{\partial x} \\ \dfrac{\partial f}{\partial y} \end{pmatrix} \tag{3.4}$$

である．この $\boldsymbol{\nu}\cdot\nabla f$ を f の $\boldsymbol{\nu}$ 方向への**方向微分係数**という．また，$|\boldsymbol{\nu}| = 1$ より

$$\max_{|\boldsymbol{\nu}|=1} c(x,y;\boldsymbol{\nu}) = |\nabla f|$$

であり，∇f はその方向が最大傾斜となり，大きさが最大微分係数に一致するベクトルである．この式 (3.4) で定義されるベクトル ∇f を f の**勾配ベクトル**または単に**勾配** (グラディエント ; gradient) といい，$\mathrm{grad}\, f$ とも表す．また

$$\nabla = \boldsymbol{e}_1\frac{\partial}{\partial x} + \boldsymbol{e}_2\frac{\partial}{\partial y} \tag{3.5}$$

を**ハミルトン (Hamilton) 演算子**といい，∇ を**ナブラ**と読む．なお，勾配ベクトルは何変数であっても定義でき，$\mathbb{R}^3$ 上のベクトル場 $f(x,y,z)$ に対して，その勾配は

$$\mathrm{grad}\, f = \nabla f = \begin{pmatrix} \dfrac{\partial f}{\partial x} \\ \dfrac{\partial f}{\partial y} \\ \dfrac{\partial f}{\partial z} \end{pmatrix}$$

と定義される[2)]．grad は**スカラー関数**に対して作用し，**ベクトル値関数**をつくる．ナブラは各成分に関する偏微分であるため，演算については以下が成立する．

[2)] $\mathbb{R}^n$ 上のベクトル場 $f(x_1, x_2, \ldots, x_n)$ に対しては

$$\mathrm{grad}\, f = \nabla f = \left(\frac{\partial f}{\partial x_1}, \frac{\partial f}{\partial x_2}, \cdots, \frac{\partial f}{\partial x_n}\right)$$

と定義される．

性質 3.1 f, g, φ をスカラー場，c を定数とする．このとき，以下が成立する．

(1) $\nabla(f+g) = \nabla f + \nabla g$

(2) $\nabla(cf) = c\nabla f$

(3) $\nabla(fg) = (\nabla f)g + f(\nabla g)$

(4) $\nabla\left(\dfrac{f}{g}\right) = \dfrac{(\nabla f)g - f(\nabla g)}{g^2}$

(5) $\nabla(\varphi(f)) = \varphi'(f)\nabla f$

問 3.1 ℓ, m, n を自然数として，3 次元空間で定義された関数 $f = x^\ell y^m z^n$ に対して ∇f を求めよ．

例題 3.3 $\mathbb{R}^2$ 上のスカラー場 $f(x,y)$ の等高線 $C = \{(x,y) \mid f(x,y) = a\}$ に対して，C の接線ベクトルと f の勾配ベクトルは直交することを示せ．

(解答) パラメータ $t \in \mathbb{R}$ を用いて曲線 C を $\boldsymbol{p}(t)$ と表すと，$f(\boldsymbol{p}(t)) = a$ より，$\dfrac{d}{dt}f(\boldsymbol{p}(t)) = 0$ である．一方，

$$\frac{d}{dt}f(\boldsymbol{p}(t)) = \boldsymbol{p}' \cdot \nabla f(\boldsymbol{p})$$

なので，$\boldsymbol{p}'$ と $\nabla f(\boldsymbol{p})$ は直交する． □

3 次元の場合，勾配 ∇f は等位面上の点 $\boldsymbol{p}_0$ における接平面と直交する．よって，∇f はこの接平面の法線ベクトルの 1 つとなる．また，$\nabla f(\boldsymbol{a}) = \boldsymbol{0}$ となる $\boldsymbol{a}$ を停留点 (臨界点) とよぶ．

座標平面 $\mathbb{R}^2$ において，

$$(x,y) = (r\cos\theta, r\sin\theta) \qquad (r = \sqrt{x^2+y^2},\ 0 \leq \theta < 2\pi)$$

とおくと，

$$f(x,y) = f(r\cos\theta, r\sin\theta)$$

と表示できる．このとき，

$$\frac{\partial f}{\partial r} = \frac{\partial f}{\partial x}\cos\theta + \frac{\partial f}{\partial y}\sin\theta = \nabla f \cdot \begin{pmatrix} \cos\theta \\ \sin\theta \end{pmatrix},$$

$$\frac{\partial f}{\partial \theta} = \frac{\partial f}{\partial x}(-r\sin\theta) + \frac{\partial f}{\partial y} r\cos\theta = \nabla f \cdot \begin{pmatrix} -r\sin\theta \\ r\cos\theta \end{pmatrix}$$

なので,

$$\begin{pmatrix} \dfrac{\partial f}{\partial r} \\ \dfrac{\partial f}{\partial \theta} \end{pmatrix} = \begin{pmatrix} \cos\theta & \sin\theta \\ -r\sin\theta & r\cos\theta \end{pmatrix} \begin{pmatrix} \dfrac{\partial f}{\partial x} \\ \dfrac{\partial f}{\partial y} \end{pmatrix}$$

であり,

$$\begin{pmatrix} \dfrac{\partial f}{\partial x} \\ \dfrac{\partial f}{\partial y} \end{pmatrix} = \begin{pmatrix} \cos\theta \\ \sin\theta \end{pmatrix} \frac{\partial f}{\partial r} + \begin{pmatrix} -\dfrac{1}{r}\sin\theta \\ \dfrac{1}{r}\cos\theta \end{pmatrix} \frac{\partial f}{\partial \theta}$$

となる．よって

$$\nabla = \begin{pmatrix} \cos\theta \\ \sin\theta \end{pmatrix} \frac{\partial}{\partial r} + \begin{pmatrix} -\sin\theta \\ \cos\theta \end{pmatrix} \frac{1}{r}\frac{\partial}{\partial \theta}$$

が成立する．

問 3.2 $r = \sqrt{x^2 + y^2}$ とおく．このとき，∇r を x, y で表示したもの，r, θ で表示したものをそれぞれ求めよ．

3.3 発散・湧き出し

$\mathbb{R}^2$ 上のベクトル場 $\boldsymbol{a} = (a_1(x, y), a_2(x, y))$ を考える．このとき，4 点 $\mathrm{A}(x - h, y - h)$, $\mathrm{B}(x + h, y - h)$, $\mathrm{C}(x + h, y + h)$, $\mathrm{D}(x - h, y + h)$ を頂点とする正方形領域でのベクトル量の増減を考えてみよう．ここで，$h > 0$ は微小量とする．なお，ベクトル量の増減の合計は，長方形の各線分に対して直交する方向でのベクトル量の増減の合計を意味する．

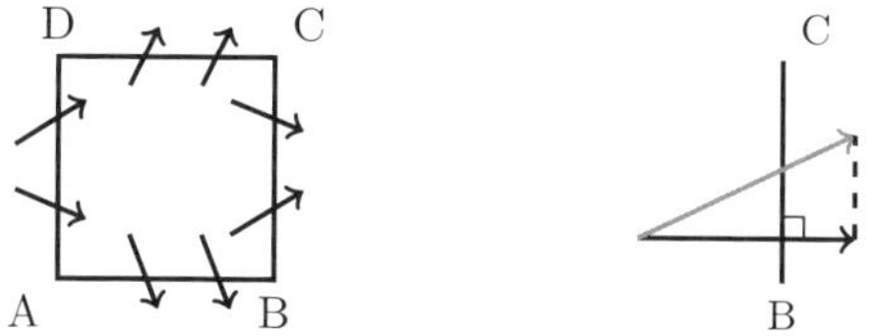

図 3.4 左はベクトルの出入りの概念図. 右は線分 BC に垂直なベクトルの成分を示す.

いま h は微小量なので, 正方形の各辺上では流量は一様と思うことができる[3]. そこで, 辺 AB, 辺 BC, 辺 CD, 辺 DA の各辺での単位法線ベクトルがそれぞれ $-\boldsymbol{e}_2$, $\boldsymbol{e}_1$, $\boldsymbol{e}_2$, $-\boldsymbol{e}_1$ で与えられることに注意し, 各辺の長さが $2h$ であることを考慮すると, ベクトル量の増減は

$$\begin{aligned}&\boldsymbol{a}(x+h,y)\cdot 2h\boldsymbol{e}_1-\boldsymbol{a}(x-h,y)\cdot 2h\boldsymbol{e}_1\\&\qquad+\boldsymbol{a}(x,y+h)\cdot 2h\boldsymbol{e}_2-\boldsymbol{a}(x,y-h)\cdot 2h\boldsymbol{e}_2\\&=2\left\{a_1(x+h,y)-a_1(x-h,y)\right\}h\\&\qquad+2\left\{a_2(x,y+h)-a_2(x,y-h)\right\}h\end{aligned}$$

で与えられる. ここで, $a_1(x,y)$, $a_2(x,y)$ とも十分滑らかであるとすると

$$\begin{aligned}a_1(x+h,y)-a_1(x-h,y)&=\frac{\partial a_1}{\partial x}(x,y)(2h)+O(h^2),\\a_2(x,y+h)-a_2(x,y-h)&=\frac{\partial a_2}{\partial y}(x,y)(2h)+O(h^2)\end{aligned}$$

が成り立つので, 正方形領域におけるベクトル量の増減は

$$\left(\frac{\partial a_1}{\partial x}+\frac{\partial a_2}{\partial y}\right)(4h^2)+O(h^3)$$

である. 正方形領域の面積は $4h^2$ なので, $4h^2$ で割り $h\to +0$ とすると, 単位面積あたりの増減は

$$\frac{\partial a_1}{\partial x}+\frac{\partial a_2}{\partial y}$$

となる. これをベクトル場 $\boldsymbol{a}=(a_1(x,y),a_2(x,y))$ の**発散** (**ダイバージェンス**; divergence) または, **湧き出し**といい, $\operatorname{div}\boldsymbol{a}$ で表す. すなわち,

[3] 実際には, 第一近似を考える必要がある.

$$\operatorname{div} \boldsymbol{a} = \frac{\partial a_1}{\partial x} + \frac{\partial a_2}{\partial y}$$

である．なお，形式的に $\dfrac{\partial a_1}{\partial x} = \dfrac{\partial}{\partial x} \cdot a_1$ とみなすことにすると，発散はハミルトン演算子 (3.5) とベクトル場 $\boldsymbol{a}$ との内積として

$$\operatorname{div} \boldsymbol{a} = \begin{pmatrix} \dfrac{\partial}{\partial x} \\ \\ \dfrac{\partial}{\partial y} \end{pmatrix} \cdot \begin{pmatrix} a_1(x, y) \\ \\ a_2(x, y) \end{pmatrix} = \nabla \cdot \boldsymbol{a}$$

とも表記できる．発散は，**ベクトル値関数**に作用して**スカラー関数**をつくる．勾配同様，発散も n 次元ベクトル値関数に作用することができ，

$$\boldsymbol{a} = (a_1(x_1, x_2, \ldots x_n), a_2(x_1, x_2, \ldots, x_n), \ldots, a_n(x_1, x_2, \ldots, x_n))$$

に対して，

$$\operatorname{div} \boldsymbol{a} = \frac{\partial a_1}{\partial x_1} + \frac{\partial a_2}{\partial x_2} + \cdots + \frac{\partial a_n}{\partial x_n}$$

と定義される．また，演算については以下が成立する．

性質 3.2　$\boldsymbol{F}, \boldsymbol{G}$ をベクトル場，f をスカラー場，c を定数とする．このとき，以下が成立する．

(1)　$\operatorname{div}(\boldsymbol{F} + \boldsymbol{G}) = \operatorname{div} \boldsymbol{F} + \operatorname{div} \boldsymbol{G}$

(2)　$\operatorname{div}(c\boldsymbol{F}) = c \operatorname{div} \boldsymbol{F}$

(3)　$\operatorname{div}(f\boldsymbol{F}) = (\nabla f) \cdot \boldsymbol{F} + f \operatorname{div} \boldsymbol{F}$

問 3.3　ベクトル値関数 $\boldsymbol{a} = (xy, yz, zx)$，$\boldsymbol{b} = (yz, zx, xy)$，$\boldsymbol{c} = (zx, xy, yz)$ の発散をそれぞれ求めよ．

流体の速度場 $\boldsymbol{F}(x, y)$ に対して，単位面積あたりの流出量 (湧き出る量) は，上記の発散の導出と同様に $\operatorname{div} \boldsymbol{F}$ となる．これより，もし $\operatorname{div} \boldsymbol{F} > 0$ であれば，流体はこの単位面積あたりで膨張し，密度は減少することがわかる．逆に，もし $\operatorname{div} \boldsymbol{F} < 0$ であれば，流体はこの単位面積あたりで圧縮され，密度は増加することがわかる．よって，$\operatorname{div} \boldsymbol{F} = 0$ であれば，この流体は膨張も圧縮もしないことがわかる．このような速度場を**非圧縮**であるという．

2 階の作用素になるが，次の作用素はいろいろな場面でよく登場する．C^2 級のスカラー関数 $f(x,y,z)$ に対して，$\mathrm{div}\,(\nabla f)$ を考えることができる．具体的に計算すると

$$\mathrm{div}\,(\nabla f) = \frac{\partial^2 f}{\partial x^2} + \frac{\partial^2 f}{\partial y^2} + \frac{\partial^2 f}{\partial z^2} =: \Delta f \tag{3.6}$$

となる．この作用素を最右辺のように Δ で表し，これを**ラプラシアン** (**ラプラス (Laplace) 作用素**) という．なお，C^2 級の 2 変数関数 $g(x,y)$ に対しても

$$\frac{\partial^2 g}{\partial x^2} + \frac{\partial^2 g}{\partial y^2} =: \Delta g$$

と表す．一般に次元にかかわらず Δ でラプラス作用素を表す．

3.4 渦度・回転

発散の場合と同様に，$\mathbb{R}^2$ 上のベクトル場 $\boldsymbol{a} = (a_1(x,y), a_2(x,y))$ を考える．このとき，4 点 $\mathrm{A}(x-h, y-h)$, $\mathrm{B}(x+h, y-h)$, $\mathrm{C}(x+h, y+h)$, $\mathrm{D}(x-h, y+h)$ を頂点とする正方形領域に対して，各辺の単位接線方向に流れるベクトル量を考えてみよう (発散では，各辺に対して直交する方向でのベクトル量を考えていた)．ここで，$h > 0$ は微小量であり，接線ベクトルは反時計回りを正方向とする．

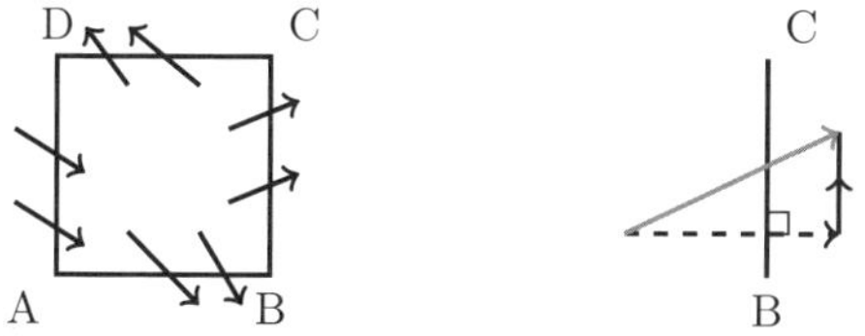

図 3.5 左はベクトルの出入りの概念図．右は線分 BC に平行なベクトルの成分を示す．

発散の場合と同様に正方形の各辺上では流量は一様と考えることができる．そこで，辺 AB，辺 BC，辺 CD，辺 DA の各辺での単位接線ベクトルがそれぞれ $\boldsymbol{e}_1$, $\boldsymbol{e}_2$, $-\boldsymbol{e}_1$, $-\boldsymbol{e}_2$ で与えられることに注意し，各辺の長さが $2h$ であることを考慮すると，ベクトル量の増減は

$$
\begin{aligned}
&\boldsymbol{a}(x, y-h) \cdot 2h\boldsymbol{e}_1 + \boldsymbol{a}(x+h, y) \cdot 2h\boldsymbol{e}_2 \\
&\qquad - \boldsymbol{a}(x, y+h) \cdot 2h\boldsymbol{e}_1 - \boldsymbol{a}(x-h, y) \cdot 2h\boldsymbol{e}_2 \\
&= 2\left\{a_2(x+h, y) - a_2(x-h, y)\right\} h \\
&\qquad - 2\left\{a_1(x, y+h) - a_1(x, y-h)\right\} h \\
&= \left(\frac{\partial a_2}{\partial x} - \frac{\partial a_1}{\partial y}\right)(4h^2) + O(h^3)
\end{aligned}
$$

で与えられる．正方形領域の面積は $4h^2$ なので，$4h^2$ で割り $h \to +0$ とすると，単位面積あたりの変化は

$$
\frac{\partial a_2}{\partial x} - \frac{\partial a_1}{\partial y} \tag{3.7}
$$

となる．これは単位面積あたりを垂直に貫く z 軸周りの回転を表す指標となると考えられる．$\mathbb{R}^2$ 上の流速ベクトル場 $\boldsymbol{a}$ に対して，この量は (2 次元の) **渦度**とよばれる量になる．

一方，$\mathbb{R}^3$ 上のベクトル場 $\boldsymbol{a} = (a_1(x, y, z), a_2(x, y, z), a_3(x, y, z))$ に対しては，

$$
\frac{\partial a_3}{\partial y} - \frac{\partial a_2}{\partial z} \quad \text{は } x \text{ 軸周りの回転,}
$$

$$
\frac{\partial a_1}{\partial z} - \frac{\partial a_3}{\partial x} \quad \text{は } y \text{ 軸周りの回転}
$$

を表す量であると考えられる．そこで，$\mathbb{R}^3$ 上のベクトル場 $\boldsymbol{a}$ に対して，3 次元ベクトル

$$
\left(\frac{\partial a_3}{\partial y} - \frac{\partial a_2}{\partial z},\ \frac{\partial a_1}{\partial z} - \frac{\partial a_3}{\partial x},\ \frac{\partial a_2}{\partial x} - \frac{\partial a_1}{\partial y}\right) \tag{3.8}
$$

を対応させる作用を $\boldsymbol{a}$ の**回転**といい，$\mathrm{rot}\ \boldsymbol{a}$ で表す[4)]．回転はベクトル場であり，ハミルトン演算子 (3.5) とベクトル場 $\boldsymbol{a}$ との外積として

$$
\mathrm{rot}\,\boldsymbol{a} = \nabla \times \boldsymbol{a}
$$

とも表記できる．計算の便宜上，

4) $\mathrm{curl}\,\boldsymbol{a}$ で表現する流儀もあるが，本書では用いない．

$$\mathrm{rot}\,\boldsymbol{a} = \begin{vmatrix} \boldsymbol{e}_1 & \boldsymbol{e}_2 & \boldsymbol{e}_3 \\ \dfrac{\partial}{\partial x} & \dfrac{\partial}{\partial y} & \dfrac{\partial}{\partial z} \\ a_1 & a_2 & a_3 \end{vmatrix}$$

と覚えるとよい．回転は，**ベクトル値関数**に作用して**ベクトル値関数**をつくる．$\mathbb{R}^3$ 上の流速ベクトル場 $\boldsymbol{a}$ に対して，$\mathrm{rot}\,\boldsymbol{a}$ は流体の渦度とよばれる．

! 注意 3.1　$\mathbb{R}^2$ 上のベクトル場に対しては，式 (3.7) より

$$\mathrm{rot}\,\boldsymbol{a} = \frac{\partial a_2}{\partial x} - \frac{\partial a_1}{\partial y}$$

と定める．これはスカラー場になっている．一方，$\mathbb{R}^3$ 上のベクトル場に対しては，式 (3.8) より $\mathrm{rot}\,\boldsymbol{a}$ はベクトル場になる．

演算については以下が成立する．

性質 3.3　$\boldsymbol{F}, \boldsymbol{G}$ をベクトル場，f をスカラー場，k を定数とする．このとき，以下が成立する．

(1)　$\mathrm{rot}\,(\boldsymbol{F}+\boldsymbol{G}) = \mathrm{rot}\,\boldsymbol{F} + \mathrm{rot}\,\boldsymbol{G}$

(2)　$\mathrm{rot}\,(k\boldsymbol{F}) = k\,\mathrm{rot}\,\boldsymbol{F}$

(3)　$\mathrm{rot}\,(f\boldsymbol{F}) = (\nabla f)\times\boldsymbol{F} + f\,\mathrm{rot}\,\boldsymbol{F}$

ベクトル場 $\boldsymbol{F}$ に対して，$\mathrm{rot}\,\boldsymbol{F} = \boldsymbol{0}$ のとき，$\boldsymbol{F}$ は**渦なし**または**層状** (ラメラー) であるといい，$\mathrm{div}\,\boldsymbol{F} = 0$ のとき，$\boldsymbol{F}$ は**湧き出しなし**または**管状** (ソレノイド) であるという．

問 3.4　ベクトル場 $\boldsymbol{a} = (xy, yz, zx)$，$\boldsymbol{b} = (yz, zx, xy)$，$\boldsymbol{c} = (zx, xy, yz)$ の回転をそれぞれ求めよ．

章末問題

1.　二葉双曲面

$$x^2 + \frac{y^2}{4} - \frac{z^2}{9} = -1$$

の $z = m$ での等高面を求めよ (場合分け必要)．

2.　$\boldsymbol{F}(x,y,z) = (y,x,-z)$ であるとき，点 $(2,0,1)$ を通る流線を求めよ．

3.　関数 $f(x,y,z)$ は，C^2 級関数であり，

$$r = \sqrt{x^2+y^2+z^2}, \quad (x,y,z) \in \mathbb{R}^3$$

とおくと，$f(x,y,z) = g(r)$ であるとする．このとき，$\operatorname{grad} f(x,y,z) = \nabla f$ と $\operatorname{div}(\nabla f(x,y,z))$ を計算せよ．

4.　関数 $f(x,y,z)$ は C^2 級関数であり，

$$r = \sqrt{x^2+y^2}, \quad (x,y,z) \in \mathbb{R}^3$$

とおくと, $f(x,y,z) = g(r,z)$ と表記されるものとする．このとき, $\operatorname{grad} f(x,y,z) = \nabla f$ と $\operatorname{div}(\nabla f(x,y,z))$ を計算せよ．

5.　関数 $f(x,y,z)$ は C^2 級関数であるとする．このとき，$\operatorname{rot}(\nabla f) = \mathbf{0}$ を示せ．

6.　C^2 級ベクトル値関数 $\boldsymbol{a}$ に対して，$\operatorname{div}(\operatorname{rot}\boldsymbol{a}) = 0$ を示せ．

7.　C^1 級関数 f と C^1 級ベクトル値関数 $\boldsymbol{a}$ に対して，次が成り立つことを示せ．

$$\operatorname{div}(f\boldsymbol{a}) = f\operatorname{div}\boldsymbol{a} + \nabla f \cdot \boldsymbol{a}, \quad \operatorname{rot}(f\boldsymbol{a}) = f\operatorname{rot}\boldsymbol{a} - \boldsymbol{a} \times \nabla f.$$

8.　$f(r)$, $g(r)$, $h(r)$ は $r>0$ で定義された C^1 級関数であるとする．問2と同様に $r = \sqrt{x^2+y^2+z^2}$, $(x,y,z) \in \mathbb{R}^3$ とおくとき，

$$\operatorname{rot}(f(r), g(r), h(r))$$

を求めよ．

第4章 関数の線積分・面積分

この章では，曲線・曲面上で定義されたスカラー場，ベクトル場の積分についての基本的性質をみていく．さらに，ベクトル解析の中心的話題であるいくつかの積分定理についても解説する．物理学への応用のための基礎理論を押さえていこう．

4.1 線積分

C^1 級の 1 変数関数 $f(x)$ においては，微積分学の基本定理といわれる

$$\int_{x_0}^{x_1} \frac{df}{dx}\,dx = f(x_1) - f(x_0)$$

が成立する．これは，**実数直線に沿った場合**を考えている．では，一般の曲線に沿った場合や，2 変数 (変数の数は有限個であればいくつでもよい) のスカラー値関数 (スカラー場) については，微積分学の基本定理はどのように表示されるであろうか．

$f(x,y)$ を $\mathbb{R}^2$ 上のスカラー場とし, C を 2 次元平面上の相異なる 2 点 $\mathrm{P}_0(x_0,y_0)$, $\mathrm{P}_*(x_*,y_*)$ を端点とする滑らかな曲線とする．はじめに，f の C に沿った積分について考えよう．

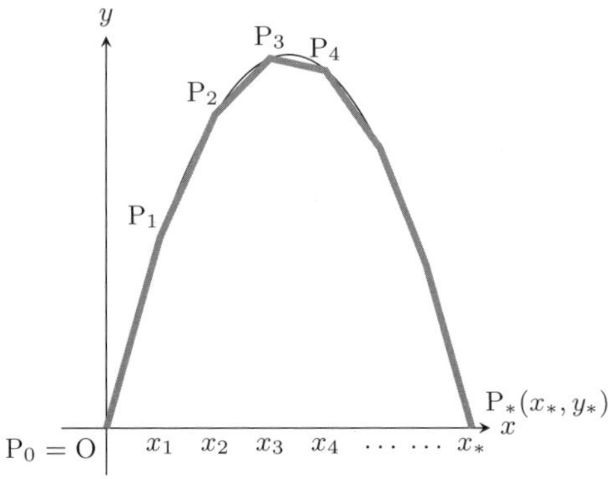

図 4.1

曲線上に多くの相異なる点をとり，微小な弧の集合として曲線を考える．すなわち，C 上に $N+1$ 個の点 $(x_i, y_i) \in C$ $(i = 0, 1, 2, \ldots, N)$ をとる．ここで $(x_N, y_N) = (x_*, y_*)$ とする．また，$\boldsymbol{\Delta} s_i = (x_i, y_i) - (x_{i-1}, y_{i-1})$ とおき，$|\boldsymbol{\Delta} s_i|$ は十分小さいものとする．このとき，曲線 C が

$$C = \{(x(t), y(t)) \mid a \leq t \leq b\}$$

とパラメータ表示されているとすると，$N+1$ 個の点 (x_i, y_i) に対して，$x_i = x(t_i)$，$y_i = y(t_i)$，$a = t_0 < t_1 \cdots < t_N = b$ となる分点 t_i $(i = 0, \ldots, N)$ が存在する．このそれぞれの分点に関して

$$\sum_{i=1}^{N} f(x(t_i), y(t_i))|\boldsymbol{\Delta} s_i|$$

という和を考える．このとき，$\boldsymbol{\Delta} s_i = (x(t_i), y(t_i)) - (x(t_{i-1}), y(t_{i-1}))$ であることに注意して，$\max_{1 \leq i \leq N} |\Delta \boldsymbol{s}_i| \to 0$ となるように N を増やしていくと，その極限として，

$$\int_a^b f(x(t), y(t)) \sqrt{(x'(t))^2 + (y'(t))^2}\, dt$$

を得る．ここで，線素の定義より，

$$ds = \sqrt{(x'(t))^2 + (y'(t))^2}\, dt$$

なので，この積分を

$$\int_C f\,ds := \int_a^b f(x(t), y(t))\sqrt{(x'(t))^2 + (y'(t))^2}\,dt \tag{4.1}$$

と定め，これを f の C に沿った**線積分**という．なお，3 次元以上の高次元においても同様に線積分が定義される[1]．

例題 4.1 $f(x,y) = x + y$ とし，曲線 C を

$$C = \{(\cos t, \sin t) \mid 0 \leq t \leq \varphi\}$$

とする．ここで $\varphi \in (0, 2\pi]$ とする．このとき，$\displaystyle\int_C f\,ds$ を計算せよ．

(解答) 線積分を式 (4.1) に従って計算しよう．$x(t) = \cos t$, $y(t) = \sin t$ なので，

$$\begin{aligned}\int_C f\,ds &= \int_0^{\varphi} (\cos t + \sin t)\sqrt{(-\sin t)^2 + \cos^2 t}\,dt \\ &= \int_0^{\varphi} (\cos t + \sin t)\,dt = \sin\varphi - \cos\varphi + 1\end{aligned}$$

となる． □

問 4.1 $f(x,y) = x$ とし，曲線 C を $C = \{(2t, t^2) \mid 0 \leq t \leq 1\}$ とおく．このとき $\displaystyle\int_C f\,ds$ を計算せよ．

次に，曲線の端点における値の差を考えよう．このとき，2 変数関数のテイラー展開により

$$f(x_i, y_i) - f(x_{i-1}, y_{i-1}) = \nabla f(x_{i-1}, y_{i-1}) \cdot \Delta\boldsymbol{s}_i + o(|\Delta\boldsymbol{s}_i|)$$

であることがわかり，

$$f(x_*, y_*) - f(x_0, y_0) \fallingdotseq \sum_{i=1}^{N} \nabla f(x_{i-1}, y_{i-1}) \cdot \Delta\boldsymbol{s}_i$$

が成り立つ．このとき，$\displaystyle\max_{1\leq i\leq N} |\Delta\boldsymbol{s}_i| \to 0$ となるように N を増やしていくと，その極限として，

---

[1] 例えば，$\mathbb{R}^3$ 上のスカラー場 $f = f(x,y,z)$ の 3 次元空間内での曲線 C に沿う線積分は $\displaystyle\int_C f\,ds = \int_a^b f(x(t), y(t), z(t))\sqrt{(x'(t))^2 + (y'(t))^2 + (z'(t))^2}\,dt$ で定義される．

$$f(x_*, y_*) - f(x_0, y_0) = \int_{(x_0,y_0)}^{(x_*,y_*)} \nabla f(x,y) \cdot d\boldsymbol{s} \tag{4.2}$$

が成り立つことがわかる．なお，ここで $d\boldsymbol{s}$ は「方向をもつ」線素というべきものであり，(スカラーの) 線素 $|ds|$ とは意味が異なることに注意が必要である．$d\boldsymbol{s}$ は x 方向と y 方向の微小変化を成分とするベクトルなので，$d\boldsymbol{s} = (dx, dy)$ と表すことができる．このことから，

$$\int_{(x_0,y_0)}^{(x_*,y_*)} \nabla f(x,y) \cdot d\boldsymbol{s} = \int_{(x_0,y_0)}^{(x_*,y_*)} \left(\frac{\partial f}{\partial x} dx + \frac{\partial f}{\partial y} dy \right) = f(x_*, y_*) - f(x_0, y_0)$$

と表記することもある．これが，曲線 C に沿った微積分学の基本定理である．

一般に，$\mathbb{R}^2$ 上のベクトル場 $\boldsymbol{v} = (v_1(x,y), v_2(x,y))$ に対して，2 次元平面上の曲線 C の線素ベクトル $d\boldsymbol{s}$ との内積による積分

$$\int_C \boldsymbol{v} \cdot d\boldsymbol{s} = \int_C (v_1\, dx + v_2\, dy)$$

を $\boldsymbol{v}$ の C に沿う**線積分**という．ここで，右辺は記号的に書いているのであって，実際の計算を実行する際には，C を

$$C = \{(x(t), y(t)) \mid a \le t \le b\}$$

のようにパラメータ表示し，

$$\int_C \boldsymbol{v} \cdot d\boldsymbol{s} = \int_a^b \Big\{ v_1(x(t), y(t))x'(t) + v_2(x(t), y(t))y'(t) \Big\}\, dt \tag{4.3}$$

のように右辺を計算することで求めることになる．また，$\boldsymbol{\gamma}(t) = (x(t), y(t))$ とおくと，

$$d\boldsymbol{s} = (x'(t)\, dt, y'(t)\, dt) = \boldsymbol{\gamma}'(t)\, dt$$

となるので，

$$\int_C \boldsymbol{v} \cdot d\boldsymbol{s} = \int_a^b \boldsymbol{v} \cdot \boldsymbol{\gamma}'(t)\, dt$$

とも表される．さらに，弧長パラメータに関する接線ベクトル $\boldsymbol{t}$ および弧長パラメータ s を用いることで

$$\int_C \boldsymbol{v} \cdot d\boldsymbol{s} = \int_C \boldsymbol{v} \cdot \boldsymbol{t}\, ds$$

と表現されることもある．これらはすべて同じものを表す．なお，3 次元以上の高次元においても同様に線積分が定義される[2)]．

例題 4.2　$\boldsymbol{v}_1 = (-y, x)$, $\boldsymbol{v}_2 = (y, x)$ とし，曲線 C を

$$C = \{(r\cos\theta, r\sin\theta)\,|\,0 \leq \theta \leq \varphi\}$$

とする．ここで，$r > 0$, $\varphi \in (0, 2\pi]$ とする．このとき，

$$\int_C \boldsymbol{v}_1 \cdot d\boldsymbol{s}, \quad \int_C \boldsymbol{v}_2 \cdot d\boldsymbol{s}$$

を計算せよ．

(解答)　線積分を式 (4.3) に従って計算しよう．

$$\begin{aligned}\int_C \boldsymbol{v}_1 \cdot d\boldsymbol{s} &= \int_0^{\varphi} \{-r(\sin\theta)x'(\theta) + r(\cos\theta)y'(\theta)\}\, d\theta \\ &= \int_0^{\varphi} (r^2\sin^2\theta + r^2\cos^2\theta)\, d\theta = r^2\varphi\end{aligned}$$

となる．同様にして，

$$\begin{aligned}\int_C \boldsymbol{v}_2 \cdot d\boldsymbol{s} &= \int_0^{\varphi} \{r(\sin\theta)x'(\theta) + r(\cos\theta)y'(\theta)\}\, d\theta \\ &= \int_0^{\varphi} (r^2\cos^2\theta - r^2\sin^2\theta)\, d\theta \\ &= r^2\int_0^{\varphi} \cos 2\theta\, d\theta = \frac{r^2}{2}\sin 2\varphi\end{aligned}$$

となることがわかる．　□

折れ線の場合は，それぞれの部分で分けて計算して最後にたし合わせる．

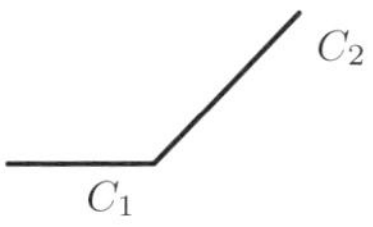

図 4.2

---

2) 例えば，$\mathbb{R}^3$ 上のベクトル場 $\boldsymbol{v} = (v_1(x,y,z), v_2(x,y,z), v_3(x,y,z))$ の 3 次元空間内での曲線 C に沿う線積分は $\int_C \boldsymbol{v} \cdot d\boldsymbol{s} = \int_C (v_1\,dx + v_2\,dy + v_3\,dz)$ で定義される．

すなわち，$C = C_1 + C_2$ であれば，

$$\int_C \boldsymbol{v} \cdot d\boldsymbol{s} = \int_{C_1} \boldsymbol{v} \cdot d\boldsymbol{s} + \int_{C_2} \boldsymbol{v} \cdot d\boldsymbol{s}$$

となる．

問 4.2　$\boldsymbol{v} = (2x, y)$ とし $C = \{(t,0) \mid 0 \leq t \leq 1\} \cup \{(1,t) \mid 0 \leq t \leq 2\}$ とする．このとき $\displaystyle\int_C \boldsymbol{v} \cdot d\boldsymbol{s}$ を計算せよ．

曲線 C のパラメータ表示を $\boldsymbol{\gamma}(t)$ $(t \in I = [a,b])$ とする．C^1 級の 1 変数関数 $t = h(s)$ $(s \in I_1 = [a_1, b_1])$ に対して，

$$\boldsymbol{\rho} = \boldsymbol{\gamma} \circ h \qquad (\boldsymbol{\rho}(s) = \boldsymbol{\gamma}(h(s)))$$

を γ の**再パラメータ化**とよぶ．弧長パラメータでない表示を弧長パラメータで表す場合が典型的な再パラメータ化である．このとき，

$$h(a_1) = a, \quad h(b_1) = b \qquad \text{すなわち } h'(s) > 0 \qquad (a_1 < s < b_1)$$

ならば，$\boldsymbol{\rho}$ の向き付けが保たれているといい，

$$h(a_1) = b, \quad h(b_1) = a \qquad \text{すなわち } h'(s) < 0 \qquad (a_1 < s < b_1)$$

ならば，$\boldsymbol{\rho}$ の向き付けが逆であるという．これに対して，次が成立する (証明は章末問題に譲る)．

定理 4.1　$\mathbb{R}^3$ 上の連続なベクトル場 $\boldsymbol{F} = \boldsymbol{\gamma}(t)$ $(t \in [a,b])$ と，$\boldsymbol{\gamma}$ の再パラメータ化 $\boldsymbol{\rho}$ に対して，$\boldsymbol{\rho}$ の向き付けが保たれているならば，

$$\int_C \boldsymbol{F} \cdot d\boldsymbol{\rho} = \int_C \boldsymbol{F} \cdot d\boldsymbol{\gamma}$$

であり，$\boldsymbol{\rho}$ の向き付けが逆ならば，

$$\int_C \boldsymbol{F} \cdot d\boldsymbol{\rho} = -\int_C \boldsymbol{F} \cdot d\boldsymbol{\gamma}$$

である．これより

$$\int_{-C} \boldsymbol{F} \cdot \boldsymbol{t}\, ds = -\int_C \boldsymbol{F} \cdot \boldsymbol{t}\, ds$$

が従う．

この定理 4.1 と式 (4.2) を合わせることで次が従う．

系 4.1　C を区分的に滑らかな任意の単純閉曲線とする．このとき，

$$\int_C \nabla f \cdot \boldsymbol{t}\, ds = 0$$

が成立する．

! 注意 4.1　ここまでは，ベクトル場と線素ベクトルとの内積の線積分を考えてきたが，ベクトル場 $\boldsymbol{v}$ と線素ベクトル $d\boldsymbol{s}$ との外積 $\boldsymbol{v} \times d\boldsymbol{s}$ の線積分について少し触れておこう．$\boldsymbol{v} = (v_1, v_2, v_3)$, $d\boldsymbol{s} = (dx, dy, dz)$ とおけば，

$$\boldsymbol{v} \times d\boldsymbol{s} = (v_2dz - v_3dy,\ v_3dx - v_1dz,\ v_1dy - v_2dx)$$

となるので，各成分ごとに線積分を計算することになる．すなわち，

$$\begin{aligned} &\int_C \boldsymbol{v} \times d\boldsymbol{s} \\ &= \left(\int_C (v_2dz - v_3dy), \int_C (v_3dx - v_1dz), \int_C (v_1dy - v_2dx) \right) \end{aligned} \tag{4.4}$$

である．実際，曲線が $C = \{(x(t), y(t), z(t)) \,|\, a \leq t \leq b\}$ とパラメータ表示されている場合，

$$\int_C (v_2dz - v_3dy) = \int_a^b \left(v_2(x(t), y(t), z(t)) \frac{dz}{dt} - v_3(x(t), y(t), z(t)) \frac{dy}{dt} \right) dt,$$

$$\int_C (v_3dx - v_1dz) = \int_a^b \left(v_3(x(t), y(t), z(t)) \frac{dx}{dt} - v_1(x(t), y(t), z(t)) \frac{dz}{dt} \right) dt,$$

$$\int_C (v_1dy - v_2dx) = \int_a^b \left(v_1(x(t), y(t), z(t)) \frac{dy}{dt} - v_2(x(t), y(t), z(t)) \frac{dx}{dt} \right) dt$$

をそれぞれ，x 成分，y 成分，z 成分としたベクトルが求める線積分の値となる．応用例を第 5 章で扱う．

4.2　面積分

$\mathbb{R}^2$ 上のスカラー場 $f = f(x, y)$ と，$\mathbb{R}^2$ 上の領域 D に対して，f の重積分

$$\iint_D f(x, y)\, dxdy$$

はすでに微積分学で扱った内容であろう．これは**平面上における積分**を行ったことに対応している．では，一般に**曲面上で積分**を行った場合はどうなるであろうか．

曲面 S を $\mathbb{R}^3$ 内の向き付けられた[3)]滑らかな曲面とし，そのパラメータ表示を $\varphi(u,v)$ $((u,v) \in D \subset \mathbb{R}^2)$ とする．2.4.2 項で述べたことを思い起こそう．$\boldsymbol{n} = \varphi_u \times \varphi_v / |\varphi_u \times \varphi_v|$ は向き付けられた S の外側を向いており，φ_u, φ_v, $\boldsymbol{n}$ はこの順で右手系をなすとする．このとき，(u,v) が D 上を動くときに対応する曲面上の面積は

$$\iint_D |\varphi_u \times \varphi_v|\, dudv$$

で与えられる．このとき，2.4.2 項で述べたように面素 dS を

$$dS := |\varphi_u \times \varphi_v|\, dudv$$

のように表す．

一般に $\mathbb{R}^3$ 上のスカラー場 $f(x,y,z)$ に対して，

$$\int_S f(x,y,z)\, dS := \iint_D f(\varphi(u,v))|\varphi_u \times \varphi_v|\, dudv$$

を f の曲面 S 上の**面積分**という．また，$\mathbb{R}^3$ 上のベクトル場 $\boldsymbol{F}(x,y,z)$ に対して，曲面 S の法線ベクトル $\boldsymbol{n}$ 方向に S を横切る量は

$$\begin{aligned}\int_S \boldsymbol{F} \cdot \boldsymbol{n}\, dS &= \iint_D \boldsymbol{F}(\varphi(u,v)) \cdot \boldsymbol{n}\, |\varphi_u \times \varphi_v|\, dudv \\ &= \iint_D \boldsymbol{F}(\varphi(u,v)) \cdot (\varphi_u \times \varphi_v)\, dudv\end{aligned}$$

となる．これを $\boldsymbol{F}$ の曲面 S 上の面積分といい，$d\boldsymbol{S} := \boldsymbol{n}\, dS$ を**ベクトル面積素**という．

問 4.3　$\boldsymbol{F}(x,y,z) = (x,y,z)$ とする．$S = \{(\sin u \cos v, \sin u \sin v, \cos u) \mid 0 \le u \le \pi/2,\ 0 \le v \le 2\pi\}$ に対して，$\displaystyle\int_S \boldsymbol{F}(x,y,z) \cdot d\boldsymbol{S}$ を求めよ．

以下では，等位面に対する面積分を考える．例題 3.3 より，曲面 S がスカラー場 $g(x,y,z)$ の等位面のとき，その単位法線ベクトルは

$$\boldsymbol{n} = \pm \frac{\nabla g}{|\nabla g|}$$

3) 曲面の表裏のこと．

となる．$g(x,y,z)=c$ に対して，z が陰関数として $z=\psi(x,y)$ と定まるとき，曲面 S は $\varphi(x,y)=(x,y,\psi(x,y))$ となるので，$\varphi_x=(1,0,\psi_x)$, $\varphi_y=(0,1,\psi_y)$ であり，$\varphi_x\times\varphi_y=(-\psi_x,-\psi_y,1)$ となる．よって，$|\varphi_x\times\varphi_y|=\sqrt{1+\psi_x^2+\psi_y^2}$ であり，D を，曲面 S の xy 平面上への射影領域とすると

$$\int_S f(x,y,z)\,dS=\iint_D f(x,y,\psi(x,y))\sqrt{1+\psi_x^2+\psi_y^2}\,dxdy$$

および

$$\int_S \boldsymbol{F}\cdot d\boldsymbol{S}=\iint_D \boldsymbol{F}(x,y,\psi(x,y))\cdot\frac{\nabla g}{|\nabla g|}\sqrt{1+\psi_x^2+\psi_y^2}\,dxdy$$

となる．

問 4.4 $\mathbb{R}^3$ 上のベクトル場 $\boldsymbol{F}=(0,0,2z)$ を考える．曲面 S を $x^2+y^2+z^2=4$ の $z\geq 0$ の部分としたとき，$\displaystyle\int_S \boldsymbol{F}\cdot d\boldsymbol{S}$ を求めよ．

4.3 積分定理

ここでは，ベクトル解析の中心的話題であるいくつかの積分定理について解説する．まずはじめに，「境界上での接線方向の総和」に関して，次の定理が成立する．

定理 4.2（グリーン (Green) の定理） 2 次元平面上の連続であって，有限個の点以外では滑らかな閉曲線 C とその内部 D において，C^1 級のベクトル場 $\boldsymbol{v}=(v_1,v_2)$ に対して次の等式が成立する：

$$\int_C \boldsymbol{v}\cdot d\boldsymbol{s}=\int_C (v_1\,dx+v_2\,dy)=\iint_D\left(\frac{\partial v_2}{\partial x}-\frac{\partial v_1}{\partial y}\right)dxdy. \tag{4.5}$$

! 注意 4.2 注意 3.1 より式 (4.5) の右辺の被積分関数

$$\frac{\partial v_2}{\partial x}-\frac{\partial v_1}{\partial y}$$

は，2 次元ベクトルの回転とみなすことができる．よって，

$$\int_C \boldsymbol{v}\cdot d\boldsymbol{s}=\iint_D \mathrm{rot}\,\boldsymbol{v}\,dxdy \tag{4.6}$$

と表されることもある．これより，グリーンの定理は，「領域内部の渦度の総和」＝「境界上でのベクトルの接線方向の総和」を意味していると解釈できる．

ここでは，閉曲線に囲まれた領域が以下のような場合に証明を行う：

$$D = \{(x, y) \,|\, a \leq x \leq b,\ \psi(x) \leq y \leq \phi(x)\} \tag{4.7}$$

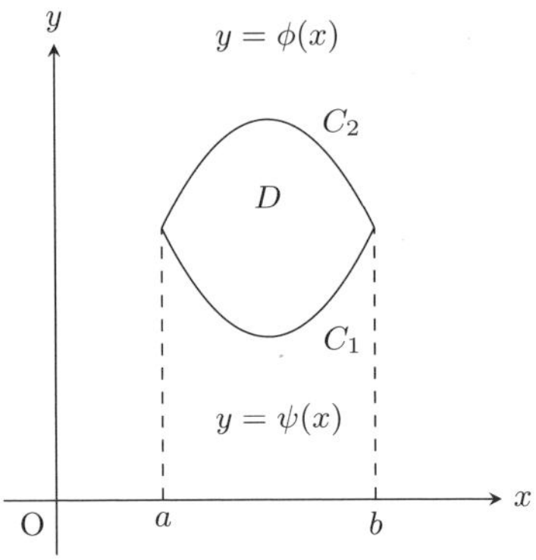

図 4.3

ここで，$\phi(x), \psi(x) \in C^1([a, b])$ とする．このような領域を (C^1 級) (y 軸方向の) 縦線領域という．このとき，

$$C_1 = \{(x, \psi(x)) \,|\, a \leq x \leq b\}, \quad C_2 = \{(x, \phi(x)) \,|\, a \leq x \leq b\}$$

とおく．ただし，C_2 は x が b から a に向かう向きを「正」とする (C_1 はこのままで正の向きとする)．一方，同じ領域が

$$D = \{(x, y) \,|\, \alpha \leq y \leq \beta,\ \eta(y) \leq x \leq \xi(y)\} \tag{4.8}$$

と表されているとする．ここで，$\eta(y), \xi(y)$ は区分的に $C^1([\alpha, \beta])$ とする．このような領域を (区分的に C^1 級な) 横線領域 (x 軸方向の縦線領域) という．このとき，上と同様に

$$C_1^* = \{(\eta(y), y) \,|\, \alpha \leq y \leq \beta\}, \quad C_2^* = \{(\xi(y), y) \,|\, \alpha \leq y \leq \beta\}$$

とおく．ただし，今度は，C_1^* が β から α まで向かう向きを「正」とし，C_2^* はこのままで「正」とする．すなわち，D が縦線領域でも横線領域でも表される場合のみ証明を行う．

証明　定理における左辺と中辺は線積分の定義式であるから，中辺と右辺の等式を示す．まず，式 (4.8) より，

$$\iint_D \frac{\partial v_2}{\partial x}\,dxdy = \int_\alpha^\beta \left(\int_{\eta(y)}^{\xi(y)} \frac{\partial v_2}{\partial x}\,dx\right) dy$$
$$= \int_\alpha^\beta \{v_2(\xi(y),y) - v_2(\eta(y),y)\}\,dy$$

がわかるが，この右辺は v_2 を閉曲線 C に沿って y で積分したものを表すので，

$$\int_\alpha^\beta \{v_2(\xi(y),y) - v_2(\eta(y),y)\}\,dy = \int_{C_2^*} v_2\,dy + \int_{C_1^*} v_2\,dy = \int_C v_2\,dy$$

がわかる．ここで，「左回り」が正であるから，マイナス符号がなくなっていることに注意する．また，式 (4.7) より

$$-\iint_D \frac{\partial v_1}{\partial y}\,dxdy = -\int_a^b \left(\int_{\psi(x)}^{\phi(x)} \frac{\partial v_1}{\partial y}\,dy\right) dx$$
$$= \int_a^b \{v_1(x,\psi(x)) - v_1(x,\phi(x)\}\,dx$$

がわかる．この右辺は，v_1 を閉曲線 C に沿って x で積分したものを表すので，

$$\int_a^b \{v_1(x,\psi(x)) - v_1(x,\phi(x))\}\,dx = \int_{C_1} v_1\,dx + \int_{C_2} v_1\,dx = \int_C v_1\,dx$$

がわかる．ここでも，「左回り」が正であるから，マイナス符号がなくなっていることに注意する．これらをたし合わせると，定理を得る．　□

問 4.5　$C = \{(x,y)\,|\,x^2+y^2=1\}$, $D = \{(x,y)\,|\,x^2+y^2 \le 1\}$ とする．$\boldsymbol{v} = (x^2, y^2)$ として，グリーンの定理が成り立つことを，線積分と面積分双方を定義に従って計算することで確認せよ．

もし，$v_1(x,y)$, $v_2(x,y)$ が C^2 級の別のスカラー場 $\varphi(x,y)$ を用いて

$$(v_1(x,y), v_2(x,y)) = \nabla\varphi(x,y)$$

と表されるなら，

$$\frac{\partial v_2}{\partial x} = \frac{\partial^2 \varphi}{\partial x \partial y} = \frac{\partial v_1}{\partial y}$$

となり，この場合，どのような閉曲線 (その内部には境界線となるものがない場合) に沿った積分も必ずその値はゼロになることがわかる．これは，複素解

析におけるコーシー (Cauchy) の積分定理を,「C^1 級の関数」として証明する場合に用いられる論法でもある.

では, どのような場合にこのような φ が存在するのだろうか. それを保証するのが次の定理[4)]である.

定理 4.3　$\mathbb{R}^2$ 全体で定義された C^1 級のベクトル場 $\boldsymbol{F}$ に対して, $\mathrm{rot}\,\boldsymbol{F} = \boldsymbol{0}$ であることと, C^2 級のスカラー場 φ が存在して, $\boldsymbol{F} = -\nabla\varphi$ であることは同値である.

! 注意 4.3　この φ を $\boldsymbol{F}$ に対する**スカラー・ポテンシャル**という. また, このとき $\boldsymbol{F}$ は保存場であるという (第5章参照).

証明　$\boldsymbol{F} = -\nabla\varphi$ とすると, 第3章の章末問題 **5** より, $\mathrm{rot}\,\boldsymbol{F} = \boldsymbol{0}$ となる. 一方, $\boldsymbol{F}$ は渦なし ($\mathrm{rot}\,\boldsymbol{F} = \boldsymbol{0}$) であるとすると,

$$\frac{\partial F_2}{\partial x} = \frac{\partial F_1}{\partial y}$$

である. ここで,

$$-\varphi(x,y) = C + \int_0^x F_1(\xi, 0)\,d\xi + \int_0^y F_2(x,\eta)\,d\eta \quad (C\ \text{は任意定数})$$

と定義すると,

$$\begin{aligned} -\frac{\partial\varphi}{\partial x} &= F_1(x,0) + \int_0^y \frac{\partial F_2}{\partial x}(x,\eta)\,d\eta \\ &= F_1(x,0) + \int_0^y \frac{\partial F_1}{\partial y}(x,\eta)\,d\eta = F_1(x,y), \\ -\frac{\partial\varphi}{\partial y} &= F_2(x,y) \end{aligned}$$

なので, $-\nabla\varphi = \boldsymbol{F}$ となる. □

式 (4.6) においては, 2次元の場合を扱ったが, 3次元の場合についても次の**ストークス (Stokes) の定理**が成立する.

4) この定理は3次元でも成り立ち, ポアンカレ (Poincaré) の定理とよばれる.

定理 4.4（ストークスの定理） $\boldsymbol{u}$ を $\mathbb{R}^3$ 上の C^1 級のベクトル場とし，C を滑らかな 3 次元の中の有界な閉曲線とする．このとき，C を境界とする 3 次元空間内の任意の滑らかな曲面 S に対して，

$$\int_C \boldsymbol{u} \cdot d\boldsymbol{s} = \iint_S \operatorname{rot} \boldsymbol{u} \cdot \boldsymbol{n}\, dS \tag{4.9}$$

が成り立つ．ここで，$\boldsymbol{n}$ は曲面 S 上の単位外向き法線ベクトルを表し，dS は曲面の面素を表す．

この定理において，もし，曲面 S の境界が共通部分をもたない 2 つの曲線 C_1, C_2 で構成されているときは，式 (4.9) は

$$\int_{C_1} \boldsymbol{u} \cdot d\boldsymbol{s} + \int_{C_2} \boldsymbol{u} \cdot d\boldsymbol{s} = \iint_S \operatorname{rot} \boldsymbol{u} \cdot \boldsymbol{n}\, dS \tag{4.10}$$

のように書ける．

! 注意 4.4

(1) 2 次元と 3 次元で定理に違う人物の名前が付けられているが，2 次元の場合も含めて，ストークスの定理ということもある．

(2) 式 (4.9) の右辺の面積分をベクトル面積素を用いて，

$$\iint_S \operatorname{rot} \boldsymbol{u} \cdot \boldsymbol{n}\, dS = \iint_S \operatorname{rot} \boldsymbol{u} \cdot d\boldsymbol{S}$$

と表すこともある．

定理 4.3 と同様にして，$\operatorname{div} \boldsymbol{F} = 0$ であるようなベクトル場 $\boldsymbol{F}$ には，次のようなベクトル場の存在を示すことができる．

定理 4.5 $\mathbb{R}^3$ 上の C^1 級ベクトル場 $\boldsymbol{F}$ に対して，$\operatorname{div} \boldsymbol{F} = 0$ であることと，C^2 級ベクトル場 $\boldsymbol{A}$ が存在して，

$$\boldsymbol{F} = \operatorname{rot} \boldsymbol{A} \tag{4.11}$$

となることは同値である．

! 注意 4.5　式 (4.11) を満たす $\boldsymbol{A}$ を $\boldsymbol{F}$ に対する**ベクトル・ポテンシャル**というが，一意的には定まらない．なぜなら，C^2 級のスカラー場 f に対して，$\boldsymbol{A}+\nabla f$ も $\mathrm{rot}\,(\nabla f)=\boldsymbol{0}$ であることから

$$\mathrm{rot}\,(\boldsymbol{A}+\nabla f)=\mathrm{rot}\,\boldsymbol{A}+\mathrm{rot}\,(\nabla f)=\boldsymbol{0}$$

となるからである．

証明　式 (4.11) が成立するならば，$\mathrm{div}\,\boldsymbol{F}=0$ はただちに従う．ここでは，式 (4.11) を満たすような $\boldsymbol{A}$ の存在を示せばよい．このとき，任意の C^1 級のスカラー場 $g(x,y,z)$ に対して，

$$\begin{aligned}&\frac{d}{dt}\left(t^2 g(tx,ty,tz)\right)\\&=2tg(tx,ty,tz)+t^2\left\{x\frac{\partial g}{\partial x}(tx,ty,tz)+y\frac{\partial g}{\partial y}(tx,ty,tz)+z\frac{\partial g}{\partial z}(tx,ty,tz)\right\}\end{aligned}$$

である．この両辺を $t=0$ から $t=1$ まで積分すれば，

$$\begin{aligned}g(x,y,z)=2\int_0^1 tg(tx,ty,tz)\,dt+\int_0^1\Big\{&x\frac{\partial g}{\partial x}(tx,ty,tz)\\&+y\frac{\partial g}{\partial y}(tx,ty,tz)+z\frac{\partial g}{\partial z}(tx,ty,tz)\Big\}t^2\,dt\end{aligned}\tag{4.12}$$

となる．ここで，C^1 級のベクトル場 $\boldsymbol{F}=(f_1(x,y,z),f_2(x,y,z),f_3(x,y,z))$ に対して，

$$\begin{aligned}a_1(x,y,z)&=\int_0^1\{zf_2(tx,ty,tz)-yf_3(tx,ty,tz)\}\,t\,dt,\\a_2(x,y,z)&=\int_0^1\{xf_3(tx,ty,tz)-zf_1(tx,ty,tz)\}\,t\,dt,\\a_3(x,y,z)&=\int_0^1\{yf_1(tx,ty,tz)-xf_2(tx,ty,tz)\}\,t\,dt\end{aligned}$$

とおく．このとき，

$$\boldsymbol{A}=(a_1(x,y,z),a_2(x,y,z),a_3(x,y,z))\tag{4.13}$$

とおくと，これが求めるべきベクトルであることを示そう．積分の記号下での微分の順序交換ができるので，

$$\begin{aligned}
&\frac{\partial a_2}{\partial x} - \frac{\partial a_1}{\partial y} \\
&= \int_0^1 \left\{ x\frac{\partial f_3}{\partial x}(tx, ty, tz) - z\frac{\partial f_1}{\partial x}(tx, ty, tz) - z\frac{\partial f_2}{\partial y}(tx, ty, tz) \right. \\
&\qquad \left. + y\frac{\partial f_3}{\partial y}(tx, ty, tz) \right\} t^2\, dt + 2\int_0^1 t f_3(tx, ty, tz)\, dt
\end{aligned}$$

が成り立つ．ここで，仮定 $\operatorname{div}\boldsymbol{F} = 0$ により，

$$\frac{\partial f_3}{\partial z} = -\frac{\partial f_1}{\partial x} - \frac{\partial f_2}{\partial y}$$

であるので，代入すると

$$\begin{aligned}
&\frac{\partial a_2}{\partial x} - \frac{\partial a_1}{\partial y} \\
&= 2\int_0^1 t f_3(tx, ty, tz)\, dt \\
&\quad + \int_0^1 \left\{ x\frac{\partial f_3}{\partial x}(tx, ty, tz) + y\frac{\partial f_3}{\partial y}(tx, ty, tz) + z\frac{\partial f_3}{\partial z}(tx, ty, tz) \right\} t^2\, dt
\end{aligned}$$

となる．この右辺は，式 (4.12) において $g = f_3$ としたものに他ならないから，式 (4.12) により

$$\frac{\partial a_2}{\partial x} - \frac{\partial a_1}{\partial y} = f_3$$

であることがわかる．同様にして，

$$\frac{\partial a_3}{\partial y} - \frac{\partial a_2}{\partial z} = f_1, \qquad \frac{\partial a_1}{\partial z} - \frac{\partial a_3}{\partial x} = f_2$$

であることもわかる．これらより，式 (4.13) によって定義された $\boldsymbol{A}$ によって，

$$\operatorname{rot}\boldsymbol{A} = \boldsymbol{F}$$

であることがわかる． □

次に，「境界上での法線方向の総和」に関して，次の定理が成立する．

定理 4.6 (2 次元のガウスの定理)　Ω を 2 次元の領域とし，境界 $\partial\Omega$ は有限個の点を除けば滑らかであるとする．このとき

$$\iint_{\Omega} \operatorname{div} \boldsymbol{v}\, dxdy = \int_{\partial\Omega} \boldsymbol{v} \cdot \boldsymbol{n}\, ds$$

が成り立つ．

証明　この証明には，定理 4.2 を用いる．$\boldsymbol{W} = (-v_2(x,y), v_1(x,y))$ とおく．このとき，

$$\operatorname{rot} \boldsymbol{W} = \frac{\partial v_1}{\partial x} + \frac{\partial v_2}{\partial y} = \operatorname{div} \boldsymbol{v}$$

が成り立つ．そこで，定理 4.2 により

$$\iint_{\Omega} \operatorname{div} \boldsymbol{v}\, dxdy = \iint_{\Omega} \operatorname{rot} \boldsymbol{W}\, dxdy = \int_{\partial D} (-v_2\, dx + v_1\, dy)$$

となる．このとき，右辺の線積分を弧長パラメータ s $(a \le s \le b)$ で表すと，

$$\int_{\partial D} (-v_2\, dx + v_1\, dy) = \int_a^b (v_1 \dot{y} - v_2 \dot{x})\, ds = \int_a^b \boldsymbol{v} \cdot (\dot{y}, -\dot{x})\, ds$$

となる．弧長パラメータのとき，$|(\dot{y}, -\dot{x})| = 1$ であり，$(\dot{y}, -\dot{x})$ は外向き単位法線ベクトルになるので，

$$\iint_{\Omega} \operatorname{div} \boldsymbol{v}\, dxdy = \int_{\partial\Omega} \boldsymbol{v} \cdot \boldsymbol{n}\, ds$$

がわかる．　□

問 4.6　$\boldsymbol{v} = (x^3y^2, x^2y^3)$ とし，$\Omega = \{(x,y) \,|\, x^2 + y^2 \le 1\}$ とおく．このとき，2 次元のガウスの定理が成立することを，それぞれの積分を計算して確認せよ．

3 次元空間内領域においても同様である．ここでは，次の場合に具体的に計算をして，一般論の定理を述べることにする．$a < b$, $\alpha < \beta$, c はすべて実数とし，$f(x,y)$ は $[a,b] \times [\alpha,\beta]$ において C^1 級であるとして，

$$\Omega = \{(x,y,z) \,|\, a \le x \le b,\ \alpha \le y \le \beta,\ c \le z \le f(x,y)\} \tag{4.14}$$

とおく．Ω には 6 つの面があり，

$$\begin{aligned}
S_1 &= \{(x,y,f(x,y))\,|\,a \le x \le b,\ \alpha \le y \le \beta\},\\
S_2 &= \{(x,y,c)\,|\,a \le x \le b,\ \alpha \le y \le \beta\},\\
S_3 &= \{(x,\alpha,z)\,|\,a \le x \le b,\ c \le z \le f(x,\alpha)\},\\
S_4 &= \{(x,\beta,z)\,|\,a \le x \le b,\ c \le z \le f(x,\beta)\},\\
S_5 &= \{(a,y,z)\,|\,\alpha \le y \le \beta,\ c \le z \le f(a,y)\},\\
S_6 &= \{(b,y,z)\,|\,\alpha \le y \le \beta,\ c \le z \le f(b,y)\}
\end{aligned}$$

とおく (図 4.4 参照).

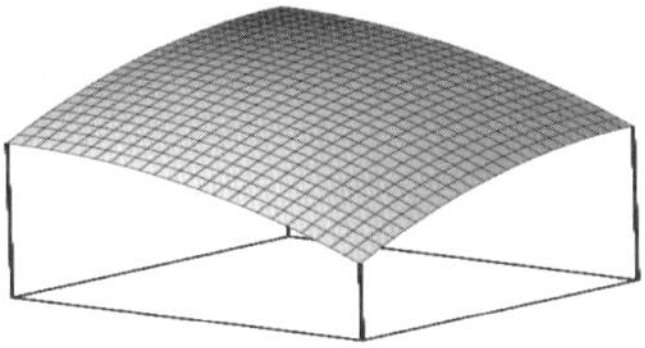

図 4.4

さらに，S_i $(i = 1, 2, \ldots, 6)$ の外向き単位法線ベクトルを $\boldsymbol{n}_i$ とおくと，

$$\boldsymbol{n}_1 = \frac{1}{\sqrt{(f_x)^2 + (f_y)^2 + 1}}(-f_x, -f_y, 1),\ \boldsymbol{n}_2 = (0, 0, -1),$$

$$\boldsymbol{n}_3 = (0, -1, 0),\ \boldsymbol{n}_4 = (0, 1, 0),\ \boldsymbol{n}_5 = (-1, 0, 0),\ \boldsymbol{n}_6 = (1, 0, 0)$$

となっている．このとき，滑らかなベクトル場

$$\boldsymbol{v}(x, y, z) = (v_1(x, y, z), v_2(x, y, z), v_3(x, y, z))$$

に対して，

$$\iiint_\Omega \operatorname{div} \boldsymbol{v}\, dxdydz$$

を計算してみよう．

まず，z 方向の微分が入っているものから考えよう．式 (4.14) より，

$$\begin{aligned}
&\iiint_\Omega \frac{\partial v_3}{\partial z}\, dxdydz\\
&= \int_\alpha^\beta \int_a^b v_3(x, y, f(x, y))\, dxdy - \int_\alpha^\beta \int_a^b v_3(x, y, c)\, dxdy
\end{aligned}$$

となる．これらを変数変換で S_i $(i=1,2)$ 上の積分で表すことを試みる．dS_i は S_i $(i=1,2,\ldots,6)$ の面素を表すとし，xyz 座標系での曲面積を計算するときの面素の関係が

$$dS_1 = \sqrt{1+(f_x)^2+(f_y)^2}\,dxdy \tag{4.15}$$

であるから，

$$\begin{aligned}
&\int_\alpha^\beta \int_a^b v_3(x,y,f(x,y))\,dxdy \\
&= \int_\alpha^\beta \int_a^b \frac{v_3(x,y,f(x,y))}{\sqrt{1+(f_x)^2+(f_y)^2}} \sqrt{1+(f_x)^2+(f_y)^2}\,dxdy \\
&= \iint_{S_1} (0,0,v_3(x,y,f(x,y)))\cdot \boldsymbol{n}_1\,dS_1
\end{aligned} \tag{4.16}$$

であることがわかる．また，S_2 が平面であることから

$$\int_\alpha^\beta \int_a^b v_3(x,y,c)\,dxdy = -\iint_{S_2} (0,0,v_3(x,y,c))\cdot \boldsymbol{n}_2\,dS_2$$

であることがわかる．したがって，

$$\begin{aligned}
&\iiint_\Omega \frac{\partial v_3}{\partial z}\,dxdydz = \iint_{S_1} (0,0,v_3)\cdot \boldsymbol{n}_1\,dxdy + \iint_{S_2} (0,0,v_3)\cdot \boldsymbol{n}_2\,dxdy \\
&= \iint_{\partial\Omega} (0,0,v_3)\cdot \boldsymbol{n}\,dS
\end{aligned}$$

がわかる．最後の等式については，$\boldsymbol{n}_i$ $(i=3,4,5,6)$ は z 成分がゼロであるから，境界 $\partial\Omega$ 全体の面積分とみなしても値は変化しないためである．

次に，x 方向の微分について考えよう．上の場合は，微積分学の基本公式が適用できる場合であったが，この場合と残った y 方向の微分については，偏微分と積分の方向が「ずれて」いるので注意が必要である．すなわち，

$$\frac{\partial}{\partial x}\int_c^{f(x,y)} v_1(x,y,z)\,dz = \int_c^{f(x,y)} \frac{\partial v_1}{\partial x}\,dz + v_1(x,y,f(x,y))\frac{\partial f}{\partial x} \tag{4.17}$$

が成り立つことを用いる．このとき，式 (4.17) を用いて

$$\iiint_\Omega \frac{\partial v_1}{\partial x}\,dxdydz = \iint_{[a,b]\times[\alpha,\beta]} \left\{\int_c^{f(x,y)} \frac{\partial v_1}{\partial x}\,dz\right\} dxdy$$

$$= \int_\alpha^\beta \left\{ \left[\int_c^{f(x,y)} v_1(x,y,z)\,dz\right]_{x=a}^{x=b} - \int_a^b v_1(x,y,f(x,y))\frac{\partial f}{\partial x}\,dx \right\} dy$$

$$= \int_\alpha^\beta \left\{ \int_c^{f(b,y)} v_1(b,y,z)\,dz - \int_c^{f(a,y)} v_1(a,y,z)\,dz \right\} dy$$

$$- \int_\alpha^\beta \int_a^b v_1(x,y,f(x,y))\frac{\partial f}{\partial x}\,dxdy$$

がわかる．ここで，式 (4.15) から式 (4.16) を導いたときと同様に

$$-\int_\alpha^\beta \int_a^b v_1(x,y,f(x,y))\frac{\partial f}{\partial x}\,dxdy = \iint_{S_1} (v_1,0,0)\cdot \boldsymbol{n}_1\,dS_1$$

がわかり，平面の部分は

$$\int_\alpha^\beta \int_c^{f(b,y)} v_1(b,y,z)\,dydz = \iint_{S_6} (v_1,0,0)\cdot \boldsymbol{n}_6\,dS_6,$$

$$-\int_\alpha^\beta \int_c^{f(a,y)} v_1(a,y,z)\,dydz = \iint_{S_5} (v_1,0,0)\cdot \boldsymbol{n}_5\,dS_5$$

であることがわかる．残りの面 S_2，S_3，S_4 においては，法線ベクトル $\boldsymbol{n}_i$ $(i = 2,3,4)$ の x 成分がすべてゼロであるから，

$$(v_1,0,0)\cdot \boldsymbol{n}_i = 0$$

となる．よって

$$\iint_{S_i} (v_1,0,0)\cdot \boldsymbol{n}_i\,dS_i = 0$$

がわかる．以上により，

$$\iiint_\Omega \frac{\partial v_1}{\partial x}\,dxdydz = \iint_{\partial\Omega} (v_1,0,0)\cdot \boldsymbol{n}\,dS$$

がわかる．残る場合の，

$$\iiint_\Omega \frac{\partial v_2}{\partial y}\,dxdydz = \iint_{\partial\Omega} (0,v_2,0)\cdot \boldsymbol{n}\,dS$$

も同様に証明することができる．また，面を共有する場合，その面での積分は，外向き単位法線ベクトルの向きが逆になるので相殺されることになる．このよ

うに考えると，以下のことが証明されたことになる (精密な議論は，例えば杉浦光夫 [8] の「ベクトル解析」の章を参照のこと)．この事実は，定理 4.6 と同様に，3 次元空間内の広範な領域について成り立つことが知られている．

定理 4.7 (3 次元のガウスの定理)　一般に 3 次元空間内の，境界が滑らかな有界領域を Ω とし，その境界を $\partial\Omega$ と書くと，

$$\iiint_\Omega \operatorname{div} \boldsymbol{v}\, dxdydz = \iint_{\partial\Omega} \boldsymbol{v}\cdot\boldsymbol{n}\, dS$$

が成り立つ．$\boldsymbol{n}$ は，境界での外向き単位法線ベクトルを表す．

!注意 4.6　上の定理は，Ω が有限個の滑らかな曲面で囲まれているならば成り立つ (具体的には，直方体などの多面体など)．ガウスの定理は，「領域内の湧きだし (吸い込み) の総量」=「境界面での法線方向のベクトル量の総和」を意味していると考えることができる．グリーン (ストークス) の定理と似ているが，グリーンの定理は境界での「接線方向」の総和であることに注意すること．

問 4.7　3 次元空間において

$$\Omega = \left\{ (x,y,z) \,\middle|\, x^2 + \left(\frac{y}{2}\right)^2 + \left(\frac{z}{3}\right)^2 = 1 \right\}$$

とおく．このとき，$\boldsymbol{v} = (x,y,z)$ に対して

$$\iint_{\partial\Omega} \boldsymbol{v}\cdot\boldsymbol{n}\, dS$$

を求めよ．

ガウスの定理は，球殻（アニュラス）

$$\Omega = \{(x,y,z)\,|\, a^2 < x^2+y^2+z^2 < b^2\} \quad (0<a<b)$$

のような境界が内側と外側にあるような領域に対しても成立する．すなわち，Ω を有界領域としたとき，その境界 $\partial\Omega$ が $\partial\Omega = S_1 \cup S_2$ と書け，かつ

$$\min\left\{ |\mathrm{P}-\mathrm{Q}| \,\middle|\, \mathrm{P}\in S_1,\ \mathrm{Q}\in S_2 \right\} > 0$$

であるときのガウスの定理は，

$$\iiint_\Omega \operatorname{div} \boldsymbol{v}\, dxdydz = \iint_{S_1} \boldsymbol{v}\cdot\boldsymbol{n}\, dS + \iint_{S_2} \boldsymbol{v}\cdot\boldsymbol{n}\, dS$$

となる．ここで，$\boldsymbol{n}$ はそれぞれの境界面での外向き法線ベクトルを表す．球殻の場合，

$$S_1 = \{(x,y,z) \mid x^2+y^2+z^2=b^2\}, \quad S_2 = \{(x,y,z) \mid x^2+y^2+z^2=a^2\}$$

であり，S_1 での $\boldsymbol{n}$ は，

$$\boldsymbol{n} = \frac{1}{b}(x,y,z)$$

であり，S_2 での $\boldsymbol{n}$ は，

$$\boldsymbol{n} = -\frac{1}{a}(x,y,z)$$

である．

ガウスの定理の応用として，次のような部分積分の公式が成り立つ．

定理 4.8 Ω を有界領域とし，C^1 級のベクトル場

$$\boldsymbol{v}(x,y,z) = (v_1(x,y,z), v_2(x,y,z), v_3(x,y,z))$$

と C^1 級のスカラー場 $w(x,y,z)$ に対して，

$$\iiint_\Omega w(x,y,z)\mathrm{div}\,\boldsymbol{v}\,dxdydz = \iint_{\partial\Omega} w(x,y,z)\boldsymbol{v}\cdot\boldsymbol{n}\,dS - \iiint_\Omega \nabla w(x,y,z)\cdot\boldsymbol{v}\,dxdydz$$

が成り立つ．

この等式で，$\boldsymbol{v} = \nabla u(x,y,z)$ ($u(x,y,z)$ は C^2 級のスカラー場) とし，w も C^2 級のスカラー場とすれば，

$$\iiint_\Omega w(x,y,z)\Delta u(x,y,z)\,dxdydz = \iint_{\partial\Omega} w\nabla u\cdot\boldsymbol{n}\,dS - \iiint_\Omega \nabla w\cdot\nabla u\,dxdydz$$

となる．さらに，u と w の役割を変えると，

$$\iiint_\Omega u(x,y,z)\Delta w(x,y,z)\,dxdydz = \iint_{\partial\Omega} u\nabla w\cdot\boldsymbol{n}\,dS - \iiint_\Omega \nabla u\cdot\nabla w\,dxdydz$$

となる．辺々引き算すると，

$$\iiint_\Omega (w\Delta u - u\Delta w)\,dxdydz = \iint_{\partial\Omega} (w\nabla u\cdot\boldsymbol{n} - u\nabla w\cdot\boldsymbol{n})\,dS$$

が成り立つ．これを，ポアソン (Poisson) の公式という．

発展的話題

定理 4.8 においては「w をかけて部分積分」したが，それでは $\boldsymbol{x} = (x, y, z)$ と表して，$\boldsymbol{x}\cdot\nabla u$ をかけて部分積分するとどのような公式が得られるであろうか．ベクトル解析の話題というより，偏微分方程式の話題ではあるが，ここで述べておく．

定理 4.9　関数 $f(u)$ は実数全体で定義された連続関数とし，$F(u) = \int_0^u f(s)\,ds$ とおく．Ω は 3 次元空間の有界領域とし，その境界 $\partial\Omega$ は向き付け可能で，かつ滑らかとする．このとき，もし

$$\begin{cases} -\Delta u &= f(u), \quad \boldsymbol{x}\in\Omega, \\ u &= 0, \quad \boldsymbol{x}\in\partial\Omega \end{cases} \tag{4.18}$$

を満たす $u\in C^2(\Omega)\cap C^1(\overline{\Omega})$ が存在すれば，

$$\frac{1}{2}\iiint_\Omega |\nabla u|^2\,dxdydz - 3\iiint_\Omega F(u)\,dxdydz = -\frac{1}{2}\iint_{\partial\Omega} (\nabla u\cdot\boldsymbol{n})^2(\boldsymbol{x}\cdot\boldsymbol{n})\,dS \tag{4.19}$$

が成立する．ここで，$\boldsymbol{n}$ は $\partial\Omega$ の各点での外向き単位法線ベクトルを表す．

! 注意 4.7　式 (4.19) をポホザエフ（Pohozaev）の恒等式という．この恒等式は，3 次元空間の領域に限定されるものではなく，一般次元でも定義される．

証明　まずは，天下り的であるが，$\mathrm{div}\,((\boldsymbol{x}\cdot\nabla u)\nabla u)$ を計算してみよう．定義に従うと，

$$\mathrm{div}\,((\boldsymbol{x}\cdot\nabla u)\nabla u) = \mathrm{div}\begin{pmatrix} \left(x\dfrac{\partial u}{\partial x} + y\dfrac{\partial u}{\partial y} + z\dfrac{\partial u}{\partial z}\right)\dfrac{\partial u}{\partial x} \\ \left(x\dfrac{\partial u}{\partial x} + y\dfrac{\partial u}{\partial y} + z\dfrac{\partial u}{\partial z}\right)\dfrac{\partial u}{\partial y} \\ \left(x\dfrac{\partial u}{\partial x} + y\dfrac{\partial u}{\partial y} + z\dfrac{\partial u}{\partial z}\right)\dfrac{\partial u}{\partial z} \end{pmatrix}$$

であるから，

$$\begin{aligned}
&\operatorname{div}\,((\boldsymbol{x}\cdot\nabla u)\nabla u)\\
&= (\boldsymbol{x}\cdot\nabla u)\Delta u + \left(\frac{\partial u}{\partial x} + x\frac{\partial^2 u}{\partial x^2} + y\frac{\partial^2 u}{\partial x\partial y} + z\frac{\partial^2 u}{\partial x\partial z}\right)\frac{\partial u}{\partial x}\\
&\qquad + \left(x\frac{\partial^2 u}{\partial x\partial y} + \frac{\partial u}{\partial y} + y\frac{\partial^2 u}{\partial y^2} + z\frac{\partial^2 u}{\partial y\partial z}\right)\frac{\partial u}{\partial y}\\
&\qquad + \left(x\frac{\partial^2 u}{\partial x\partial z} + y\frac{\partial^2 u}{\partial y\partial z} + \frac{\partial u}{\partial z} + z\frac{\partial^2 u}{\partial z^2}\right)\frac{\partial u}{\partial z}
\end{aligned}$$

となる．一方，

$$\frac{1}{2}\nabla\left\{\left(\frac{\partial u}{\partial x}\right)^2 + \left(\frac{\partial u}{\partial y}\right)^2 + \left(\frac{\partial u}{\partial z}\right)^2\right\} = \begin{pmatrix} \dfrac{\partial u}{\partial x}\dfrac{\partial^2 u}{\partial x^2} + \dfrac{\partial u}{\partial y}\dfrac{\partial^2 u}{\partial x\partial y} + \dfrac{\partial u}{\partial z}\dfrac{\partial^2 u}{\partial x\partial z} \\ \dfrac{\partial u}{\partial x}\dfrac{\partial^2 u}{\partial x\partial y} + \dfrac{\partial u}{\partial y}\dfrac{\partial^2 u}{\partial y^2} + \dfrac{\partial u}{\partial z}\dfrac{\partial^2 u}{\partial y\partial z} \\ \dfrac{\partial u}{\partial x}\dfrac{\partial^2 u}{\partial x\partial z} + \dfrac{\partial u}{\partial y}\dfrac{\partial^2 u}{\partial y\partial z} + \dfrac{\partial u}{\partial z}\dfrac{\partial^2 u}{\partial z^2} \end{pmatrix}$$

であるから，

$$\operatorname{div}\,((\boldsymbol{x}\cdot\nabla u)\nabla u) = (\boldsymbol{x}\cdot\nabla u)\Delta u + |\nabla u|^2 + \frac{1}{2}\boldsymbol{x}\cdot\nabla\left(|\nabla u|^2\right) \tag{4.20}$$

がわかる．したがって，式 (4.18) の両辺に $\boldsymbol{x}\cdot\nabla u$ をかけて移項すると，

$$0 = (\boldsymbol{x}\cdot\nabla u)\Delta u + f(u)(\boldsymbol{x}\cdot\nabla u) = (\boldsymbol{x}\cdot\nabla u)\Delta u + \boldsymbol{x}\cdot\nabla F(u)$$

となる．ここに，式 (4.20) を用いると，

$$\begin{aligned}
&(\boldsymbol{x}\cdot\nabla u)\Delta u + \boldsymbol{x}\cdot\nabla F(u)\\
&\quad = \operatorname{div}\left\{(\boldsymbol{x}\cdot\nabla u)\nabla u - \frac{1}{2}|\nabla u|^2\boldsymbol{x} + F(u)\boldsymbol{x}\right\} + \frac{1}{2}|\nabla u|^2 - 3F(u) = 0
\end{aligned}$$

を得る．この両辺を Ω 上で積分すると，ガウスの定理により

$$\begin{aligned}
&\frac{1}{2}\iiint_\Omega |\nabla u|^2\,dxdydz - 3\iiint_\Omega F(u)\,dxdydz\\
&\qquad = -\iint_{\partial\Omega}\left\{(\boldsymbol{x}\cdot\nabla u)\nabla u - \frac{1}{2}|\nabla u|^2\boldsymbol{x} + F(u)\boldsymbol{x}\right\}\cdot\boldsymbol{n}\,dS
\end{aligned}$$

となる．ここで，境界では $u = 0$ であるから $F(u)$ の定義により，境界上では $F(u) = 0$. 同様に，境界上では $u = 0$ であることから，$\boldsymbol{n} = \nabla u/|\nabla u|$ となるので (例題 3.3 を参照)，

$$\iint_{\partial\Omega}\left\{(\boldsymbol{x}\cdot\nabla u)\nabla u\cdot\boldsymbol{n} - \frac{1}{2}|\nabla u|^2\boldsymbol{x}\cdot\boldsymbol{n}\right\}dS = \frac{1}{2}\iint_{\partial\Omega}(\boldsymbol{n}\cdot\nabla u)^2(\boldsymbol{x}\cdot\boldsymbol{n})\,dS$$

が得られて，式 (4.19) が導かれる． □

それでは，式 (4.19) から得られる帰結を述べよう．ここで，領域について 1 つ定義をする．

定義 4.1　滑かな境界をもつ有界領域 Ω が原点について**星形**であるとは，境界の各点 $\boldsymbol{x}$ において，そこでの外向き単位法線ベクトル $\boldsymbol{n}$ との間に

$$\boldsymbol{x} \cdot \boldsymbol{n} > 0$$

が成り立つときをいう．

! 注意 4.8　原点を含む凸閉領域は星形である．しかし，逆は正しくない．凸でない星形領域は存在する．

定理 4.10　$p \geq 5, \lambda \geq 0$ として $f(u) = |u|^{p-1}u + \lambda u$ とおく．もし，Ω が原点について星形なら，式 (4.18) の $C^2(\Omega) \cap C^1(\overline{\Omega})$ の解は $u \equiv 0$ のみである．

証明　この仮定の下では，

$$F(u) = \frac{1}{p+1}|u|^{p+1} - \frac{\lambda}{2}u^2$$

となる．また，式 (4.18) に u をかけて Ω 上積分すると，定理 4.8 と境界条件から

$$\iiint_\Omega |\nabla u|^2 \, dxdydz = \iiint_\Omega \left(|u|^{p+1} - \lambda u^2\right) dxdydz$$

が得られる．これを，式 (4.19) に代入して $F(u)$ と $f(u)$ の関係式から

$$\left(\frac{1}{2} - \frac{3}{p+1}\right) \iiint_\Omega |u|^{p+1} \, dxdydz + \lambda \iiint_\Omega u^2 \, dxdydz$$
$$= -\frac{1}{2} \iint_{\partial\Omega} (\nabla u \cdot \boldsymbol{n})^2 (\boldsymbol{x} \cdot \boldsymbol{n}) \, dS$$

となる．p と λ の条件から左辺は非負で，0 となるのは $u \equiv 0$ のときのみである．他方，右辺は星形の仮定より非正で，0 となるのは $u \equiv 0$ の場合のみである．よって，この等式が成り立つのは $u \equiv 0$ のときのみである．□

章末問題

1.　定理 4.1 を証明せよ．

2.　$a > 0, b > 0$ として，楕円

$$\left(\frac{x}{a}\right)^2 + \left(\frac{y}{b}\right)^2 = 1$$

の周 (左回り) を C，その内部を D とする．このとき，$\boldsymbol{v}=(x^2y, xy^2)$ に対して

$$\iint_D \mathrm{rot}\,\boldsymbol{v}\,dS$$

を求めよ．

3.　3 次元空間において，

$$C=\left\{(x,y,0)\,|\,x^2+y^2=1\right\},$$
$$S=\left\{(x,y,z)\,|\,x^2+y^2+z^2=1,\ z\geq 0\right\}$$

とおく．また，C^1 級関数 $f(x,y,z)$ に対して，$\boldsymbol{u}=(-x^2y, xy^2, f(x,y,z))$ とおく．ただし，C 上では $f(x,y,z)=0$ とする．このとき，

$$\iint_S \mathrm{rot}\,\boldsymbol{u}\cdot\boldsymbol{n}\,dS$$

を求めよ．ここで，$\boldsymbol{n}$ は S の単位外向き法線ベクトルを表す．

4.　3 次元空間の領域を

$$\Omega=\{(x,y,z)\,|\,a\leq x\leq b,\ \alpha\leq y\leq\beta,\ c\leq x\leq f(x,y)\}$$

とおく．ここで，$f(x,y)$ は C^1 級関数で，(x,y) が長方形 $[a,b]\times[\alpha,\beta]$ の境界上にあるときつねに $f(x,y)=c$ であるとする．このとき，本文の証明に従って，この領域に対してガウスの定理が成り立つことを証明せよ．

5.　3 次元空間において $a>b>c>0$ とし

$$\Omega=\left\{(x,y,z)\,\Big|\,\left(\frac{x}{a}\right)^2+\left(\frac{y}{b}\right)^2+\left(\frac{z}{c}\right)^2=1\right\}$$

とおく．このとき，$\boldsymbol{v}=(x^3,y^3,z^3)$ に対して

$$\iint_{\partial\Omega}\boldsymbol{v}\cdot\boldsymbol{n}\,dS$$

を求めよ．

6.　$B=\left\{(x,y,z)\,|\,x^2+y^2+z^2\leq 1\right\}$ とおくとき，

$$\iiint_B (x^4+y^4+z^4)\,dxdydz$$

を，定理 4.8 を $w=x^4+y^4+z^4$, $\boldsymbol{v}=(x,y,z)$ として用いることにより求めよ．

第5章 物理学への応用

この章では，電磁気学など物理学での基本的な法則とベクトル解析の知識を用いて，基本的な問題を復習し，解いていくことを考えよう．

5.1 力学

まず，質点の運動について考えよう．質点の質量を m とし，質点にはたらく外力 (ベクトル) を $\boldsymbol{F}$ とし，質点の速度 (ベクトル) を $\boldsymbol{v}$ とおくと，ニュートン (Newton) の運動方程式は

$$m\frac{d\boldsymbol{v}}{dt} = \boldsymbol{F} \tag{5.1}$$

となる．式 (5.1) の左辺と $\boldsymbol{v}$ との内積をとると，

$$m\frac{d\boldsymbol{v}}{dt} \cdot \boldsymbol{v} = \frac{d}{dt}\left(\frac{1}{2}m|\boldsymbol{v}|^2\right)$$

と書けるので，これを $t = t_0$ から $t = t_1$ まで積分すると

$$\frac{1}{2}m|\boldsymbol{v}(t_1)|^2 - \frac{1}{2}m|\boldsymbol{v}(t_0)|^2 = \int_{t_0}^{t_1} \boldsymbol{F} \cdot \boldsymbol{v}\,dt \tag{5.2}$$

と表される．もし，質点がある曲線 C 上を運動しているならば，右辺は，$t = t_0$ での質点の位置を P_0，$t = t_1$ での質点の位置を P_1 とすると，

$$\int_{t_0}^{t_1} \boldsymbol{F} \cdot \boldsymbol{v}\,dt = \int_{\mathrm{P}_0}^{\mathrm{P}_1} \boldsymbol{F} \cdot d\boldsymbol{s}$$

と書ける．式 (5.2) の左辺は，外力 $\boldsymbol{F}$ が加わることによって生じた運動エネルギーの差を表す．これを，$\boldsymbol{F}$ の曲線 C に沿った**仕事**という．

また，外力 $\boldsymbol{F}$ をベクトル場とみなすと

$$\boldsymbol{F} = -\nabla\varphi$$

を満たすスカラー場 φ が存在するとき，ベクトル場 $\boldsymbol{F}$ はポテンシャルをもつといい，φ を $\boldsymbol{F}$ のスカラー・ポテンシャル（重力場の場合，位置エネルギーともいう）という．また，このベクトル場 $\boldsymbol{F}$ を**保存場**という．これは，$\boldsymbol{F}$ によって運動する質点の力学的エネルギーが保存されるからである．実際，式 (5.1) に従う運動は $\boldsymbol{\gamma}(t)$ を質点の位置とすると，

$$E(\boldsymbol{\gamma}, \boldsymbol{v}) = \frac{1}{2}m\boldsymbol{v}^2 + \varphi$$

となるので，$\boldsymbol{\gamma}' = \boldsymbol{v}$ より，

$$\frac{d}{dt}E(\boldsymbol{\gamma}, \boldsymbol{v}) = m\boldsymbol{v}\cdot\boldsymbol{v}' + \boldsymbol{\gamma}'\cdot\nabla\varphi = \boldsymbol{v}\cdot(m\boldsymbol{v}' + \boldsymbol{F}) = 0$$

であり，力学的エネルギーが保存されることがわかる．

一般に，任意の単純閉曲線 C に沿った線積分が

$$\int_C \boldsymbol{F}\cdot d\boldsymbol{s} = 0$$

となるとき，力 $\boldsymbol{F}$ は**保存力**とよばれる．保存力においては，仕事は始点と終点のみで決まり，経路には依存しない．図 5.1 の点線のように，わざと閉曲線をつくった経路を考えるとよい．実際，C_1, C_3 を図のような点 A から点 B に向かう曲線，C_2 を点線のような点 B から点 A に向かう曲線とすると，$C_1 + C_2$，$C_2 + C_3$ はともに閉曲線になるので

$$\int_{C_1} \boldsymbol{F}\cdot d\boldsymbol{s} = \int_{C_1+C_2+C_3} \boldsymbol{F}\cdot d\boldsymbol{s} = \int_{C_1+C_2} \boldsymbol{F}\cdot d\boldsymbol{s} + \int_{C_3} \boldsymbol{F}\cdot d\boldsymbol{s} = \int_{C_3} \boldsymbol{F}\cdot d\boldsymbol{s}$$

となるからである．

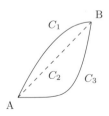

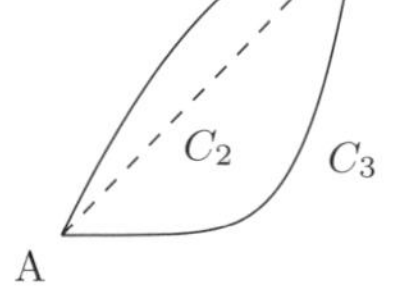

図 5.1

なお，第 4 章でみたストークスの定理によれば，

$$\int_C \boldsymbol{F} \cdot d\boldsymbol{s} = \iint_S \mathrm{rot}\,\boldsymbol{F} \cdot \boldsymbol{n}\,dS$$

となるから，$\mathrm{rot}\,\boldsymbol{F} = \boldsymbol{0}$ となっていれば必ず保存力であることがわかる．これは，定理 4.3 でも確認したとおりである．

3 次元空間の原点に質量 m の質点があり，点 $\boldsymbol{p}$ に単位質量の質点があるとする．万有引力定数を G とすれば，単位質量の質点にはたらく力 $\boldsymbol{F}$ は

$$\boldsymbol{F} = -Gm\frac{\boldsymbol{p}}{|\boldsymbol{p}|^3}$$

で与えられる．この場合，

$$\varphi = -Gm\frac{1}{|\boldsymbol{p}|}$$

とおくと，$\boldsymbol{F} = -\nabla\varphi$ であることがわかる．

問 5.1 上の $\boldsymbol{F}$ と φ に対して，$\boldsymbol{F} = -\nabla\varphi$ となっていることを確認せよ．

! 注意 5.1 ここでの議論は，力が働かない領域が閉曲線の内部に存在しないことを前提としている．そのような領域が内部にある場合は，式 (4.10) のようにもう一方の境界での線積分の値も関係するので注意が必要である．しかし，重力を想定した場合では，このようなことは起こらない．

5.2 電磁気学

この節では，電磁気学でのガウスの定理・ストークスの定理の応用を述べる．まずは，電場の理論での使われ方をみよう．

5.2.1 静電場・ガウスの法則

この項では，静電場における基本的な法則と，それに対するガウスの定理の適用を述べる．ここでは，真空の 3 次元空間を考える．$\varepsilon_0 > 0$ を真空の誘電率，$\boldsymbol{E}$ を電場 (ベクトル量)，$\rho(x, y, z)$ を電荷密度とする．次の磁場の話と対応するよう 電束密度 $\boldsymbol{D}$ を $\boldsymbol{D} = \varepsilon_0\boldsymbol{E}$ で定義する．

電磁気学の教科書とは異なるが，次の微分系を出発点とする．

法則 5.1（ガウスの法則（微分形）） 電場 $\boldsymbol{E}$ と電荷密度 ρ との間には

$$\operatorname{div} \boldsymbol{E} = \frac{1}{\varepsilon_0} \rho(x, y, z) \tag{5.3}$$

なる等式が成り立つ．

ここで，式 (5.3) を 3 次元空間の表面が滑らかな立体 V 上で積分すると，

$$\iiint_V \operatorname{div} \boldsymbol{E}\, dxdydz = \frac{1}{\varepsilon_0} \iiint_V \rho(x, y, z)\, dxdydz$$

となる．左辺はガウスの定理により，表面積分 (境界積分) で表現され，外向き単位法線ベクトルを $\boldsymbol{n}$ で表すと，

$$\iiint_V \operatorname{div} \boldsymbol{E}\, dxdydz = \iiint_{\partial V} \boldsymbol{E} \cdot \boldsymbol{n}\, dS$$

となる．一方，右辺の 3 重積分

$$\iiint_V \rho(x, y, z)\, dxdydz$$

は，V 内の電荷 Q を表す．よって，

$$\iint_{\partial V} \boldsymbol{E} \cdot \boldsymbol{n}\, dS = \frac{Q}{\varepsilon_0} \tag{5.4}$$

が成り立つ．左辺は，電場の外向き成分の大きさの積分であるので，実際に観測可能な量である．右辺は，内部の電荷量を示しているので，表面の電場がわかれば内部の電荷がわかる，ということを示している．

なお，ベクトル量である電場 $\boldsymbol{E}$ に対しては，スカラー量 ϕ で，

$$\boldsymbol{E} = -\nabla \phi$$

を満たすものが存在する．このとき，$\operatorname{rot}(\nabla \phi) = \boldsymbol{0}$ であるから，定理 4.3 により $\boldsymbol{E}$ は保存場であり，$\boldsymbol{E}$ の曲線に沿った線積分は始点と終点のみに依存し，経路には依存しないことがわかる．この ϕ のことを，電位 (静電ポテンシャル) という．実用上では，表面付近の微小な幅の領域での電位差を測定できれば，内部の電荷もわかるということになる．

逆に，電荷密度の存在がわかっているとき，3 次元空間内の任意の滑らかな閉領域 V に対して式 (5.4) が成り立っているとすると，ガウスの定理により

$$\iiint_V \operatorname{div} \boldsymbol{E}\, dxdydz = \frac{Q}{\varepsilon_0} = \frac{1}{\varepsilon_0} \iiint_V \rho(x,y,z)\, dxdydz$$

がわかる．ここで，V は任意なので，積分としての等式がつねに成り立つということは式 (5.3) が成り立つことに他ならない．したがって，積分形から微分形のガウスの法則を導くことができたことになる．

ここで，積分の関係式から被積分関数の関係式が得られることを補題として述べておく．左辺から右辺を引いた形をつくれば，以下のことが示されればよいことがわかる．

補題 5.1 $f(x,y,z)$ は 3 次元空間で定義された連続関数であるとする．もし，3 次元空間内の任意の領域 V に対してつねに

$$\iiint_V f(x,y,z)\, dxdydz = 0 \tag{5.5}$$

が成り立つならば，$f(x,y,z) \equiv 0$ である．

証明 点 $\mathrm{P}(x_0, y_0, z_0)$ を任意に選び固定する．次に，$\delta > 0$ も任意に選び

$$V = \left\{(x,y,z) \,|\, (x-x_0)^2 + (y-y_0)^2 + (z-z_0)^2 \le \delta\right\}$$

とおく．すると式 (5.5) より

$$\iiint_V f(x,y,z)\, dxdydz = 0$$

である．一方，次の不等式

$$\begin{aligned}\min_{(x,y,z)\in V} f(x,y,z) \iiint_V dxdydz &\le \iiint_V f(x,y,z)\, dxdydz \\ &\le \max_{(x,y,z)\in V} f(x,y,z) \iiint_V dxdydz\end{aligned}$$

も成立する．よって，V の体積が $4\pi\delta^3/3$ であることに注意すると

$$\begin{aligned}\min_{(x,y,z)\in V} f(x,y,z) &\le \frac{3}{4\pi\delta^3} \iiint_V f(x,y,z)\, dxdydz \\ &\le \max_{(x,y,z)\in V} f(x,y,z)\end{aligned} \tag{5.6}$$

が成立する．式 (5.5) より，不等式の真ん中の値は 0 である．ここで，$f(x,y,z)$ は連続関数であるから，$\delta \to 0$ のとき，

$$\lim_{\delta\to+0}\min_{(x,y,z)\in V} f(x,y,z) = \lim_{\delta\to+0}\max_{(x,y,z)\in V} f(x,y,z) = f(x_0,y_0,z_0)$$

となる．したがって，式 (5.6) において $\delta \to +0$ の極限をとれば，$f(x_0,y_0,z_0) = 0$ がわかる．点 P のとり方は任意であるので，3 次元空間内の任意の点で $f(x,y,z) = 0$ がわかる．　□

また，電位を用いて式 (5.3) を表現すると

$$-\Delta\phi = \frac{1}{\varepsilon_0}\rho(x,y,z)$$

となり，この方程式を解くことで電位 ϕ が求まる．ここで，Δ は式 (3.6) で与えられたラプラシアンである．この方程式の解法は偏微分方程式の解法の範疇であるが，その結果だけをここに記述する：

$$\phi(x,y,z) = \frac{1}{4\pi\varepsilon_0}\iiint_{\mathbb{R}^3} \frac{\rho(\xi,\zeta,\eta)}{\sqrt{(x-\xi)^2+(y-\zeta)^2+(z-\eta)^2}}\,d\xi d\zeta d\eta.$$

もし，電荷 Q の点電荷が原点にあるとし，他に電荷はないとしよう．すると，$\rho = Q\delta_0$（δ_0 はディラック (Dirac) のデルタ関数とよばれる）と表され，

$$\phi(x,y,z) = \frac{Q}{4\pi\varepsilon_0\sqrt{x^2+y^2+z^2}}$$

となるが，原点以外では $\Delta\phi = 0$ が成り立つことがわかる．

! 注意 5.2　電磁気学の標準的な教科書では，点 $\boldsymbol{z}$ にある点電荷 Q がつくる点 $\boldsymbol{x}$ での電場は，クーロン (Coulomb) の法則により

$$\boldsymbol{E} = \frac{Q}{4\pi\varepsilon_0}\cdot\frac{\boldsymbol{x}-\boldsymbol{z}}{|\boldsymbol{x}-\boldsymbol{z}|^3} \tag{5.7}$$

であると定めるところから始まる．4π は半径 1 の球の表面積である．電場 $\boldsymbol{E}$ と，考えている立体の表面での外向き単位法線ベクトルとの内積を考え，さらに表面全体で積分することで式 (5.4) を導き出す．式 (5.4) を**ガウスの法則の積分形**という．この積分形において，ガウスの定理を用いて発散の入った体積積分で表し，立体は任意であるとしてガウスの法則の微分形を導く，という流れで構成されていることが多い．

天下り的であるが，

$$\phi = -\frac{Q}{4\pi\varepsilon_0}\cdot\frac{1}{|\boldsymbol{x}-\boldsymbol{z}|}$$

とおくと，$\boldsymbol{E} = -\nabla\phi$ となっていることがわかる．

! 注意 5.3　式 (5.7) において $z=0$ とすると，**原点を中心とする球でガウスの定理は使用できない．** $\boldsymbol{E}$ は，原点で特異性をもっているからである．

注意 5.2 において，ガウスの法則の積分形を導く際に**立体角**が用いられるので，ここに定義を記しておこう．簡単のため，原点からみた立体角を定義する．

3 次元空間内の，法線ベクトルが各点で定義できる表面積が有限の曲面 S があるとする．また，原点は S 上にはないとする．S 上の点 P の位置ベクトルを $\boldsymbol{r}$ として，新たなベクトル $\boldsymbol{a}_{\mathrm{P}}$ を

$$\boldsymbol{a}_{\mathrm{P}} = \frac{1}{|\boldsymbol{r}|^3}\boldsymbol{r}$$

とおく．$\boldsymbol{n}$ を S での外向き単位法線ベクトルとするとき，

$$\Omega(S) = \iint_S \boldsymbol{a}_P \cdot \boldsymbol{n}\, dS$$

を原点から S をみる**立体角**という．物理的には無次元量であるが，**ステラジアン**という単位でよばれる．なお，外向き法線ベクトルの向きによっては，立体角は負の値になり得ることに注意（物理学における例では，基本的にこの値が非負になるようにしている）．

原点から S 上の任意の点 P へ向かう半直線が S と 点 P のみで交わるとし，これらの半直線群および S によって構成される錐体を V とすると，この錐体 V と原点を中心とする半径 1 の球面との共通部分 $V \cap S$ は空集合ではないことがわかる．このとき，$\Omega(S)$ の絶対値は $V \cap S$ の曲面積（球面の一部分の面積）と一致することが知られている．（立体角の符号はその表裏によって決定される．）半径 1 の球全体の表面積は 4π であるから，立体角の絶対値は 0 から 4π の間で定義される．

例題 5.1　曲面 S を

$$S = \left\{ \left(x, y, \frac{1}{\sqrt{2}}\right) \,\middle|\, x^2 + y^2 \leq \frac{1}{2} \right\}$$

とおく．このとき，原点からみた S の立体角を求めよ．

（解答）　S における外向き単位法線ベクトル $\boldsymbol{n}$ はつねに $\boldsymbol{n} = (0, 0, 1)$ ととれる．$\boldsymbol{r} = (x, y, 1/\sqrt{2})$ であるから，

$$\boldsymbol{a}_{\mathrm{P}} = \frac{1}{|\boldsymbol{r}|^3}\boldsymbol{r} = \frac{1}{(x^2 + y^2 + \frac{1}{2})^{3/2}} \left(x, y, \frac{1}{\sqrt{2}}\right)$$

である．よって，

$$\boldsymbol{a}_P \cdot \boldsymbol{n} = \frac{1}{\sqrt{2}(x^2+y^2+\frac{1}{2})^{3/2}}$$

となって，

$$\Omega(S) = \iint_S \boldsymbol{a}_P \cdot \boldsymbol{n}\, dS = \iint_S \frac{1}{\sqrt{2}(x^2+y^2+\frac{1}{2})^{3/2}}\, dxdy$$

となる．右辺の重積分は $x = r\cos\theta,\ y = r\sin\theta$ と極座標に変換すると， $r,\ \theta$ はそれぞれ，$0 \le r \le 1/\sqrt{2},\ 0 \le \theta \le 2\pi$ をくまなく動く．従って，次のような計算をして求まる：

$$\Omega(S) = \int_0^{2\pi}\int_0^{1/\sqrt{2}} \frac{r}{\sqrt{2}(r^2+\frac{1}{2})^{3/2}}\, drd\theta = \sqrt{2}\pi \int_0^{1/\sqrt{2}} \left(r^2+\frac{1}{2}\right)^{-3/2} r\, dr$$

$$= \sqrt{2}\pi \left[-\left(r^2+\frac{1}{2}\right)^{-1/2}\right]_0^{1/\sqrt{2}} = 2\pi\left(1-\frac{\sqrt{2}}{2}\right).$$

なお，次のようにしても計算できる．

単位球 $x^2+y^2+z^2=1$ と平面 $z = 1/\sqrt{2}$ との切り口が

$$x^2+y^2 = \frac{1}{2},\ z = \frac{1}{\sqrt{2}}$$

であるから，$x^2+y^2+z^2=1$ 上で $z \ge 1/\sqrt{2}$ の部分の表面積を求めればよい．球面上のこの部分の位置ベクトル $\boldsymbol{p} = \boldsymbol{p}(\theta,\varphi)$ をパラメータ表示すると

$$\boldsymbol{p}(\theta,\varphi) = (\sin\theta\cos\varphi, \sin\theta\sin\varphi, \cos\theta), \quad \theta \in [0,\pi/4],\ \varphi \in [0,2\pi]$$

となる．このとき

$$\boldsymbol{p}_\theta = (\cos\theta\cos\varphi, \cos\theta\sin\varphi, -\sin\theta),$$

$$\boldsymbol{p}_\varphi = (-\sin\theta\sin\varphi, \sin\theta\cos\varphi, 0)$$

となるので，

$$E = \boldsymbol{p}_\theta\cdot\boldsymbol{p}_\theta = 1,\ F = \boldsymbol{p}_\theta\cdot\boldsymbol{p}_\varphi = 0,\ G = \boldsymbol{p}_\varphi\cdot\boldsymbol{p}_\varphi = \sin^2\theta$$

であるので，球面の面素 dS は

$$dS = \sin\theta\, d\theta d\varphi$$

である．よって求めるべき立体角は，

$$\int_0^{2\pi}\int_0^{\pi/4} \sin\theta\, d\theta d\varphi = 2\pi\int_0^{\pi/4}\sin\theta\, d\theta = 2\pi\left(1-\frac{\sqrt{2}}{2}\right).$$

□

電位は，単位電荷をもつ点電荷が電場中を動くときの仕事としても定義することができる．3 次元空間内に電場 $\boldsymbol{E}$ があり，曲線 C に沿って単位電荷をもつ点電荷が移動したときに，電場による力がなす仕事 W は

$$W = \int_C \boldsymbol{E} \cdot d\boldsymbol{s} \tag{5.8}$$

である．C の終点を P とすると定理 4.3 により，この値は経路によらないので，点 P での**電位**という．C の始点は，理論上は無限遠点であるが，実用上は地表面で代用する．

例題 5.2 電場 $\boldsymbol{E}$ を

$$\boldsymbol{E} = \left(\frac{1}{x^2}, \frac{1}{y^2}, \frac{1}{z^2}\right)$$

と定義する．この電場の中で，xy 平面上の直線 $y = x$ 上で第一象限の無限遠から点 $(1,1,0)$ まで (この半直線を C と書く) 電荷 q の点電荷を動かしたときの電場がする仕事 W を求めよ．

(解答) 直線 $y = x$ をパラメータ表示すれば $(t,t,0)$ $(t \geq 1)$ であるので，線素ベクトル $d\boldsymbol{s}$ は $d\boldsymbol{s} = (dt, dt, 0)$ と書け，C の向きを考えると

$$W = \int_C q\boldsymbol{E} \cdot d\boldsymbol{s} = -q\left(\int_1^\infty \frac{1}{t^2}\,dt + \int_1^\infty \frac{1}{t^2}\,dt\right) = -2q.$$

□

5.2.2 磁場と定常電流

前項では，電場に関する内容を解説したが，ここでは磁場と電流の関係についてみていこう．

この項では $\boldsymbol{B}$ は磁束密度を表し，$\boldsymbol{H}$ は磁場を表す．3 次元空間は真空であるとして，μ_0 を真空の透磁率とすると，磁場と磁束密度の間には関係式

$$\boldsymbol{B} = \mu_0 \boldsymbol{H}$$

が成り立っている．また，電流とは，導線上の任意の断面を単位時間あたり通過する電荷の量をいい，電流密度 $\boldsymbol{j}$ とは，単位面積の断面を垂直に通過する電流の強さをいう．電流の強さがつねに一定であるとき，定常電流という．この

項での電流は，定常電流の場合を考える．十分長い円柱形をした導体の一部分に着目して考えよう．その領域を S と書くとき，S は底面 S_1, S_2 と側面 S_3 からなっているとする ($S = S_1 \cup S_2 \cup S_3$)．電流は側面から空間には出てこられない．これを式で表現すれば，

$$\iint_{S_3} \boldsymbol{j} \cdot \boldsymbol{n}\, dS = 0$$

である．ここで，$\boldsymbol{n}$ は外向き単位法線ベクトルを表す．また，定常電流であるから，2つの底面を通過する電荷の量に変化はない．S_1 と S_2 では，外向き単位法線ベクトルの向きが逆になっていることに注意して底面同士の和をとると

$$\iint_{S_1} \boldsymbol{j} \cdot \boldsymbol{n}\, dS + \iint_{S_2} \boldsymbol{j} \cdot \boldsymbol{n}\, dS = 0$$

となる．以上より，円柱状の導体においては

$$\iint_{S} \boldsymbol{j} \cdot \boldsymbol{n}\, dS = 0$$

が成り立つ．S の内部領域を V で表すと，ガウスの定理により

$$\iiint_V \operatorname{div} \boldsymbol{j}\, dxdydz = \iint_{S} \boldsymbol{j} \cdot \boldsymbol{n}\, dS = 0$$

がわかる．この関係式は導体中の任意の円柱状の領域について成り立つと考えられるので，

$$\operatorname{div} \boldsymbol{j} = 0$$

であることがわかる．これは定常電流の保存則といわれる．

時間に依存しない電場 $\boldsymbol{E}$ が存在するとき (電位差があるとき)，電流密度 $\boldsymbol{j}$ と電場 $\boldsymbol{E}$ および電位 ϕ と の間には，

$$\boldsymbol{j} = \sigma \boldsymbol{E} = -\sigma \nabla \phi$$

なる関係式が成り立つ．ここで，σ は電気伝導率とよばれる定数である．

次に，電流密度と磁束密度との関係を考えよう．次の法則が知られている．

法則 5.2 (アンペール (Ampére) の法則 (微分形))

$$\operatorname{rot} \boldsymbol{B} = \mu_0 \boldsymbol{j}$$

が成り立つ．

ここで，定常電流の流れる導体を内部に含むような閉曲線 C を考え，C の内部のつくる曲面を S とする．S での単位法線ベクトルを $\boldsymbol{n}$ とするとき，微分形の両辺と $\boldsymbol{n}$ との内積を考えて S 上積分すると

$$\iint_S \operatorname{rot} \boldsymbol{B} \cdot \boldsymbol{n}\, dS = \mu_0 \iint_S \boldsymbol{j} \cdot \boldsymbol{n}\, dS$$

が得られる．右辺の積分は，導体を流れる電流 I に他ならない．一方，左辺はストークスの定理により，

$$\int_C \boldsymbol{B} \cdot d\boldsymbol{s} = \iint_S \operatorname{rot} \boldsymbol{B} \cdot \boldsymbol{n}\, dS$$

が成り立つ．したがって，

法則 5.3（アンペールの法則（積分形））

$$\int_C \boldsymbol{B} \cdot d\boldsymbol{s} = \mu_0 I$$

が成り立つ．

なお，電場に対しては，スカラー・ポテンシャルの存在が知られているが，C^2 級の任意のベクトル場 $\boldsymbol{A}$ に対して，必ず $\operatorname{div}(\operatorname{rot} \boldsymbol{A}) = 0$ となる．物理学的にいえば，電荷の場合と異なり磁気単極子（モノポール）は存在しないことを示唆しているが，定理 4.5 により

$$\boldsymbol{B} = \operatorname{rot} \boldsymbol{A}$$

となるベクトル場 (ベクトル・ポテンシャル) $\boldsymbol{A}$ の存在が保証される．

時間変化する電場・磁場に関する基本的な方程式は，次の**マクスウェル** (Maxwell) **の方程式**である．ここで，t は時間変数を表す．

$$\operatorname{div} \boldsymbol{D} = \rho, \tag{5.9}$$

$$\operatorname{div} \boldsymbol{B} = 0,$$

$$\operatorname{rot} \boldsymbol{H} - \frac{\partial \boldsymbol{D}}{\partial t} = \boldsymbol{j} = \sigma \boldsymbol{E}, \tag{5.10}$$

$$\operatorname{rot} \boldsymbol{E} + \frac{\partial \boldsymbol{B}}{\partial t} = \boldsymbol{0}. \tag{5.11}$$

ここで，$\boldsymbol{B} = \mu_0 \boldsymbol{H}$, $\boldsymbol{D} = \varepsilon_0 \boldsymbol{E}$ であるから，$\boldsymbol{E}$ の式でこれらを表示することが

できる．式 (5.10) を

$$\varepsilon_0 \frac{\partial \boldsymbol{E}}{\partial t} = -\sigma \boldsymbol{E} + \mathrm{rot}\, \boldsymbol{H}$$

と表し，さらに t で偏微分して μ_0 倍すると

$$\varepsilon_0 \mu_0 \frac{\partial^2 \boldsymbol{E}}{\partial t^2} = -\mu_0 \sigma \frac{\partial \boldsymbol{E}}{\partial t} + \mu_0 \mathrm{rot}\, \frac{\partial \boldsymbol{H}}{\partial t} \tag{5.12}$$

となる．一方，式 (5.11) を $\boldsymbol{H}$ で表して式 (5.12) に代入すると

$$\mu_0 \sigma \frac{\partial \boldsymbol{E}}{\partial t} + \varepsilon_0 \mu_0 \frac{\partial^2 \boldsymbol{E}}{\partial t^2} = -\mathrm{rot}\, \mathrm{rot}\, \boldsymbol{E}.$$

ここで，一般に C^2 級のベクトル場 $\boldsymbol{F}$ に対して

$$\mathrm{rot}\, \mathrm{rot}\, \boldsymbol{F} = \nabla(\mathrm{div}\, \boldsymbol{F}) - \Delta \boldsymbol{F} \tag{5.13}$$

が成り立つ．よって，

$$\mathrm{rot}\, \mathrm{rot}\, \boldsymbol{E} = \nabla(\mathrm{div}\, \boldsymbol{E}) - \Delta \boldsymbol{E}$$

となるが，$\rho = 0$ とすれば式 (5.9) により，

$$\mathrm{rot}\, \mathrm{rot}\, \boldsymbol{E} = -\Delta \boldsymbol{E}$$

となり，

$$\mu_0 \sigma \frac{\partial \boldsymbol{E}}{\partial t} + \varepsilon_0 \mu_0 \frac{\partial^2 \boldsymbol{E}}{\partial t^2} = \Delta \boldsymbol{E} \tag{5.14}$$

が得られる．特に電気伝導率がゼロ ($\sigma = 0$) の場合，式 (5.14) は

$$\varepsilon_0 \mu_0 \frac{\partial^2 \boldsymbol{E}}{\partial t^2} = \Delta \boldsymbol{E} \tag{5.15}$$

となる．なお，ここで Δ はベクトルの各成分ごとのラプラシアンである．$\boldsymbol{H}$ も式 (5.14) を満たす．式 (5.15) において $1/\sqrt{\varepsilon_0 \mu_0}$ は波の進行する速さを表すが，SI 単位系では ε_0，μ_0 の測定値から，3.0×10^8 [m/s] であることが知られている．光とは，電場と磁場の波ともいえる．

問 5.2　式 (5.13) を確認せよ．

5.2.3　電流によりつくられる磁場

ここでも，電流からつくられる磁場に関する法則を述べるが，アンペールの法則の積分形は，磁場の周回積分と電流との関係を表すものであった．ここで扱う法則は，電流と観測位置での磁場との関係を示すビオ・サバール (Biot-Savart)

の法則である.

法則 5.4 真空中にある曲線 C 上を流れる定常電流 (強さを I とする) がある. 曲線上にない点 P へ, 曲線上の点 Q から向かうベクトルを $\boldsymbol{p}\ (\neq \boldsymbol{0})$ とおくと, 曲線全体から生じる P での磁束密度 $\boldsymbol{B}$ は,

$$\boldsymbol{B} = \frac{\mu_0 I}{4\pi} \int_C \frac{\boldsymbol{p}}{|\boldsymbol{p}|^3} \times d\boldsymbol{s} \tag{5.16}$$

である. ここで, μ_0 は真空の透磁率である.

この法則にベクトル場と線素ベクトルの外積の積分が現れるが, この積分は式 (4.4) に従って計算される. よくある例題は, C が xy 平面上の原点中心の円, P が z 軸上の点の場合である.

法則 5.4 においては, 2 点間のベクトル $\boldsymbol{p}$ を用いて表したが, 3 次元空間の点 $\boldsymbol{x}$ と, C 上の位置ベクトル $\boldsymbol{s}$ を用いて表すと, 式 (5.16) は

$$\boldsymbol{B}(\boldsymbol{x}) = \frac{\mu_0 I}{4\pi} \int_C \frac{(\boldsymbol{x}-\boldsymbol{s})}{|\boldsymbol{x}-\boldsymbol{s}|^3} \times d\boldsymbol{s}$$

となる. このとき, この磁束密度 $\boldsymbol{B}(\boldsymbol{x})$ に対するベクトルポテンシャル $\boldsymbol{A}(\boldsymbol{x})$ が

$$\boldsymbol{A}(\boldsymbol{x}) = \frac{\mu_0 I}{4\pi} \int_C \frac{1}{|\boldsymbol{x}-\boldsymbol{s}|} d\boldsymbol{s}$$

で表されることは, この式に rot を作用させ, 積分と微分の順序が交換できることからわかる.

なお, ここではビオ・サバールの法則を積分形で表現したが, 線素 $d\boldsymbol{s}$ に対応する磁束密度を表すベクトルの「素」 $d\boldsymbol{B}$ は,

$$d\boldsymbol{B} = \frac{\mu_0 I}{4\pi} \frac{\boldsymbol{p}}{|\boldsymbol{p}|^3} \times d\boldsymbol{s}$$

と表される. この表現をビオ・サバールの法則としている書物が多くある.

例題 5.3 真空の 3 次元空間において, z 軸が導線であり, ここを電流の強さ J の定常電流が流れているとする. このとき, 点 P(1, 0, 0) における, この電流から生じる磁束密度 $\boldsymbol{B}$ を求めよ.

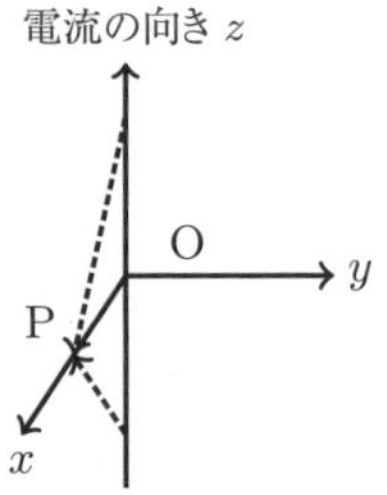

図 5.2

(解答)　z 軸上の点 $\mathrm{Q}(0,0,z)$ から点 P へ向かうベクトル $\boldsymbol{p}$ は，$\boldsymbol{p}=(1,0,-z)$ である z 軸の線素 $d\boldsymbol{s}$ は $d\boldsymbol{s}=(0,0,dz)$ と書けるので，

$$\boldsymbol{p}\times d\boldsymbol{s}=(0,-dz,0)$$

となる．したがって，$|\boldsymbol{p}|=(1+z^2)^{1/2}$ と併せて

$$\boldsymbol{B}=\left(0,\ -\frac{\mu_0 J}{4\pi}\int_{-\infty}^{\infty}\frac{dz}{(1+z^2)^{3/2}},\ 0\right)$$

が成り立つ．ここで，$z=\tan\theta$ と変数変換すると

$$\int_{-\infty}^{\infty}\frac{ds}{(1+z^2)^{3/2}}=\int_{-\pi/2}^{\pi/2}\frac{1}{(1+\tan^2\theta)^{3/2}}\cdot\frac{1}{\cos^2\theta}\,d\theta=\int_{-\pi/2}^{\pi/2}\cos\theta\,d\theta=2$$

となり，

$$\boldsymbol{B}=\left(0,-\frac{\mu_0 J}{2\pi},0\right)$$

を得る．　□

5.3　その他の物理の場面

最後に，力学・電磁気学以外でのガウスの定理，ストークスの定理の使われ方をみてみよう．

3 次元の流体 (空気を想定) 中に，仮想的に球面のような閉曲面 S を考え，その内部を V とおく．流体の流速ベクトルを $\boldsymbol{v}$，流体の密度を ρ とおく．この S での流体の質量の単位時間の増減を考えると，流体は湧いて出てくることはない．よって，S を通して出る (または入る) 質量は V での質量の変化に等しいので，S での外向き単位法線ベクトルを $\boldsymbol{n}$ とおくと

$$\iint_S \rho\boldsymbol{v}\cdot\boldsymbol{n}\,dS=-\frac{\partial}{\partial t}\iiint_V \rho\,dxdydz=-\iiint_V\frac{\partial\rho}{\partial t}\,dxdydz$$

が成り立つ．左辺に対してガウスの定理を適用すると

$$\iint_S \rho \boldsymbol{v} \cdot \boldsymbol{n}\, dS = \iiint_V \mathrm{div}(\rho \boldsymbol{v})\, dxdydz$$

が成り立つ．よって，

$$\iiint_V \left\{ \frac{\partial \rho}{\partial t} + \mathrm{div}(\rho \boldsymbol{v}) \right\} dxdydz = 0$$

を得る．この導出において，S, V は仮想的に導入したものであるので，3 次元空間の任意の閉領域と考えてよい．したがって，空間の各点で

$$\frac{\partial \rho}{\partial t} + \mathrm{div}(\rho \boldsymbol{v}) = 0 \tag{5.17}$$

が成り立っていると考えてよい．式 (5.17) をオイラー (Euler) の連続方程式という．もし，流体が非圧縮性のものであれば ρ が一定となり，

$$\mathrm{div}\, \boldsymbol{v} = 0$$

が連続方程式となる．この条件を満たすとき $\boldsymbol{v}$ はソレノイダルとよばれる．

また，3 次元空間内の閉曲線 C を考えて

$$\Gamma(C) = \int_C \boldsymbol{v} \cdot d\boldsymbol{s}$$

とおく．この量は C についての**循環**といわれる．ストークスの定理を用いれば，C が囲む曲面を S としたとき，

$$\Gamma(C) = \iint_S \mathrm{rot}\, \boldsymbol{v} \cdot \boldsymbol{n}\, dS$$

とも表示することができる．この章の 5.1 節でみたように，$\mathrm{rot}\, \boldsymbol{v} = \boldsymbol{0}$ (**渦なし**) であれば，曲面の境界が 1 つの閉曲線のみで構成されているなら (このような場合を**単連結領域**[1]という) $\Gamma(C) = 0$ となり，しかも

$$\boldsymbol{v} = \nabla \varphi$$

と書けるようなスカラー場 φ の存在がいえる．この φ を速度ポテンシャルという．しかし，式 (4.10) でみたように，例えば流体が通る管の内部に障害物があるとき (管が二股に分かれてまた元に戻る場合も)，渦なしの流れであっても循環 $\Gamma(C)$ がゼロになるとは限らない．

---

[1] 厳密には，S の補集合が連結であるとき，S は単連結であるという．

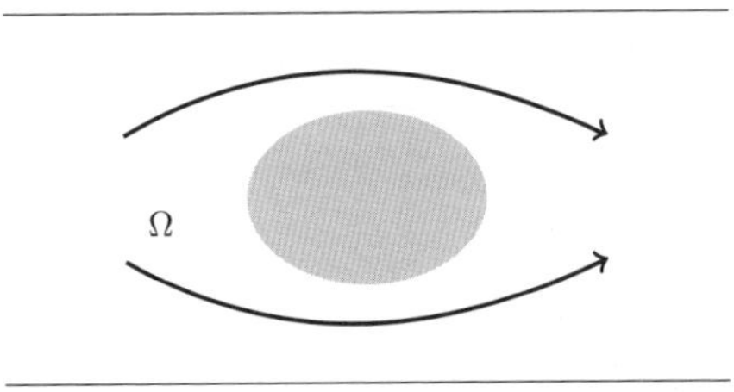

図 5.3

章末問題

1. $\boldsymbol{F}=(e^{-x},e^{-y},e^{-z})$ とおく．このとき，$C=\{(t,t,0)\mid t\geq 0\}$ とおき，この半直線の線素を $d\boldsymbol{s}$ と書く．

$$\int_C \boldsymbol{F}\cdot d\boldsymbol{s}$$

を求めよ．

2. 電場 $\boldsymbol{E}$ が

$$\boldsymbol{E}=\frac{1}{(x^2+y^2+z^2)^{3/2}}(x,y,z)$$

で与えられているとする．

$$V=\left\{(x,y,z)\,|\,1\leq x^2+y^2+z^2,\ \frac{x^2}{4}+\frac{y^2}{9}+\frac{z^2}{16}\leq 1\right\}$$

とおき，

$$S_1=\left\{(x,y,z)\,|\,x^2+y^2+z^2=1\right\},$$
$$S_2=\left\{(x,y,z)\,|\,\frac{x^2}{4}+\frac{y^2}{9}+\frac{z^2}{16}=1\right\}$$

とする．このとき，

$$\iint_{S_2}\boldsymbol{E}\cdot\boldsymbol{n}\,dS$$

を求めよ．ここで，$\boldsymbol{n}$ は S_2 上の外向き単位法線ベクトルである．

3. xy 平面の原点中心，半径 $a>0$ の円周上を左回りに電流 J が流れているとする．このとき，z 軸上の点 $\mathrm{P}(0,0,b)$ における磁束密度 $\boldsymbol{B}$ を求めよ．

4. Ω を，3 次元空間内の単連結有界領域で，滑らかな境界をもつものとする．Ω 内に定密度 $\rho\ (>0)$ の流体がある．この流体の速度ポテンシャル Φ から，流体の運動エネルギー K は

$$K=\frac{\rho}{2}\iiint_\Omega |\nabla\Phi|^2\,dxdydz$$

で定義される．このとき，$\Delta\Phi=0$ であることを用いて，K は $\partial\Omega$ 上での速度ポテンシャルのみに依存することを示せ．

発展編

微分幾何学に向けて

第6章 微分形式

この章では微分形式の概念を導入し，その有効性を述べる．まずは，2 変数関数の全微分を復習しよう．

2 変数以上の関数には全微分の概念があり，関数 $f(x,y)$ が C^1 級であれば，点 $\mathrm{P}(x_0,y_0)$ の近傍では，

$$f(x,y)-f(x_0,y_0)=A(x-x_0)+B(y-y_0)+O((x-x_0)^2+(y-y_0)^2)$$

と展開できる．ここで，

$$A=\left.\frac{\partial f}{\partial x}\right|_{(x,y)=(x_0,y_0)},\quad B=\left.\frac{\partial f}{\partial y}\right|_{(x,y)=(x_0,y_0)}$$

すなわち，$f(x,y)-f(x_0,y_0)$ は点 (x_0,y_0) の近傍で 1 次式で近似できることがわかる．以下，表現は数学的ではなくなるが，$x\to x_0$, $y\to y_0$ とした無限小の「差分」を表すものとして全微分の概念を用いる．この場合，点 P での全微分 df_{P} は

$$df_{\mathrm{P}}=\frac{\partial f}{\partial x}(x_0,y_0)dx+\frac{\partial f}{\partial y}(x_0,y_0)dy$$

と定義される．大学 1 年次の微積分学においては，dx や dy の意味を明確には説明していないことが多いであろう．突き詰めると「測度」の概念を用いることになるが，当面の間はこれまでの章でみたように「無限小を表す量」である「線素」とみなしても差し支えない．

また，2 次元平面の各点で全微分が定義されるとき，2 次元平面上の点 (x_0,y_0) を始点，点 (x_1,y_1) を終点とする曲線 C に沿う関数 $f(x,y)$ の全微分の線積

分は

$$f(x_1, y_1) - f(x_0, y_0) = \int_C df = \int_C \left(\frac{\partial f}{\partial x} dx + \frac{\partial f}{\partial y} dy \right)$$

とみなすことができる．すると，1 次元の微積分の基本定理のようにもみることができる．第 4 章では曲線をパラメータ表示して線積分を定義したが，このように表示すると積分の本質は，積分記号よりも右側の項がもっていると考えることができる．そのようにみなして生まれてきた概念が微分形式である．

6.1　ヤコビ行列式再考

ここでは，2 変数関数の積分の変数変換を考えてみよう．2 次元の有界領域 D があり，点 (x, y) が D をくまなく動くとき，変数変換 $x = x(u, v)$，$y = y(u, v)$ により別の独立変数 (u, v) が 2 次元有界領域 E をくまなく動くとする．このとき，

$$\iint_D f(x, y)\, dxdy = \iint_E f(x(u, v), y(u, v)) \left| \frac{\partial(x\ y)}{\partial(u\ v)} \right| dudv$$

である．ここで，

$$\frac{\partial(x\ y)}{\partial(u\ v)} = \det \begin{pmatrix} \dfrac{\partial x}{\partial u} & \dfrac{\partial x}{\partial v} \\ \dfrac{\partial y}{\partial u} & \dfrac{\partial y}{\partial v} \end{pmatrix}$$

は，この変数変換のヤコビ行列式である．このとき「面素」部分の等式を書くと

$$dxdy = \left| \frac{\partial(x\ y)}{\partial(u\ v)} \right| dudv$$

である．通常は $y(u, v)$ は $x(u, v)$ とは異なる関数であるが，もし等しいとすると，ヤコビ行列式は

$$\det \begin{pmatrix} \dfrac{\partial x}{\partial u} & \dfrac{\partial x}{\partial v} \\ \dfrac{\partial y}{\partial u} & \dfrac{\partial y}{\partial v} \end{pmatrix} = \det \begin{pmatrix} \dfrac{\partial x}{\partial u} & \dfrac{\partial x}{\partial v} \\ \dfrac{\partial x}{\partial u} & \dfrac{\partial x}{\partial v} \end{pmatrix} = 0$$

となる．これは，

$$dxdx = 0 \tag{6.1}$$

であることを意味する．また，$dxdy$ の代わりに $dydx$ を考えると，行の入れ替

えを行うことになるので

$$\det\begin{pmatrix} \dfrac{\partial y}{\partial u} & \dfrac{\partial y}{\partial v} \\ \dfrac{\partial x}{\partial u} & \dfrac{\partial x}{\partial v} \end{pmatrix} = -\det\begin{pmatrix} \dfrac{\partial x}{\partial u} & \dfrac{\partial x}{\partial v} \\ \dfrac{\partial x}{\partial u} & \dfrac{\partial x}{\partial v} \end{pmatrix}$$

が成り立つことがわかる．

一方で，微積分学においては，積分の順序交換可能条件を満たすような関数 (たとえば，D が長方形領域であって，$f(x, y)$ が D の内部で C^1 級で境界でも連続である場合) であれば，$dxdy$ と書いても $dydx$ と書いても同じであったが，変数変換の立場からすると $dydx = -dxdy$ であるといえる．そうすると通常のスカラーに対する積のように交換則が成り立っていない「積」を考えることになる．順序を変えると元のものと異符号になる積としては，すでに外積を学んだが，面素が線素 (dx や dy) で表現されるものの積で表されている場合，外積と同様な積が導入されることを示唆している．この章では，このように線素から面素をつくる操作が満たす数学的な性質を述べていく．第 1 基本形式で定義される線素は 2 乗で定義されるものであるので，ここで微分形式の定義を与える．

定義 6.1 A, B, C をスカラー関数とするとき

$$A\,dx + B\,dy + C\,dz$$

のような形を **1 次微分形式**といい，P, Q, R をスカラー関数とするとき

$$P\,dxdy + Q\,dydz + R\,dzdx$$

のような形を **2 次微分形式**という．さらに V をスカラー関数とするとき，

$$V\,dxdydz$$

のような形を **3 次微分形式**という．

3 次元空間で考えると，4 次以上の微分形式は考えられない (恒等的に 0 である場合しか存在しない)．しかし，4 次元以上の空間では，空間次元までの次数

の微分形式も同様に定義できる．

なお，**0 次微分形式**とは通常の関数を指す．微分形式の議論の前に，外積についてもう一度考えてみよう．

6.2 外積再考

第 1 章において，3 次元のベクトルに対して外積とよばれる量を定義したが，ここでは対象を 3 次元ベクトルに限定せず，「外積」(記号の形状から「ウェッジ積」ともよばれる) を定義する．

定義 6.2 ベクトル空間 U の任意の 2 つの元 α, β に対して，新たに $\alpha \wedge \beta$ と表記される元がただ 1 つ定まり，U の任意の元 α_i, β_i $(i = 1, 2)$ と任意のスカラー a_i, b_i $(i = 1, 2)$ に対して，

$$\begin{cases} \alpha \wedge \alpha = 0, \\ \alpha \wedge \beta = -\beta \wedge \alpha, \\ \alpha \wedge (b_1\beta_1 + b_2\beta_2) = b_1(\alpha \wedge \beta_1) + b_2(\alpha \wedge \beta_2), \\ (a_1\alpha_1 + a_2\alpha_2) \wedge \beta = a_1(\alpha_1 \wedge \beta) + a_2(\alpha_2 \wedge \beta) \end{cases} \tag{6.2}$$

を満たすとき，$\alpha \wedge \beta$ を α と β の**外積**という．

U の次元を n とし，その基底を $\boldsymbol{e}_i$ $(i = 1, 2, \ldots, n)$ で表す．

$$\alpha = \sum_{i=1}^{n} a_i \boldsymbol{e}_i, \quad \beta = \sum_{i=1}^{n} b_i \boldsymbol{e}_i$$

と一次結合で表示されているとしよう．このとき，規則式 (6.2) に従い，$\alpha \wedge \beta$ を計算してみよう．すると，

$$\alpha \wedge \beta = \sum_{1 \le i < j \le n} (a_i b_j - a_j b_i) \boldsymbol{e}_i \wedge \boldsymbol{e}_j$$

が得られる．この計算においては，$\boldsymbol{e}_i \wedge \boldsymbol{e}_i = \boldsymbol{0}$ $(i = 1, 2, \ldots, n)$ と $\boldsymbol{e}_j \wedge \boldsymbol{e}_i = -\boldsymbol{e}_i \wedge \boldsymbol{e}_j$ を用いた．このとき，$n = 3$ として $\boldsymbol{e}_1 = (1, 0, 0)$, $\boldsymbol{e}_2 = (0, 1, 0)$,

$\boldsymbol{e}_3 = (0,0,1)$ としたとき，

$$\boldsymbol{e}_1 \wedge \boldsymbol{e}_2 = \boldsymbol{e}_3, \quad \boldsymbol{e}_2 \wedge \boldsymbol{e}_3 = \boldsymbol{e}_1, \quad \boldsymbol{e}_3 \wedge \boldsymbol{e}_1 = \boldsymbol{e}_2$$

であるとすれば，式 (1.2) と一致していることがわかる．もちろん，一般論においては，$\boldsymbol{e}_i \wedge \boldsymbol{e}_j$ が別の $\boldsymbol{e}_k$ と一致しているという保証はないが，第 1 章で習った外積の概念を拡張していることがわかる．

式 (6.2) に従って $\alpha \wedge \beta$ の「実体」はともかく，計算法則は定義した．さらに問題になるのは，ベクトル 3 重積のように「$\alpha \wedge \beta \wedge \gamma$ は結合則が成り立つか」ということである．ベクトル 3 重積では，結合則は成り立たなかったが，ここでは結合則

$$(\alpha \wedge \beta) \wedge \gamma = \alpha \wedge (\beta \wedge \gamma)$$

が成り立っているとする．したがって，積をとる順番には関係しないので，括弧を使わずに $\alpha \wedge \beta \wedge \gamma$ と書いてよい．なお，積の計算の順序は関係しないが，並び順は大事である．また，次のような多重線形性も仮定する．m 個の外積を定義できる対象 α_1，$\alpha_2, \ldots, \alpha_m$ と任意の $k \in \{1, 2, \ldots, m\}$ と任意の実数 a_k，b_k に対して

$$\begin{aligned}
&\alpha_1 \wedge \cdots \wedge (a_k\alpha + b_k\beta) \wedge \alpha_{k+1} \wedge \cdots \wedge \alpha_m \\
&= a_k \alpha_1 \wedge \cdots \wedge \alpha_{k-1} \wedge \alpha \wedge \alpha_{k+1} \wedge \cdots \wedge \alpha_m \\
&\qquad + b_k \alpha_1 \wedge \cdots \wedge \alpha_{k-1} \wedge \beta \wedge \alpha_{k+1} \wedge \cdots \wedge \alpha_m
\end{aligned} \tag{6.3}$$

が成り立つとする．さらに，$\alpha_i = \alpha_j \ (i \neq j)$ なら

$$\alpha_1 \wedge \cdots \wedge \alpha_m = 0 \tag{6.4}$$

となり，$i \neq k$ のとき，α_j と α_k の順番を入れ替えると異符号となる．すなわち，

$$\begin{aligned}
&\alpha_1 \wedge \cdots \wedge \alpha_{k-1} \wedge \alpha_k \wedge \alpha_{k+1} \wedge \\
&\qquad \cdots \wedge \alpha_{j-1} \wedge \alpha_j \wedge \alpha_{j+1} \wedge \cdots \wedge \alpha_m \\
&= -\alpha_1 \wedge \cdots \wedge \alpha_{k-1} \wedge \alpha_j \wedge \alpha_{k+1} \wedge \\
&\qquad \cdots \wedge \alpha_{j-1} \wedge \alpha_k \wedge \alpha_{j+1} \wedge \cdots \wedge \alpha_m
\end{aligned} \tag{6.5}$$

が成り立つ．これらの条件の下，前の例にならい $n=3$ で考えてみよう．

$$\alpha=\sum_{i=1}^{3}a_i\boldsymbol{e}_i,\quad \beta=\sum_{i=1}^{3}b_i\boldsymbol{e}_i,\quad \gamma=\sum_{i=1}^{3}c_i\boldsymbol{e}_i$$

とおく．このとき，$\alpha\wedge\beta\wedge\gamma$ を計算してみよう．式 (6.4) に従うので，i,j,k のうちどれかが等しければ，$\boldsymbol{e}_i\wedge\boldsymbol{e}_j\wedge\boldsymbol{e}_k=0$ となる．ゼロでないのは，$\boldsymbol{e}_1\wedge\boldsymbol{e}_2\wedge\boldsymbol{e}_3$ が出てくる場合のみである．したがって，式 (6.3) により

$$\begin{aligned}\alpha\wedge\beta\wedge\gamma&=a_1\boldsymbol{e}_1\wedge(b_2\boldsymbol{e}_2+b_3\boldsymbol{e}_3)\wedge(c_2\boldsymbol{e}_2+c_3\boldsymbol{e}_3)\\&\quad+a_2\boldsymbol{e}_2\wedge(b_1\boldsymbol{e}_1+b_3\boldsymbol{e}_3)\wedge(c_1\boldsymbol{e}_1+c_3\boldsymbol{e}_3)\\&\quad+a_3\boldsymbol{e}_3\wedge(b_1\boldsymbol{e}_1+b_2\boldsymbol{e}_2)\wedge(c_1\boldsymbol{e}_1+c_2\boldsymbol{e}_2)\\&=a_1\boldsymbol{e}_1\wedge b_2\boldsymbol{e}_2\wedge c_3\boldsymbol{e}_3+a_1\boldsymbol{e}_1\wedge b_3\boldsymbol{e}_3\wedge c_2\boldsymbol{e}_2\\&\quad+a_2\boldsymbol{e}_2\wedge b_1\boldsymbol{e}_1\wedge c_3\boldsymbol{e}_3+a_2\boldsymbol{e}_2\wedge b_3\boldsymbol{e}_3\wedge c_1\boldsymbol{e}_1\\&\quad+a_3\boldsymbol{e}_3\wedge b_1\boldsymbol{e}_1\wedge c_2\boldsymbol{e}_2+a_3\boldsymbol{e}_3\wedge b_2\boldsymbol{e}_2\wedge c_1\boldsymbol{e}_1\end{aligned}$$

である．ここで，式 (6.5) を用いて 3 重積の順序をすべて $\boldsymbol{e}_1\wedge\boldsymbol{e}_2\wedge\boldsymbol{e}_3$ にすると，例えば

$$\boldsymbol{e}_1\wedge\boldsymbol{e}_3\wedge\boldsymbol{e}_2=-\boldsymbol{e}_1\wedge\boldsymbol{e}_2\wedge\boldsymbol{e}_3,$$

$$\boldsymbol{e}_2\wedge\boldsymbol{e}_3\wedge\boldsymbol{e}_1=-\boldsymbol{e}_2\wedge\boldsymbol{e}_1\wedge\boldsymbol{e}_3=-(-\boldsymbol{e}_1\wedge\boldsymbol{e}_2\wedge\boldsymbol{e}_3)=\boldsymbol{e}_1\wedge\boldsymbol{e}_2\wedge\boldsymbol{e}_3$$

であることから，

$$\alpha\wedge\beta\wedge\gamma=\{a_1b_2c_3+a_2b_3c_1+a_3b_1c_2-(a_1b_3c_2+a_2b_1c_3+a_3b_2c_1)\}\,\boldsymbol{e}_1\wedge\boldsymbol{e}_2\wedge\boldsymbol{e}_3$$

となる．このとき，係数は

$$a_1b_2c_3+a_2b_3c_1+a_3b_1c_2-(a_1b_3c_2+a_2b_1c_3+a_3b_2c_1)=\begin{vmatrix}a_1&a_2&a_3\\b_1&b_2&b_3\\c_1&c_2&c_3\end{vmatrix}$$

と書けることがわかる．このことから，一般に n を 4 以上の自然数 ($n=3$ までは計算しているので) とし，$k\in\{1,2,\ldots,n\}$, $\alpha_i^{(k)}\in\mathbb{R}$ として

$$\alpha^{(k)}=\sum_{i=1}^{n}a_i^{(k)}\boldsymbol{e}_i$$

とおいたとき

$$\alpha^{(1)} \wedge \alpha^{(2)} \wedge \cdots \wedge \alpha^{(n)}$$

を考えると，$\boldsymbol{e}_1 \wedge \boldsymbol{e}_2 \wedge \cdots \wedge \boldsymbol{e}_n$ の係数は，係数のつくる行列の行列式[1] $\det(a_i^{(k)})_{k,i=1,2,\ldots,n}$ である．

6.3 外微分

この節では，6.2 節の外積 (ウェッジ積) の定義をもとにして，外微分を定義して少し議論を進めよう．6.1 節において，1 次微分形式，2 次微分形式，3 次微分形式を定義したが，0 次微分形式 (通常の関数) に対する**外微分** d の定義から始める．簡単のため，0 次微分形式 (関数) は 3 変数であるとする．すなわち，$f = f(x, y, z)$ とする．このとき，f の外微分 df を

$$df = \frac{\partial f}{\partial x}dx + \frac{\partial f}{\partial y}dy + \frac{\partial f}{\partial z}dz \tag{6.6}$$

で定義する．これは，全微分とまったく同じ定義である．n 変数関数の場合もまったく同様である．さらに，

(i)　d は線形に作用し，

(ii)　2 回続けて作用させると 0 になるとする．

このとき，1 次微分形式 ω が

$$\omega = P\,dx + Q\,dy + R\,dz$$

であるとしよう．ここで P, Q, R は与えられた関数であるとする．この場合に $d\omega$ を計算しよう．係数関数は 0 次微分形式として式 (6.6) を適用する．このとき，$dx \wedge dx = dy \wedge dy = dz \wedge dz = 0$ であることに注意して $d\omega$ を計算すると

1) 互換の符号による行列式の定義式とまったく同じになる．

$$\begin{aligned}
d\omega &= (dP)\wedge dx + (dQ)\wedge dy + (dR)\wedge dz \\
&= \left(\frac{\partial P}{\partial x}dx + \frac{\partial P}{\partial y}dy + \frac{\partial P}{\partial z}dz\right)\wedge dx \\
&\qquad + \left(\frac{\partial Q}{\partial x}dx + \frac{\partial Q}{\partial y}dy + \frac{\partial Q}{\partial z}dz\right)\wedge dy \\
&\qquad\qquad + \left(\frac{\partial R}{\partial x}dx + \frac{\partial R}{\partial y}dy + \frac{\partial R}{\partial z}dz\right)\wedge dz \\
&= \left(\frac{\partial R}{\partial y} - \frac{\partial Q}{\partial z}\right)dy\wedge dz + \left(\frac{\partial P}{\partial z} - \frac{\partial R}{\partial x}\right)dz\wedge dx \\
&\qquad\qquad + \left(\frac{\partial Q}{\partial x} - \frac{\partial P}{\partial y}\right)dx\wedge dy
\end{aligned}$$

となる．さらに，2 次微分形式 α が A, B, C を関数として

$$\alpha = A dy\wedge dz + B dz\wedge dx + C dx\wedge dy$$

と表せるとすると，$d\alpha$ はやはり $dx\wedge dx = dy\wedge dy = dz\wedge dz = 0$ であることに注意してみると

$$d\alpha = \left(\frac{\partial A}{\partial x} + \frac{\partial B}{\partial y} + \frac{\partial C}{\partial z}\right)dx\wedge dy\wedge dz$$

となる．外微分の操作により，第 3 章の勾配，回転，発散が統一的に扱えるようにみえる．

今まで，2 次微分形式は 1 次微分形式とは独立に与えて計算したが，式 (6.6) で与えられた 1 次微分形式の外微分を考えたらどうなるだろうか．係数関数は 0 次微分形式として式 (6.6) を適用する．f は C^2 級であるとすると，

$$\begin{aligned}
d\left(\frac{\partial f}{\partial x}\right) &= \frac{\partial^2 f}{\partial x^2}dx + \frac{\partial^2 f}{\partial x\partial y}dy + \frac{\partial^2 f}{\partial x\partial z}dz, \\
d\left(\frac{\partial f}{\partial y}\right) &= \frac{\partial^2 f}{\partial x\partial y}dx + \frac{\partial^2 f}{\partial y^2}dy + \frac{\partial^2 f}{\partial y\partial z}dz, \\
d\left(\frac{\partial f}{\partial z}\right) &= \frac{\partial^2 f}{\partial x\partial z}dx + \frac{\partial^2 f}{\partial y\partial z}dy + \frac{\partial^2 f}{\partial z^2}dz
\end{aligned}$$

であることに注意する．さらに，式 (6.1) があるので $d\wedge(dx) = 0$ とする．以上を仮定し，$dx\wedge dx = dy\wedge dy = dz\wedge dz = 0$ であることに注意すると，

$$
\begin{aligned}
d \wedge (df) &= d\left(\frac{\partial f}{\partial x}\right) \wedge dx + d\left(\frac{\partial f}{\partial y}\right) \wedge dy + d\left(\frac{\partial f}{\partial z}\right) \wedge dz \\
&= \left(\frac{\partial^2 f}{\partial y \partial z} - \frac{\partial^2 f}{\partial y \partial z}\right) dy \wedge dz + \left(\frac{\partial^2 f}{\partial x \partial z} - \frac{\partial^2 f}{\partial x \partial z}\right) dz \wedge dx \\
&\qquad + \left(\frac{\partial^2 f}{\partial x \partial y} - \frac{\partial^2 f}{\partial x \partial y}\right) dx \wedge dy = 0
\end{aligned}
$$

となる．外微分作用素 d を 2 回続けて作用させるとゼロになることが，ここからもわかる．

以上の考察から，外微分作用素 d を厳密に定義しよう．

定義 6.3　k, n を自然数として (ただし $k \leq n$)，F^k を n 次元空間で定義される k 次以下の微分形式のつくる線形空間とする．このとき，外微分作用素 d は，F^k から F^{k+1} への写像であって，次を満たすものをいう．ここで，$\omega, \eta \in F^k$ とする．

(i)　$d(\omega + \eta) = d\omega + d\eta$.

(ii)　$d(\omega \wedge \eta) = d\omega \wedge \eta + (-1)^{\deg \omega} \omega \wedge d\eta$.

(iii)　$d(d\omega) = 0$.

(iv)　各関数 f に対して $df = \displaystyle\sum_{j=1}^{n} \frac{\partial f}{\partial x_j} dx_j$.

ここで，$\deg \omega$ は微分形式 ω の次数を表す．

外微分は線形性・微分の分配則と外積の性質をもち，かつ次数を 1 つ上げる操作であるとみなしてよい．さらに次のような性質もある．関数 (0 次形式) f, g に対しては

$$d(fg) = (df)g + f(dg)$$

が成り立ち，一次形式 φ に対しては，

$$d(f\varphi) = df \wedge \varphi + f d\varphi$$

が成り立つ．順序を変えると

$$d(\varphi f) = (d\varphi) f - \varphi \wedge df$$

となる．

上の (iii) のところで d を 2 回施すとゼロになることから，1 次微分形式 $\varphi = fdu + gdv$ が $d\varphi = 0$ を満たすなら，ある関数 h が存在して $\varphi = dh$ と書けるだろうか．これに答えるのが次の定理である．

定理 6.1 関数 $f(u,v)$, $g(u,v)$ は $[a,b] \times [c,d]$ において C^1 級であるとする．このとき，1 次微分形式 $\varphi = f(u,v)du + g(u,v)dv$ が $d\varphi = 0$ を満たすなら，$[a,b] \times [c,d]$ で定義された C^2 級関数 $h(u,v)$ が存在して，$\varphi = dh$ となる．

証明 h の存在を構成的に証明する．関数 $h(u,v)$ の外微分は

$$dh = \frac{\partial h}{\partial u}du + \frac{\partial h}{\partial v}dv$$

であり，1 次微分形式 $\varphi = f(u,v)du + g(u,v)dv$ と比較することにより，

$$f = \frac{\partial h}{\partial u}, \tag{6.7}$$

$$g = \frac{\partial h}{\partial v} \tag{6.8}$$

と書ける．よって，式 (6.7) を u について積分すれば，v のみに依存する関数 $\alpha(v)$ が存在して

$$h(u,v) = \int_a^u f(x,v)\,dx + \alpha(v)$$

と書ける．このとき，式 (6.8) により，h は C^2 級なので微分と積分の順序交換ができ

$$g(u,v) = \int_a^u \frac{\partial f}{\partial v}(x,v)\,dx + \frac{d}{dv}\alpha(v) \tag{6.9}$$

と書ける．$d\varphi = 0$ の条件は，上でみたように，

$$\frac{\partial f}{\partial v} = \frac{\partial g}{\partial u}$$

であるから，式 (6.9) は

$$g(u,v) = \int_a^u \frac{\partial g}{\partial u}(x,v)\,dx + \frac{d}{dv}\alpha(v) = g(u,v) - g(a,v) + \frac{d}{dv}\alpha(v)$$

となる．したがって，

$$\alpha(v)=\int_c^v g(a,y)\,dy$$

と定義すると，上の等式は恒等式となり，

$$h(u,v)=\int_a^u f(x,v)\,dx+\int_c^v g(a,y)\,dy$$

ととれば，確かに

$$\frac{\partial h}{\partial u}=f(x,y),\quad \frac{\partial h}{\partial v}=g(u,v)$$

となり，$\varphi=dh$ がわかる． □

問 6.1 $f=f(u,v)$ は滑らかな関数とする．1 次微分形式

$$\varphi=\frac{\partial f}{\partial u}\,du+\frac{\partial f}{\partial v}\,dv$$

は $d\varphi=0$ を満たすことを確認せよ．また，$\varphi=df$ であることも確認せよ．

問 6.2 $u=r\cos\theta$, $v=r\sin\theta$ とおくと，

$$du\wedge dv=rdr\wedge d\theta$$

であることを示せ．

6.4 基本形式と外微分形式

ここでは，第 1 基本形式を微分形式を用いて表すことを目標にする．パラメータ表示された曲面 $\{\boldsymbol{p}(u,v)\}$ (曲面を表すベクトルの集合) において，その外微分を考えると

$$d\boldsymbol{p}=\boldsymbol{p}_u du+\boldsymbol{p}_v dv$$

と書ける．また，$\boldsymbol{p}_u$, $\boldsymbol{p}_v$ は 2 次元の一次独立なベクトルになるので，この点での接平面の正規直交基底 $\boldsymbol{e}_1$, $\boldsymbol{e}_2$ がとれて，

$$\boldsymbol{p}_u={a_1}^1\boldsymbol{e}_1+{a_1}^2\boldsymbol{e}_2,\quad \boldsymbol{p}_v={a_2}^1\boldsymbol{e}_1+{a_2}^2\boldsymbol{e}_2$$

と書ける．ここで，${a_i}^j$ $(i,\ j=1,\ 2)$ は実数である[2]．このとき

$$\theta^1={a_1}^1du+{a_2}^1dv,\quad \theta^2={a_1}^2du+{a_2}^2dv$$

[2] 添え字の上付き・下付きの意味は，テンソルの章で明確にする．ここでは，特に意味はないと考えてよい．

となる一次形式を定義する．行列を用いて表すと

$$\begin{pmatrix} \theta^1 \\ \\ \theta^2 \end{pmatrix} = \begin{pmatrix} {a_1}^1 & {a_2}^1 \\ \\ {a_1}^2 & {a_2}^2 \end{pmatrix} \begin{pmatrix} du \\ \\ dv \end{pmatrix}$$

となるが，

$$d\boldsymbol{p} = \theta^1 \boldsymbol{e}_1 + \theta^2 \boldsymbol{e}_2 \tag{6.10}$$

と表され，第1基本形式 I は

$$\mathrm{I} = ds^2 = d\boldsymbol{p} \cdot d\boldsymbol{p} = \theta^1\theta^1 + \theta^2\theta^2$$

と表記される．後の都合のため

$$A = \begin{pmatrix} {a_1}^1 & {a_2}^1 \\ \\ {a_1}^2 & {a_2}^2 \end{pmatrix}$$

とおく．

次に，$\boldsymbol{e}_3 = \boldsymbol{e}_1 \times \boldsymbol{e}_2$ と定めると $\boldsymbol{e}_1$，$\boldsymbol{e}_2$，$\boldsymbol{e}_3$ は3次元空間での正規直交基底となり，それらの全微分は

$$\begin{aligned} d\boldsymbol{e}_1 &= {\omega_1}^1 \boldsymbol{e}_1 + {\omega_1}^2 \boldsymbol{e}_2 + {\omega_1}^3 \boldsymbol{e}_3, \\ d\boldsymbol{e}_2 &= {\omega_2}^1 \boldsymbol{e}_1 + {\omega_2}^2 \boldsymbol{e}_2 + {\omega_2}^3 \boldsymbol{e}_3, \\ d\boldsymbol{e}_3 &= {\omega_3}^1 \boldsymbol{e}_1 + {\omega_3}^2 \boldsymbol{e}_2 + {\omega_3}^3 \boldsymbol{e}_3 \end{aligned} \tag{6.11}$$

と書ける．ここで ${\omega_j}^i$ は1次微分形式であり，du, dv の一次結合で表される．また，$d\boldsymbol{e}_i \cdot \boldsymbol{e}_j = {\omega_i}^j$ $(1 \leq i,\ j \leq 3)$ である．$\boldsymbol{e}_i \cdot \boldsymbol{e}_j = 0$ $(i \neq j)$ なので，$i \neq j$ なら

$$0 = d(\boldsymbol{e}_i \cdot \boldsymbol{e}_j) = d\boldsymbol{e}_i \cdot \boldsymbol{e}_j + \boldsymbol{e}_i \cdot d\boldsymbol{e}_j$$

となる．さらに

$${\omega_i}^j + {\omega_j}^i = 0 \quad (i \neq j) \tag{6.12}$$

となり，

$${\omega_1}^1 = {\omega_2}^2 = {\omega_3}^3 = 0 \tag{6.13}$$

である．さて，第 2 基本形式 II は

$$\mathrm{II} = -d\boldsymbol{p} \cdot d\boldsymbol{e}_3 = -(\theta^1 \boldsymbol{e}_1 + \theta^2 \boldsymbol{e}_2) \cdot ({\omega_3}^1 \boldsymbol{e}_1 + {\omega_3}^2 \boldsymbol{e}_2)$$

で表すことができる．$\boldsymbol{e}_1$，$\boldsymbol{e}_2$ が正規直交基底であることと ${\omega_i}^j$ の性質から

$$\mathrm{II} = -\theta^1 {\omega_3}^1 - \theta^2 {\omega_3}^2 = \theta^1 {\omega_1}^3 + \theta^2 {\omega_2}^3$$

とも表示される．${\omega_1}^3$，${\omega_2}^3$ は du，dv の一次結合で表され，du，dv は θ^1，θ^2 の一次結合で表されるので，

$$\begin{pmatrix} {\omega_1}^3 \\ {\omega_2}^3 \end{pmatrix} = \begin{pmatrix} b_{11} & b_{12} \\ b_{21} & b_{22} \end{pmatrix} \begin{pmatrix} \theta^1 \\ \theta^2 \end{pmatrix} \tag{6.14}$$

と書ける．これにより

$$\mathrm{II} = b_{11}\theta^1\theta^1 + b_{12}\theta^1\theta^2 + b_{21}\theta^2\theta^1 + b_{22}\theta^2\theta^2$$

と書ける．ここで，

$$B = \begin{pmatrix} b_{11} & b_{12} \\ b_{21} & b_{22} \end{pmatrix}$$

とおこう．ここから，du，dv と θ^1，θ^2 との関係を調べていく．$d\boldsymbol{e}_3$ をまず du，dv で表すと

$$d\boldsymbol{e}_3 = \boldsymbol{e}_u du + \boldsymbol{e}_v dv$$

である．ここで，$\boldsymbol{e}_u = (\boldsymbol{e}_3)_u$, $\boldsymbol{e}_v = (\boldsymbol{e}_3)_v$ とおいた．すると，

$$L = -\boldsymbol{p}_u \cdot \boldsymbol{e}_u, \quad M = -\boldsymbol{p}_u \cdot \boldsymbol{e}_v = -\boldsymbol{p}_v \cdot \boldsymbol{e}_u, \quad N = -\boldsymbol{p}_v \cdot \boldsymbol{e}_v$$

であるから

$$\begin{aligned} -Ldu - Mdv \quad &= \boldsymbol{p}_u \cdot \boldsymbol{e}_u du + \boldsymbol{p}_v \cdot \boldsymbol{e}_v dv = d\boldsymbol{e}_3 \cdot \boldsymbol{p}_u \\ &= ({\omega_3}^1 \boldsymbol{e}_1 + {\omega_3}^2 \boldsymbol{e}_2) \cdot ({a_1}^1 \boldsymbol{e}_1 + {a_1}^2 \boldsymbol{e}_2) \\ &= {\omega_3}^1 {a_1}^1 + {\omega_3}^2 {a_1}^2 = -({\omega_1}^3 {a_1}^1 + {\omega_2}^3 {a_1}^2) \end{aligned}$$

となり，同様に

$$\begin{aligned}-Mdu - Ndv &= \boldsymbol{p}_v \cdot \boldsymbol{e}_u du + \boldsymbol{p}_v \cdot \boldsymbol{e}_v dv = d\boldsymbol{e}_3 \cdot \boldsymbol{p}_v \\ &= ({\omega_3}^1 \boldsymbol{e}_1 + {\omega_3}^2 \boldsymbol{e}_2) \cdot ({a_2}^1 \boldsymbol{e}_1 + {a_2}^2 \boldsymbol{e}_2) \\ &= {\omega_3}^1 {a_2}^1 + {\omega_3}^2 {a_2}^2 = -({\omega_1}^3 {a_2}^1 + {\omega_2}^3 {a_2}^2).\end{aligned}$$

以上により，行列を用いてこれらを表すと

$$\begin{pmatrix} L & M \\ M & N \end{pmatrix}\begin{pmatrix} du \\ dv \end{pmatrix} = \begin{pmatrix} {a_1}^1 & {a_1}^2 \\ {a_2}^1 & {a_2}^2 \end{pmatrix}\begin{pmatrix} {\omega_1}^3 \\ {\omega_2}^3 \end{pmatrix}$$

$$= \begin{pmatrix} {a_1}^1 & {a_1}^2 \\ {a_2}^1 & {a_2}^2 \end{pmatrix}\begin{pmatrix} b_{11} & b_{12} \\ b_{21} & b_{22} \end{pmatrix}\begin{pmatrix} \theta^1 \\ \theta^2 \end{pmatrix}$$

$$= \begin{pmatrix} {a_1}^1 & {a_1}^2 \\ {a_2}^1 & {a_2}^2 \end{pmatrix}\begin{pmatrix} b_{11} & b_{12} \\ b_{21} & b_{22} \end{pmatrix}\begin{pmatrix} {a_1}^1 & {a_2}^1 \\ {a_1}^2 & {a_2}^2 \end{pmatrix}\begin{pmatrix} du \\ dv \end{pmatrix}.$$

ここで，

$$S = \begin{pmatrix} L & M \\ M & N \end{pmatrix}$$

とおくと，この等式は

$$S = {}^t ABA \tag{6.15}$$

であることを示している．S の定義から，${}^tS = S$ (S は対称行列) であることに注意しよう．このとき，${}^tS = {}^t({}^tABA) = {}^tA{}^tBA$ であるから，${}^tB = B$ がわかる．つまり，B は対称行列である．対称行列は直交行列 P (${}^tP = P^{-1}$) を用いて対角化できる．κ_i ($i = 1,\ 2$) を

$$\lambda^2 - 2H\lambda + K = 0$$

の2根とすると，

$$P^{-1}BP = \begin{pmatrix} \kappa_1 & 0 \\ 0 & \kappa_2 \end{pmatrix}$$

となるので，

$$\det(P^{-1}BP) = \det P^{-1} \det B \det P = \det B$$

となることから

$$K = \kappa_1\kappa_2 = b_{11}b_{22} - b_{12}b_{21}$$

がわかる．また，式 (6.15) から

$$\begin{aligned} B &= ({}^tA)^{-1}SA^{-1} = (AA^{-1})({}^tA)^{-1}SA^{-1} \\ &= A(A^{-1}({}^tA)^{-1}S)A^{-1} \end{aligned}$$

と書けるから，

$$\begin{aligned} \det B &= \det(A^{-1}({}^tA)^{-1}S) \\ &= \det(({}^tAA)^{-1}S) = \det(({}^tAA)^{-1})\det S, \end{aligned} \tag{6.16}$$

$$\mathrm{tr}\, B = \mathrm{tr}\,(({}^tAA)^{-1}S) \tag{6.17}$$

である．このとき，${}^tAA$ を成分表示すれば

$$\begin{aligned} {}^tAA &= \begin{pmatrix} {a_1}^1 & {a_1}^2 \\ {a_2}^1 & {a_2}^2 \end{pmatrix} \begin{pmatrix} {a_1}^1 & {a_2}^1 \\ {a_1}^2 & {a_2}^2 \end{pmatrix} \\ &= \begin{pmatrix} ({a_1}^1)^2 + ({a_1}^2)^2 & {a_1}^1{a_2}^1 + {a_1}^2{a_2}^2 \\ {a_1}^1{a_2}^1 + {a_1}^2{a_2}^2 & ({a_2}^1)^2 + ({a_2}^2)^2 \end{pmatrix} \end{aligned}$$

となる．

一方，第 1 基本形式を du, dv と A の成分で表すと

$$
\begin{aligned}
\mathrm{I} &= \theta^1\theta^1 + \theta^2\theta^2 \\
&= \{(a_1{}^1du + a_2{}^1dv)\boldsymbol{e}_1 + (a_1{}^2du + a_2{}^2dv)\boldsymbol{e}_2\}\cdot \\
&\qquad\qquad \{(a_1{}^1du + a_2{}^1dv)\boldsymbol{e}_1 + (a_1{}^2du + a_2{}^2dv)\boldsymbol{e}_2\} \\
&= \{(a_1{}^1)^2 + (a_2{}^1)^2\}du^2 + 2(a_1{}^1a_2{}^1 + a_1{}^2a_2{}^2)dudv \\
&\qquad\qquad + \{(a_1{}^2)^2 + (a_2{}^2)^2\}dv^2
\end{aligned}
$$

となるので，E, F, G を A の成分で表すと

$$
E = (a_1{}^1)^2 + (a_2{}^1)^2, \quad F = a_1{}^1a_2{}^1 + a_1{}^2a_2{}^2, \quad G = (a_1{}^2)^2 + (a_2{}^2)^2
$$

であることがわかる．したがって，

$$
{}^tAA = \begin{pmatrix} E & F \\ F & G \end{pmatrix}
$$

となる．よって，式 (6.16) より

$$
\det B = \det(({}^tAA)^{-1})\det S = \frac{LN - M^2}{EG - F^2}
$$

となる．また，

$$
({}^tAA)^{-1} = \frac{1}{EG - F^2}\begin{pmatrix} G & -F \\ -F & E \end{pmatrix}
$$

であるから

$$
\begin{aligned}
({}^tAA)^{-1}S &= \frac{1}{EG - F^2}\begin{pmatrix} G & -F \\ -F & E \end{pmatrix}\begin{pmatrix} L & M \\ M & N \end{pmatrix} \\
&= \frac{1}{EG - F^2}\begin{pmatrix} GL - FM & GM - FN \\ -FL + EM & -FM + EN \end{pmatrix}
\end{aligned}
$$

となるので，式 (6.17) は

$$
\operatorname{tr} B = \operatorname{tr}(({}^tAA)^{-1}S) = \frac{EN + GL - 2FM}{EG - F^2}
$$

であることがわかる．平均曲率 H とガウス曲率 K は，微分形式をもとに計算しても同じものが得られることがわかった．

6.5　微分形式と構造式

ここでは前節の設定の下，式 (6.10) から議論を始めよう．1 次微分形式

$$d\boldsymbol{p} = \theta^1 \boldsymbol{e}_1 + \theta^2 \boldsymbol{e}_2$$

は $dd\boldsymbol{p} = \boldsymbol{0}$ となるため，右辺の外微分を計算すると

$$\boldsymbol{0} = dd\boldsymbol{p} = d\theta^1 \boldsymbol{e}_1 - \theta^1 \wedge d\boldsymbol{e}_1 + d\theta^2 \boldsymbol{e}_2 - \theta^2 \wedge d\boldsymbol{e}_2 \tag{6.18}$$

を得る．ここで，式 (6.11) と式 (6.13) を用いると，

$$\begin{aligned} \theta^1 \wedge d\boldsymbol{e}_1 &= \theta^1 \wedge {\omega_1}^2 \boldsymbol{e}_2 + \theta^1 \wedge {\omega_1}^3 \boldsymbol{e}_3, \\ \theta^2 \wedge d\boldsymbol{e}_2 &= \theta^2 \wedge {\omega_2}^1 \boldsymbol{e}_1 + \theta^2 \wedge {\omega_2}^3 \boldsymbol{e}_3 \end{aligned}$$

がわかる．これらを式 (6.18) に代入すると

$$(d\theta^1 - \theta^2 \wedge {\omega_2}^1)\boldsymbol{e}_1 + (d\theta^2 - \theta^1 \wedge {\omega_1}^2)\boldsymbol{e}_2 - (\theta^1 \wedge {\omega_1}^3 + \theta^2 \wedge {\omega_2}^3)\boldsymbol{e}_3 = \boldsymbol{0}$$

となるので，

$$d\theta^1 = \theta^2 \wedge {\omega_2}^1, \quad d\theta^2 = \theta^1 \wedge {\omega_1}^2 \tag{6.19}$$

と

$$\theta^1 \wedge {\omega_1}^3 + \theta^2 \wedge {\omega_2}^3 = 0 \tag{6.20}$$

がわかる．式 (6.19) を**第 1 構造式**という．

一方，式 (6.20) に式 (6.14) による表示式を代入すると

$$\theta^1 \wedge (b_{11}\theta^1 + b_{12}\theta^2) + \theta^2 \wedge (b_{21}\theta^1 + b_{22}\theta^2) = 0$$

となるが，$\theta^1 \wedge \theta^1 = \theta^2 \wedge \theta^2 = 0$ であることを用いると

$$(b_{12} - b_{21})\theta^1 \wedge \theta^2 = 0$$

となり，$b_{12} = b_{21}$ が得られ，前節で示した B の対称性がここからもわかる．

次に 1 次微分形式 $\omega_1{}^2$ の外微分を考えよう．そのために，$d \wedge (d\boldsymbol{e}_i) = 0$ $(i = 1, 2, 3)$ であることから議論を始める．式 (6.11) により

$$\begin{aligned} \mathbf{0} = d \wedge (d\boldsymbol{e}_1) &= d(\omega_1{}^1 \boldsymbol{e}_1 + \omega_1{}^2 \boldsymbol{e}_2 + \omega_1{}^3 \boldsymbol{e}_3) \\ &= d\omega_1{}^1 \boldsymbol{e}_1 + d\omega_1{}^2 \boldsymbol{e}_2 + d\omega_1{}^3 \boldsymbol{e}_3 + \omega_1{}^1 d\boldsymbol{e}_1 + \omega_1{}^2 d\boldsymbol{e}_2 + \omega_1{}^3 d\boldsymbol{e}_3 \end{aligned}$$

となるが，$d\boldsymbol{e}_i$ $(i = 1, 2, 3)$ にもう一度式 (6.11) を用い，$\boldsymbol{e}_i \wedge \boldsymbol{e}_i = \mathbf{0}$ であることから

$$\begin{aligned} &(d\omega_1{}^1 - \omega_1{}^2 \wedge \omega_2{}^1 - \omega_1{}^3 \wedge \omega_3{}^1)\boldsymbol{e}_1 + (d\omega_1{}^2 - \omega_1{}^1 \wedge \omega_1{}^2 - \omega_1{}^3 \wedge \omega_3{}^2)\boldsymbol{e}_2 \\ &\qquad + (d\omega_1{}^3 - \omega_1{}^1 \wedge \omega_3{}^1 - \omega_1{}^2 \wedge \omega_2{}^3)\boldsymbol{e}_3 = \mathbf{0} \end{aligned}$$

がわかる．よって $\omega_i{}^i = 0$ $(i = 1, 2, 3)$ であることを考慮すると

$$\begin{aligned} d\omega_1{}^1 &= \omega_1{}^2 \wedge \omega_2{}^1 + \omega_1{}^3 \wedge \omega_3{}^1 \ (= 0), \\ d\omega_1{}^2 &= \omega_1{}^3 \wedge \omega_3{}^2, \\ d\omega_1{}^3 &= \omega_1{}^1 \wedge \omega_1{}^3 + \omega_1{}^2 \wedge \omega_2{}^3 \end{aligned} \tag{6.21}$$

である．ここで，式 (6.14) が成り立つことを使って $\theta^i \wedge \theta^i = 0$ $(i = 1, 2)$ に注意して $\omega_1{}^3 \wedge \omega_2{}^3$ を計算すると

$$(b_{11}\theta^1 + b_{12}\theta^2) \wedge (b_{21}\theta^1 + b_{22}\theta^2) = (b_{11}b_{22} - b_{12}b_{21})\theta^1 \wedge \theta^2$$

となるから，

$$d\omega_2{}^1 = (b_{11}b_{22} - b_{12}b_{21})\theta^1 \wedge \theta^2$$

を得る．ここで，$K = b_{11}b_{22} - b_{12}b_{21}$ とおくと，これはガウス曲率に他ならない．そこで，

$$d\omega_2{}^1 = K\theta^1 \wedge \theta^2 \tag{6.22}$$

と表した式を**第 2 構造式**という．第 2 構造式は 2 次元平面の曲線にも適用できる．

次に $d\omega_1{}^3$ について考察する．式 (6.14) により，

$$\begin{aligned} d\omega_1{}^3 &= db_{11} \wedge \theta^1 + b_{11}\, d\theta^1 + db_{12} \wedge \theta^2 + b_{12}\, d\theta^2, \\ d\omega_2{}^3 &= db_{21} \wedge \theta^1 + b_{21}\, d\theta^1 + db_{22} \wedge \theta^2 + b_{22}\, d\theta^2 \end{aligned}$$

となる．また，

$$d\theta^1 = \theta^2 \wedge {\omega_2}^1, \quad d\theta^2 = \theta^1 \wedge {\omega_1}^2$$

であるから

$$db_{11} \wedge \theta^1 + b_{11} d\theta^1 + db_{12} \wedge \theta^2 + b_{12} d\theta^2$$

$$= (db_{11} - b_{12}{\omega_1}^2) \wedge \theta^1 + (db_{12} - b_{11}{\omega_2}^1) \wedge \theta^2,$$

$$db_{21} \wedge \theta^1 + b_{21} d\theta^1 + db_{22} \wedge \theta^2 + b_{22} d\theta^2$$

$$= (db_{21} - b_{22}{\omega_1}^2) \wedge \theta^1 + (db_{22} - b_{21}{\omega_2}^1) \wedge \theta^2$$

を得る．したがって，等式 (6.21) は，

$$\begin{aligned} &(db_{11} - b_{12}{\omega_1}^2 - b_{21}{\omega_1}^2) \wedge \theta^1 \\ &\qquad + (db_{12} - b_{11}{\omega_2}^1 - b_{22}{\omega_1}^2) \wedge \theta^2 = 0, \\ &(db_{21} - b_{22}{\omega_1}^2 - b_{11}{\omega_2}^1) \wedge \theta^1 \\ &\qquad + (db_{22} - b_{21}{\omega_2}^1 - b_{12}{\omega_2}^1) \wedge \theta^2 = 0 \end{aligned} \tag{6.23}$$

が得られる．それぞれの括弧内の式は 1 次微分形式なので，θ^1, θ^2 の 1 次式で表示される．すなわち，

$$\begin{aligned} db_{11} - b_{12}{\omega_1}^2 - b_{21}{\omega_1}^2 &= b_{11,1}\theta^1 + b_{11,2}\theta^2, \\ db_{12} - b_{11}{\omega_2}^1 - b_{22}{\omega_1}^2 &= b_{21,1}\theta^1 + b_{21,2}\theta^2, \\ db_{21} - b_{22}{\omega_1}^2 - b_{11}{\omega_1}^2 &= b_{21,1}\theta^1 + b_{21,2}\theta^2, \\ db_{22} - b_{21}{\omega_2}^1 - b_{12}{\omega_2}^1 &= b_{22,1}\theta^1 + b_{22,2}\theta^2 \end{aligned}$$

が得られる．このとき，前節で行列 $B = (b_{ij})$ が対称であることを示したことにより $b_{12} = b_{21}$ であるので，

$$b_{12,1} = b_{21,1}, \quad b_{12,2} = b_{21,2}$$

となる．また，これら一次結合の式を式 (6.23) に代入して，

$$\theta^1 \wedge \theta^1 = \theta^2 \wedge \theta^2 = 0, \quad \theta^2 \wedge \theta^1 = -\theta^1 \wedge \theta^2$$

であることを用いると，

$$b_{11,2} = b_{12,1}, \quad b_{21,2} = b_{22,1}$$

が得られる．以上，4 つの等式

$$b_{ik,\ell} = b_{i\ell,k} \quad (i,k,\ell = 1,2) \tag{6.24}$$

を**マイナルディ・コダッツィ (Mainardi-Codazzi) の等式**という．式 (6.22) と式 (6.24) を**曲面論の基本式**という．

6.6　微分形式の積分

この節では，微分形式の積分を考えよう．1 次微分形式の積分は線積分であり，2 次微分形式の場合は，グリーンの公式などが自然に導かれることがわかるであろう．

まず，1 次微分形式

$$\varphi = f du + g dv$$

について考える．曲線 C に沿った 1 次微分形式 φ の積分は，

$$C = \{(u(t), v(t)) \,|\, a \leq t \leq b\}$$

と表されているとき，

$$\int_C \varphi = \int_a^b \left(f\frac{du}{dt} + g\frac{dv}{dt} \right) dt$$

で定義される．もし，1 次微分形式が関数 $f(u,v)$ により，

$$\varphi = df = \frac{\partial f}{\partial u}du + \frac{\partial f}{\partial v}dv$$

と書けている場合，

$$\begin{aligned} \int_C \varphi &= \int_a^b \left(\frac{\partial f}{\partial u}\frac{du}{dt} + \frac{\partial f}{\partial v}\frac{dv}{dt} \right) dt \\ &= \int_a^b \frac{d}{dt} f(u(t), v(t))\, dt = f(u(b), v(b)) - f(u(a), v(a)) \end{aligned}$$

である．これは，この章の最初で述べた全微分の線積分と同じであることがわかる．

次に，領域 D 内の領域 A での 2 次微分形式 $\psi = h du \wedge dv$ の積分は，

$$\int_A \psi = \iint_A h\, dudv$$

と定義する．特に，2 次微分形式 ψ が 1 次微分形式 φ で $\psi = d\varphi$ と表されているとする．すると，第 4 章の定理 4.4 と同じ形の定理が成り立つ．

定理 6.2（ストークスの定理）　領域 A が区分的に滑らかな曲線 C で囲まれているとき，同じ領域で定義された 1 次微分形式 φ に対する 2 次微分形式 $\psi = d\varphi$ の A での積分に関して，次が成り立つ．

$$\int_A d\varphi = \int_C \varphi.$$

! 注意 6.1　右辺の線積分の向きは，領域の内部を左手側に見るように進むものを「正の向き」と定める．また，円環領域のように，いくつかの区分的に滑らかな閉曲線に囲まれている場合でも，この定理は成立する．円環領域のような 2 つの曲線に囲まれた領域の場合，外側の境界線では「左回り」，内側の境界線では「右回り」で進む向きが「正」となるので注意すること．φ は 1 次微分形式なので，すでに du などが入っているため気持ち悪いかもしれないが，右辺には du などが付かない．

章末問題

1.　関数 $f(u,v)$，$g(u,v)$ は $[a,b]\times[c,d]$ において C^1 級であるとする．このとき，2 次微分形式 $\psi = f(u,v)du\wedge dv$ が C^1 級ならば，

$$g(u,v) = \int_a^u f(x,v)\,dx$$

とおいて一次形式 $\varphi = g dv$ とすると，$\psi = d\varphi$ となることを示せ．

2.　計量が $ds^2 = y^{-2}(dx^2 + dy^2)$ で与えられるとする．このとき，$ds^2 = (\theta^1)^2 + (\theta^2)^2$ となる θ^1，θ^2 を求め，${\omega_2}^1$ を定めよ．さらに，$d{\omega_2}^1$ を計算してこの曲線の全曲率を求めよ．

3.　単位球の位置ベクトル $\boldsymbol{p}(u,v) = (\sin u\cos v, \sin u\sin v, \cos u)$ に対して，

$$\boldsymbol{e}_1 = (\cos u\cos v, \cos u\sin v, -\sin u), \quad \boldsymbol{e}_2 = (-\sin v, \cos v, 0)$$

とおく．このとき，$\boldsymbol{e}_3$，θ^1，θ^2 を求めよ．

4.　**3** の問題において，${\omega_j}^i$ $(i,j=1,2,3)$ を u,v で表し，$d{\omega_2}^1$ を計算して全曲率 $K=1$ を示せ．

第7章 リーマン計量

リーマン (Riemann) 計量とは，2 次元曲面に関しては，第 1 基本形式とみなしてよい量である．しかし，2.4.2 項では，与えられた曲面の情報から得られる帰結として第 1 基本形式を定義した．すなわち，曲面から第 1 基本形式を定めたのである．逆に第 1 基本形式を与えて曲面を考えることをここでは行う．さらに，リーマン計量が接空間での内積を定義していると解釈する見方を説明する．

7.1 2 次元曲面のリーマン計量

まず，

$$ds^2 = E\,du^2 + 2F\,dudv + G\,dv^2$$

において，$E > 0$ かつ $EG - F^2 > 0$ であるとする．このような条件を満たす第 1 基本形式を**リーマン計量**という．例えば，原点を中心とし，半径 a の球面を

$$\boldsymbol{p}(u,v) = (a\sin u\cos v, a\sin u\sin v, a\cos u)$$

と表すと，

$$ds^2 = a^2\,du^2 + a^2\sin^2 u\,dv^2$$

である．

逆に，曲面の位置ベクトルを指定する前にリーマン計量を指定することもできる．例えば，$D = \{(u,v) \mid u^2 + v^2 < 1\}$ に次の計量を定義することができる．この計量

$$ds^2 = \frac{4}{\{1-(u^2+v^2)\}^2}(du^2+dv^2) \tag{7.1}$$

は，ポアンカレ計量とよばれている．ポアンカレ計量は他の表現式もあるので，「計量が同じ」という概念が必要となる．

(u,v) で表示される領域 D におけるリーマン計量 ds^2 が

$$ds^2 = Edu^2 + 2Fdudv + Gdv^2$$

であり，(x,y) で表示される領域 D' におけるリーマン計量 ds'^2 が

$$ds'^2 = E'dx^2 + 2F'dxdy + G'dy^2$$

であるとする．$u=u(x,y)$, $v=v(x,y)$ なる対応で (この対応は (x,y) について滑らかであるとする) 1 対 1 に対応し，かつ ds^2 に代入したとき

$$ds'^2 = E'dx^2 + 2F'dxdy + G'dy^2$$

となるとき，D と D' は**等長対応**であるという．この場合，2 つのリーマン計量は同じであるとみなす．

式 (7.1) は，$w = x+iy$ と複素数表示するとき，$dw := dx+idy$, $d\bar{w} = dx-idy$ と定義すれば，

$$ds^2 = \frac{4}{(1-|w|^2)^2}\,dw\,d\bar{w}$$

と書ける．平面と複素数の対応を考えれば，これらの計量が同じものであることはほぼ明らかであろう．

次に，$U = \{(x,y)\,|\,y>0\}$ とおき，U 上で計量

$$ds^2 = \frac{1}{y^2}dx^2 + \frac{1}{y^2}dy^2 \tag{7.2}$$

を定義する (第 6 章の章末問題 **2** 参照)．これも，ポアンカレ計量とよばれ，式 (7.1) と同じ計量である．

2 つの計量が同じであることを確認するには，U も複素上半平面と同一視して $U = \{z \in \mathbb{C}\,|\,\mathrm{Re}\,z > 0\}$ とみなす．また，式 (7.2) を dz, $d\bar{z}$ で表示すると $ds^2 = y^{-2}dzd\bar{z}$ である．$z = x+iy \in U$ とし，$w \in D = \{w \in \mathbb{C}\,|\,|w|<1\}$ に対して

$$z = i\frac{1-w}{1+w}$$

とおくと，

$$2iy = z - \bar{z} = i\frac{2(1 - w\bar{w})}{(1+w)(1+\bar{w})}$$

となるので，$y > 0$ であるのは $|w| < 1$ の場合に限る．しかもこの対応は，1 対 1 かつ上への対応である．また，逆写像

$$w = \frac{z - i}{z + i}$$

も存在する．ここから，

$$dw = -2i\frac{dz}{(z+i)^2}, \quad d\bar{w} = 2i\frac{d\bar{z}}{(z-i)^2}$$

となって，

$$\frac{4dw\,d\bar{w}}{(1-|w|^2)^2} = \frac{dz\,d\bar{z}}{y^2}$$

がわかり，計量が同じであることが示された．

次にリーマン計量を微分形式の立場から考えてみよう．リーマン計量が 1 次微分形式 θ^1, θ^2 により

$$ds^2 = \theta^1\theta^1 + \theta^2\theta^2$$

と与えられているとする．ここで，1 次微分形式 θ^1, θ^2 は 6.4 節にあるように

$$\theta^1 = a_1{}^1du + a_2{}^1dv, \quad \theta^2 = a_1{}^2du + a_2{}^2dv$$

であるとする．このとき，

$$d\theta^1 = \theta^2 \wedge \omega_2{}^1, \quad d\theta^2 = \theta^1 \wedge \omega_1{}^2$$

となるような 1 次微分形式 $\omega_2{}^1(= -\omega_1{}^2)$ を求めよう．$\omega_2{}^1$ も 1 次微分形式なので，θ^1, θ^2 の一次結合で表すことができる．すなわち，

$$\omega_2{}^1 = b_1\theta^1 + b_2\theta^2$$

とおくと，

$$d\theta^1 = -b_1\theta^1 \wedge \theta^2, \quad d\theta^2 = -b_2\theta^1 \wedge \theta^2 \tag{7.3}$$

と書ける．このとき，b_1, b_2 が一意的に決まり，$\omega_2{}^1(= -\omega_1{}^2)$ も決まる．そこで，1 次微分形式を成分とする行列

$$\omega = \begin{pmatrix} 0 & {\omega_2}^1 \\ {\omega_1}^2 & 0 \end{pmatrix}$$

を**接続形式**という．また，2次微分形式 $d{\omega_2}^1$ は式 (6.22) にあるように

$$d{\omega_2}^1 = K\theta^1 \wedge \theta^2$$

と表される．K はガウス曲率である．これ以上は踏み込まないが，K は微分形式 θ^1, θ^2 に依存しないで，第1基本量にのみ依存する．今まで曲率に関する量は第2基本量を用いて表示されてきたが，K は第2基本量には依存しないことがガウスにより証明されている．

では，第1基本形式が与えられたとき，ガウス曲率は具体的にどのようにして求まるだろうか．次の場合に計算してみよう．

$$ds^2 = Edu^2 + Gdv^2.$$

ここで，E, $G > 0$ であるとすると

$$\theta^1 = \sqrt{E}du, \quad \theta^2 = \sqrt{G}dv$$

とおくことができ，

$$\theta^1 \wedge \theta^2 = \sqrt{EG}du \wedge dv$$

である．このとき，

$${\omega_2}^1 = b_1\theta^1 + b_2\theta^2 = b_1\sqrt{E}du + b_2\sqrt{G}dv$$

であり

$$d\theta^1 = -b_1\theta^1 \wedge \theta^2, \quad d\theta^2 = -b_2\theta^1 \wedge \theta^2$$

である．一方，直接 θ^1, θ^2 の外微分を計算すると

$$d \wedge (du) = du \wedge du = d \wedge (dv) = dv \wedge dv = 0$$

であることから，

$$\begin{aligned} d\theta^1 &= \left(\frac{\partial\sqrt{E}}{\partial u}du + \frac{\partial\sqrt{E}}{\partial v}dv\right)\wedge du = -\frac{\partial\sqrt{E}}{\partial v}du\wedge dv, \\ d\theta^2 &= \left(\frac{\partial\sqrt{G}}{\partial u}du + \frac{\partial\sqrt{G}}{\partial v}dv\right)\wedge dv = \frac{\partial\sqrt{G}}{\partial u}du\wedge dv \end{aligned} \tag{7.4}$$

となる．ここで，

$$du\wedge dv = \frac{1}{\sqrt{EG}}d\theta^1\wedge d\theta^2$$

であるから，式 (7.4) は

$$\begin{aligned} d\theta^1 &= -\frac{1}{\sqrt{EG}}\frac{\partial\sqrt{E}}{\partial v}\theta^1\wedge\theta^2, \\ d\theta^2 &= \frac{1}{\sqrt{EG}}\frac{\partial\sqrt{G}}{\partial u}\theta^1\wedge\theta^2 \end{aligned} \tag{7.5}$$

と書ける．この 2 式と式 (7.3) の係数を比較すると

$$b_1 = \frac{1}{\sqrt{EG}}\frac{\partial\sqrt{E}}{\partial v}, \quad b_2 = -\frac{1}{\sqrt{EG}}\frac{\partial\sqrt{G}}{\partial u}$$

がわかる．以上により，

$$\begin{aligned} {\omega_2}^1 &= b_1\theta^1 + b_2\theta^2 = \frac{1}{\sqrt{EG}}\left(\frac{\partial\sqrt{E}}{\partial v}\sqrt{E}du - \frac{\partial\sqrt{G}}{\partial u}\sqrt{G}dv\right) \\ &= \frac{1}{\sqrt{G}}\frac{\partial\sqrt{E}}{\partial v}du - \frac{1}{\sqrt{E}}\frac{\partial\sqrt{G}}{\partial u}dv \end{aligned} \tag{7.6}$$

となる．この外微分を考えると，$du\wedge du = dv\wedge dv = 0$ により，

$$\begin{aligned} d{\omega_2}^1 &= -\frac{\partial}{\partial v}\left(\frac{1}{\sqrt{G}}\frac{\partial\sqrt{E}}{\partial v}\right)du\wedge dv + \frac{\partial}{\partial u}\left(\frac{1}{\sqrt{E}}\frac{\partial\sqrt{G}}{\partial u}\right)du\wedge dv \\ &= -\frac{1}{\sqrt{EG}}\left\{\frac{\partial}{\partial v}\left(\frac{1}{\sqrt{G}}\frac{\partial\sqrt{E}}{\partial v}\right) + \frac{\partial}{\partial u}\left(\frac{1}{\sqrt{E}}\frac{\partial\sqrt{G}}{\partial u}\right)\right\}\theta^1\wedge\theta^2 \end{aligned}$$

を得る．したがって，ガウス曲率 K は

$$K = -\frac{1}{\sqrt{EG}}\left\{\frac{\partial}{\partial v}\left(\frac{1}{\sqrt{G}}\frac{\partial\sqrt{E}}{\partial v}\right) + \frac{\partial}{\partial u}\left(\frac{1}{\sqrt{E}}\frac{\partial\sqrt{G}}{\partial u}\right)\right\}$$

で与えられる．

さらに，$E=G$ である場合，

$$\begin{aligned} K &= -\frac{1}{E}\left\{\frac{\partial}{\partial v}\left(\frac{1}{\sqrt{E}}\frac{\partial\sqrt{E}}{\partial v}\right)+\frac{\partial}{\partial u}\left(\frac{1}{\sqrt{E}}\frac{\partial\sqrt{E}}{\partial u}\right)\right\} \\ &= -\frac{1}{E}\left\{\frac{\partial}{\partial v}\left(\frac{\partial}{\partial v}\log\sqrt{E}\right)+\frac{\partial}{\partial u}\left(\frac{\partial}{\partial u}\log\sqrt{E}\right)\right\} \\ &= -\frac{1}{E}\left(\frac{\partial^2}{\partial u^2}+\frac{\partial^2}{\partial v^2}\right)\log\sqrt{E} = -\frac{1}{2E}\left(\frac{\partial^2}{\partial u^2}+\frac{\partial^2}{\partial v^2}\right)\log E \end{aligned}$$

である．

! 注意 7.1　リーマン計量は，**多様体**とよばれるより広範な幾何学的対象に対しても定義される．

問 7.1　$\boldsymbol{p}(u,v)=(e^{u/\sqrt{2}}\cos v,\ e^{u/\sqrt{2}}\sin v,\ e^{u/\sqrt{2}})$ で表される曲面に対して，上の計算に従ってガウス曲率 K を求めよ．

問 7.2　$\boldsymbol{p}(u,v)=(\cos u\cos v,\cos u\sin v,2\sin u)$ で表される曲面の第 1 基本形式 I を求めよ．また，上の計算に従って $-\pi/2<u<\pi/2$ のときガウス曲率 K を求めよ．

式 (7.1) で与えられるポアンカレ計量に対しては，$K=-1$ であることがわかる (第 6 章の章末問題 **2** 参照)．球面 (2 次元であるので実際には円) とは反対の性質をもつ曲線を定義していることがわかる．

7.2　接空間

まず，滑らかな 2 変数関数 $f(u,v)$ があるとする．このとき，点 (a,b) で，$f(u,v)$ を (ξ,η) 方向 $(\xi^2+\eta^2=1)$ に微分すると，その微分係数は

$$\xi\frac{\partial f}{\partial u}(a,b)+\eta\frac{\partial f}{\partial v}(a,b)$$

である．この式は，関数 $f(u,v)$ に固有の形というわけではなく，滑らかな関数であれば何でもよい．したがって，上式は微分作用素

$$\xi\frac{\partial}{\partial u}+\eta\frac{\partial}{\partial v} \tag{7.7}$$

を関数 $f(u,v)$ に施して，$(u,v)=(a,b)$ を代入したとみなすことができ，この微分作用素自体に意味があると考えることができる．よって，(ξ,η) 方向の微

分は微分作用素 (7.7) が担っていると考え，今後，微分作用素を中心に議論を進める．

次に，曲面上の曲線 $C=\{(u(t),v(t))\}$ に関して，関数 $f(u(t),v(t))$ を C に沿って微分すると

$$\frac{d}{dt}f(u(t),v(t))=\frac{\partial f}{\partial u}\cdot\frac{du}{dt}+\frac{\partial f}{\partial v}\cdot\frac{dv}{dt}=\left(\frac{du}{dt}\cdot\frac{\partial}{\partial u}+\frac{dv}{dt}\cdot\frac{\partial}{\partial v}\right)f$$

と書ける．この量は，曲線 C に沿った曲面の接線方向の微分係数を与える．したがって，微分作用素

$$\frac{du}{dt}\cdot\frac{\partial}{\partial u}+\frac{dv}{dt}\cdot\frac{\partial}{\partial v} \tag{7.8}$$

を曲線 C に沿った接ベクトルと定める．一般に，D を u,v で表示される領域であるとして D の各点でベクトルが定義されているとき，ベクトル場が定義されるというが，式 (7.8) を D での**接ベクトル場**という．重要なのは，接ベクトル場と 1 次微分形式との関係である．ベクトル場

$$X=\xi\frac{\partial}{\partial u}+\eta\frac{\partial}{\partial v}\qquad(\xi,\ \eta \text{ は実数値関数})$$

と 1 次微分形式

$$\varphi=fdu+gdv\qquad(f,\ g \text{ は実数値関数})$$

に対して，φ と X から決まる量を

$$X(\varphi)=\langle X,\varphi\rangle:=f\xi+g\eta$$

で定める．$X(\varphi)$ は，1 次微分形式から実数への線形写像とみなすことができるが，φ を固定してベクトル場 X が動くとすれば，ベクトル場から実数への線形写像とみなすこともできる．

$f(u,v)$ を滑らかな関数としたとき，1 次微分形式 df は

$$df=\frac{\partial f}{\partial u}du+\frac{\partial f}{\partial v}dv$$

であり，上の接ベクトル X に対して，

$$\langle X,df\rangle:=Xf=\xi\frac{\partial f}{\partial u}+\eta\frac{\partial f}{\partial v}$$

となる.

一般に, 線形空間 U から実数への線形写像を**線形汎関数**といい, それらがつくる集合 (線形空間になる) を**双対空間**という. U の双対空間を U^* で表す. 接ベクトルの空間と1次微分形式の空間は, 互いに双対空間の関係にある. 双対空間については, 第8章で詳しく述べる.

問 7.3　$U = C([-1, 1])$ とおく. このとき, $f \in U$ に対して $f(0)$ の値を対応させる対応は, U 上の線形汎関数であることを示せ. この対応が, いわゆるディラック (Dirac) のデルタ関数である.

さらに, テンソルの章で重要になるのが, 変数変換で $X(\varphi)$ がどのように変換されるかである. これに関して, 次の定理が成り立つ.

定理 7.1　滑らかな2変数関数 $f(u^1, u^2)$ と接ベクトル

$$X = \xi^1 \frac{\partial}{\partial u^1} + \xi^2 \frac{\partial}{\partial u^2}$$

に対して, 変数 (u^1, u^2) が

$$t^1 = t^1(u^1, u^2), \quad t^2 = t^2(u^1, u^2)$$

と変数変換されたとする. これらは滑らかな関数であるとし, しかも変数変換のヤコビ行列式は,

$$\frac{\partial(t^1, t^2)}{\partial(u^1, u^2)} \neq 0$$

であるとする. このとき, $X(\varphi)$ は変数変換にかかわらず, 一定の値をとる.

証明　まず, それぞれの変数変換を計算しよう.

$$\begin{aligned} \frac{\partial}{\partial u^1} &= \frac{\partial t^1}{\partial u^1}\frac{\partial}{\partial t^1} + \frac{\partial t^2}{\partial u^1}\frac{\partial}{\partial t^2}, \\ \frac{\partial}{\partial u^2} &= \frac{\partial t^1}{\partial u^2}\frac{\partial}{\partial t^1} + \frac{\partial t^2}{\partial u^2}\frac{\partial}{\partial t^2} \end{aligned}$$

であるから,

$$X = \left(\xi^1 \frac{\partial t^1}{\partial u^1} + \xi^2 \frac{\partial t^1}{\partial u^2}\right)\frac{\partial}{\partial t^1} + \left(\xi^1 \frac{\partial t^2}{\partial u^1} + \xi^2 \frac{\partial t^2}{\partial u^2}\right)\frac{\partial}{\partial t^2}$$

となる．

一方，1 次微分形式 $\varphi = f_1 du^1 + f_2 du^2$ については

$$
\begin{aligned}
du^1 &= \frac{\partial u^1}{\partial t^1} dt^1 + \frac{\partial u^1}{\partial t^2} dt^2, \\
du^2 &= \frac{\partial u^2}{\partial t^1} dt^1 + \frac{\partial u^2}{\partial t^2} dt^2
\end{aligned}
$$

を満たすことに注意しよう．したがって，

$$
\varphi = f_1 du^1 + f_2 du^2 = \left(f_1 \frac{\partial u^1}{\partial t^1} + f_2 \frac{\partial u^2}{\partial t^1} \right) dt^1 + \left(f_1 \frac{\partial u^1}{\partial t^2} + f_2 \frac{\partial u^2}{\partial t^2} \right) dt^2
$$

であり，$X(\varphi)$ は

$$
\begin{aligned}
X(\varphi) &= \left(\xi^1 \frac{\partial t^1}{\partial u^1} + \xi^2 \frac{\partial t^1}{\partial u^2} \right) \left(f_1 \frac{\partial u^1}{\partial t^1} + f_2 \frac{\partial u^2}{\partial t^1} \right) \\
&\qquad + \left(\xi^1 \frac{\partial t^2}{\partial u^1} + \xi^2 \frac{\partial t^2}{\partial u^2} \right) \left(f_1 \frac{\partial u^1}{\partial t^2} + f_2 \frac{\partial u^2}{\partial t^2} \right) \\
&= \xi^1 f_1 \left(\frac{\partial t^1}{\partial u^1} \frac{\partial u^1}{\partial t^1} + \frac{\partial t^2}{\partial u^1} \frac{\partial u^1}{\partial t^2} \right) + \xi^2 f_2 \left(\frac{\partial t^1}{\partial u^2} \frac{\partial u^2}{\partial t^1} + \frac{\partial t^2}{\partial u^2} \frac{\partial u^2}{\partial t^2} \right) \\
&\qquad + \xi^1 f_2 \left(\frac{\partial t^1}{\partial u^1} \frac{\partial u^2}{\partial t^1} + \frac{\partial t^2}{\partial u^1} \frac{\partial u^2}{\partial t^2} \right) + \xi^2 f_1 \left(\frac{\partial t^1}{\partial u^2} \frac{\partial u^1}{\partial t^1} + \frac{\partial t^2}{\partial u^2} \frac{\partial u^1}{\partial t^2} \right)
\end{aligned}
$$

となる．ここで，u^1, u^2 が独立変数であることから

$$
\begin{aligned}
\frac{\partial t^1}{\partial u^1} \frac{\partial u^1}{\partial t^1} + \frac{\partial t^2}{\partial u^1} \frac{\partial u^1}{\partial t^2} &= \frac{\partial u^1}{\partial u^1} = 1, \\
\frac{\partial t^1}{\partial u^2} \frac{\partial u^2}{\partial t^1} + \frac{\partial t^2}{\partial u^2} \frac{\partial u^2}{\partial t^2} &= \frac{\partial u^2}{\partial u^2} = 1, \\
\frac{\partial t^1}{\partial u^1} \frac{\partial u^2}{\partial t^1} + \frac{\partial t^2}{\partial u^1} \frac{\partial u^2}{\partial t^2} &= \frac{\partial u^2}{\partial u^1} = 0, \\
\frac{\partial t^1}{\partial u^2} \frac{\partial u^1}{\partial t^1} + \frac{\partial t^2}{\partial u^2} \frac{\partial u^1}{\partial t^2} &= \frac{\partial u^1}{\partial u^2} = 0
\end{aligned}
$$

となるので，変数変換しても

$$
X(\varphi) = \xi^1 f_1 + \xi^2 f_2
$$

である．　□

***!* 注意 7.2**　次章のテンソルでは，変数変換での添え字の動きに着目した議論を行う．

より一般に，θ^1, θ^2 を一次独立な1次微分形式としたとき，ベクトル場 $\boldsymbol{e}_1$, $\boldsymbol{e}_2$ で

$$\theta^1(\boldsymbol{e}_1) = \theta^2(\boldsymbol{e}_2) = 1, \quad \theta^1(\boldsymbol{e}_2) = \theta^2(\boldsymbol{e}_1) = 0 \tag{7.9}$$

となるものがとれる．実際に，それぞれを

$$\begin{aligned}
\theta^1 &= {a_1}^1 du + {a_2}^1 dv, \\
\theta^2 &= {a_1}^2 du + {a_2}^2 dv, \\
\boldsymbol{e}_1 &= {b_1}^1 \frac{\partial}{\partial u} + {b_1}^2 \frac{\partial}{\partial v}, \\
\boldsymbol{e}_2 &= {b_2}^1 \frac{\partial}{\partial u} + {b_2}^2 \frac{\partial}{\partial v}
\end{aligned}$$

と表すと，式 (7.9) は

$$\begin{aligned}
\theta^1(\boldsymbol{e}_1) &= {a_1}^1 {b_1}^1 + {a_2}^1 {b_1}^2 = 1, \\
\theta^2(\boldsymbol{e}_2) &= {a_1}^2 {b_2}^1 + {a_2}^2 {b_2}^2 = 1, \\
\theta^1(\boldsymbol{e}_2) &= {a_1}^1 {b_2}^1 + {a_2}^1 {b_2}^2 = 0, \\
\theta^2(\boldsymbol{e}_1) &= {a_1}^2 {b_1}^1 + {a_2}^2 {b_1}^2 = 0
\end{aligned}$$

となるから，これを行列で表すと

$$\begin{pmatrix} {a_1}^1 & {a_2}^1 \\ {a_1}^2 & {a_2}^2 \end{pmatrix} \begin{pmatrix} {b_1}^1 & {b_2}^1 \\ {b_1}^2 & {b_2}^2 \end{pmatrix} = \begin{pmatrix} 1 & 0 \\ 0 & 1 \end{pmatrix}$$

となる．θ^1, θ^2 が一次独立なので，$\det(a_i^j) \neq 0$ であるから，${b_i}^j$ $(i,\ j = 1,\ 2)$ は

$$\begin{pmatrix} {b_1}^1 & {b_2}^1 \\ {b_1}^2 & {b_2}^2 \end{pmatrix} = \begin{pmatrix} {a_1}^1 & {a_2}^1 \\ {a_1}^2 & {a_2}^2 \end{pmatrix}^{-1}$$

となるようにとればよい．θ^1, θ^2 と $\boldsymbol{e}_1$, $\boldsymbol{e}_2$ は互いに相手方の**双対基**であるという．

次に，リーマン計量を双対基の観点から考えてみよう．θ^1, θ^2 を一次独立な1次微分形式とし，曲面のリーマン計量 ds^2 は

$$ds^2 = \theta^1\theta^1 + \theta^2\theta^2$$

で与えられるとする．このとき，θ^1, θ^2 に対応する双対基をそれぞれ $\boldsymbol{e}_1$, $\boldsymbol{e}_2$ とすると，これらによって張られる曲面に対する接ベクトルは $a^1\boldsymbol{e}_1 + a^2\boldsymbol{e}_2$ で与えられる．接空間の 2 つのベクトル

$$X = \xi^1\boldsymbol{e}_1 + \xi^2\boldsymbol{e}_2, \quad Y = \eta^1\boldsymbol{e}_1 + \eta^2\boldsymbol{e}_2$$

に対して，リーマン計量は，双対基を定義することを通じて X と Y との内積 $\langle X, Y\rangle$ を

$$\langle X, Y\rangle = \xi^1\eta^1 + \xi^2\eta^2$$

で定義していることになる．したがって，接ベクトルの長さ $|X|$ は

$$|X| = \sqrt{\langle X, X\rangle} = \sqrt{(\xi^1)^2 + (\xi^2)^2}$$

で定義される．標語的に言うと，リーマン計量は接ベクトル空間に内積を定義していることになる．

7.3 共変微分

曲面 $\boldsymbol{p}(u, v)$ が与えられているとする．この曲面上の曲線 $\boldsymbol{p}(u(t), v(t))$ の各点で接ベクトル $\boldsymbol{X}(t)$ が定義されているとする．接ベクトルの t での微分 $\dfrac{d\boldsymbol{X}}{dt} = \boldsymbol{X}'(t)$ も 3 次元ベクトルになるが，一般には曲面に接するベクトルになるとは限らない．よって，$\boldsymbol{X}'(t)$ を接ベクトル成分と法ベクトル成分に分解する．すなわち，

$$\frac{d\boldsymbol{X}}{dt} = \frac{D\boldsymbol{X}}{dt} + A_{\boldsymbol{X}} \tag{7.10}$$

と書く．ここで，$\dfrac{D\boldsymbol{X}}{dt}$ が接ベクトル成分であり，$A_{\boldsymbol{X}}$ が法ベクトル成分である．この分解での接ベクトル成分 $\dfrac{D\boldsymbol{X}}{dt}$ を，$\boldsymbol{X}$ の曲線 $\boldsymbol{p}(t)$ に沿った**共変微分**という．すなわち，作用素 $\dfrac{D}{dt}$ は，$\dfrac{d}{dt}$ を作用させた後，接ベクトル方向に射影したものと考えられる．なお，共変微分の記号 $\dfrac{D}{dt}$ は $\nabla_{\dot{\boldsymbol{p}}}$ のように表す流儀もある．

定理 7.2　曲面 $\boldsymbol{p}(u,v)$ 上の曲線 $\boldsymbol{p}(u(t),v(t))$ の各点で接ベクトル $\boldsymbol{X}(t)$ が定義されているとする．このとき $\boldsymbol{X}(t)$ の共変微分 $\dfrac{D\boldsymbol{X}}{dt}$ は，${\omega_2}^1$ のみに依存する．

証明　接ベクトル $\boldsymbol{X}$ を

$$\boldsymbol{X}=\xi^1\boldsymbol{e}_1+\xi^2\boldsymbol{e}_2$$

とおき，$\boldsymbol{e}_3=\boldsymbol{e}_1\times\boldsymbol{e}_2$ とおく．$\boldsymbol{e}_i$ $(i=1,2,3)$ の外微分を考え，

$$\begin{aligned} d\boldsymbol{e}_1 &= {\omega_1}^1\boldsymbol{e}_1+{\omega_1}^2\boldsymbol{e}_2+{\omega_1}^3\boldsymbol{e}_3,\\ d\boldsymbol{e}_2 &= {\omega_2}^1\boldsymbol{e}_1+{\omega_2}^2\boldsymbol{e}_2+{\omega_2}^3\boldsymbol{e}_3,\\ d\boldsymbol{e}_3 &= {\omega_3}^1\boldsymbol{e}_1+{\omega_3}^2\boldsymbol{e}_2+{\omega_3}^3\boldsymbol{e}_3 \end{aligned}$$

と表示されるとする．このとき，$\boldsymbol{e}_i$ $(i=1,2,3)$ の t に関する微分は，

$$\begin{aligned} \frac{d\boldsymbol{e}_1}{dt} &= \frac{{\omega_1}^1}{dt}\boldsymbol{e}_1+\frac{{\omega_1}^2}{dt}\boldsymbol{e}_2+\frac{{\omega_1}^3}{dt}\boldsymbol{e}_3,\\ \frac{d\boldsymbol{e}_2}{dt} &= \frac{{\omega_2}^1}{dt}\boldsymbol{e}_1+\frac{{\omega_2}^2}{dt}\boldsymbol{e}_2+\frac{{\omega_2}^3}{dt}\boldsymbol{e}_3,\\ \frac{d\boldsymbol{e}_3}{dt} &= \frac{{\omega_3}^1}{dt}\boldsymbol{e}_1+\frac{{\omega_3}^2}{dt}\boldsymbol{e}_2+\frac{{\omega_3}^3}{dt}\boldsymbol{e}_3 \end{aligned} \tag{7.11}$$

となる．ここで，${\omega_i}^j$ $(i,j=1,2,3)$ は 1 次微分形式なので，$\omega=a\,du+b\,dv$ に対して

$$\frac{\omega}{dt}=a\frac{du}{dt}+b\frac{dv}{dt}$$

であるとする．このように定義すると，式 (7.11) と 1 次微分形式については式 (6.13) に注意すると，${\omega_i}^i=0$ $(i=1,2,3)$ なので

$$\begin{aligned} \frac{d\boldsymbol{X}}{dt} &= \frac{d\xi^1}{dt}\boldsymbol{e}_1+\xi^1\frac{d\boldsymbol{e}_1}{dt}+\frac{d\xi^2}{dt}\boldsymbol{e}_2+\xi^2\frac{d\boldsymbol{e}_2}{dt}\\ &= \left(\frac{d\xi^1}{dt}+\xi^2\frac{{\omega_2}^1}{dt}\right)\boldsymbol{e}_1+\left(\frac{d\xi^2}{dt}+\xi^1\frac{{\omega_1}^2}{dt}\right)\boldsymbol{e}_2+\left(\xi^1\frac{{\omega_1}^3}{dt}+\xi^2\frac{{\omega_2}^3}{dt}\right)\boldsymbol{e}_3 \end{aligned}$$

となる．$\boldsymbol{e}_1$，$\boldsymbol{e}_2$ で張られる成分が接ベクトル成分であるから，共変微分は

$$\frac{D\boldsymbol{X}}{dt}=\left(\frac{d\xi^1}{dt}+\xi^2\frac{{\omega_2}^1}{dt}\right)\boldsymbol{e}_1+\left(\frac{d\xi^2}{dt}+\xi^1\frac{{\omega_1}^2}{dt}\right)\boldsymbol{e}_2 \tag{7.12}$$

であり，法ベクトル成分 $A_{\boldsymbol{X}}$ は

$$A_{\boldsymbol{X}} = \left(\xi^1 \frac{{\omega_1}^3}{dt} + \xi^2 \frac{{\omega_2}^3}{dt}\right) \boldsymbol{e}_3$$

である．よって，共変微分は接続形式の ${\omega_2}^1\ (= -{\omega_1}^2)$ のみに依存する．　□

! 注意 7.3　第 1 基本量 E, F, G のうち，$F = 0$ のときは，式 (7.6) より ${\omega_2}^1$ は E, G のみに依存することがわかる．$F \neq 0$ の場合にも，小林昭七 [2] の第 4 章第 2 節をよく読むと，${\omega_2}^1$ は E, F, G のみに依存することがわかる．

一般に，曲面上で定義されたベクトル場 X について，与えられた曲線 $C = \{(u(t), v(t))\}$ に沿った共変微分が

$$\frac{D\boldsymbol{X}}{dt} \equiv 0$$

となっているとき，ベクトル場 X は C に沿って**平行**という．

曲線 C を定義するパラメータ t が $a \leq t \leq b$ の範囲を動くとし，曲面上の曲線上にある点 $(u(a), v(a))$ でベクトル $\boldsymbol{X}(a)$ が与えられたとする．このとき，$\boldsymbol{X}(a)$ を曲線 C に沿って平行に移動させることができる．すなわち，式 (7.12) の係数をともに常に 0 とできるのである．これは，式 (7.12) から

$$\begin{cases} \dfrac{d\xi^1}{dt} + \xi^2 \dfrac{{\omega_2}^1}{dt} = 0, \\[2ex] \dfrac{d\xi^2}{dt} + \xi^1 \dfrac{{\omega_1}^2}{dt} = 0 \end{cases} \tag{7.13}$$

が任意の初期値 $\xi^1(a) = a^1$, $\xi^2(a) = a^2$ を与えたときに一意的に解けるか，という問題に帰着される．ここで，接続係数の 1 次微分形式は

$${\omega_2}^1 = b_1\theta^1 + b_2\theta^2 = -{\omega_1}^2$$

と表され，θ^1, θ^2 は

$$\theta^1 = {a_1}^1 du + {a_2}^1 dv, \quad \theta^2 = {a_1}^2 du + {a_2}^2 dv$$

と書けるので，

$$\frac{{\omega_2}^1}{dt} = ({a_1}^1 b_1 + {a_1}^2 b_2)\frac{du}{dt} + ({a_2}^1 b_1 + {a_2}^2 b_2)\frac{dv}{dt}$$

と表される．du/dt, dv/dt は曲線のパラメータ表示により，既知の値である．よって，

$$\begin{cases} \dfrac{d\xi^1}{dt} + \left\{({a_1}^1 b_1 + {a_1}^2 b_2)\dfrac{du}{dt} + ({a_2}^1 b_1 + {a_2}^2 b_2)\dfrac{dv}{dt}\right\}\xi^2 = 0, \\ \dfrac{d\xi^2}{dt} - \left\{({a_1}^1 b_1 + {a_1}^2 b_2)\dfrac{du}{dt} + ({a_2}^1 b_1 + {a_2}^2 b_2)\dfrac{dv}{dt}\right\}\xi^1 = 0 \end{cases}$$

の初期値問題の一意可解性に関わる．これは，${a_i}^j$, b_i $(i,\ j = 1,2)$ が ξ^1, ξ^2 に滑らかに依存していることがわかっているなら，常微分方程式の一意可解性の定理から正しいことがいえる（ここでは，適用できる場合を考えている）．したがって，ある点でのベクトルを曲線に沿って平行移動させることができる．なお，ベクトル場 X が

$$X = \xi^1 \frac{\partial}{\partial u^1} + \xi^2 \frac{\partial}{\partial u^2}$$

で与えられているとき，このベクトル場の曲線 $(u^1(t), u^2(t))$ に沿う共変微分は，

$$\frac{DX}{dt} = \left(\frac{d\xi^1}{dt} + \sum_{j,k=1}^{2} {\Gamma_j}^1{}_k\, \xi^j \frac{du^k}{dt}\right)\frac{\partial}{\partial u^1} + \left(\frac{d\xi^2}{dt} + \sum_{j,k=1}^{2} {\Gamma_j}^2{}_k\, \xi^j \frac{du^k}{dt}\right)\frac{\partial}{\partial u^2} \tag{7.14}$$

と表示されることが知られている．ここに現れる ${\Gamma_j}^i{}_k$ 等の記号は，第 2 基本形式を定義した 2.4.3 項の $\boldsymbol{p}_{uu}$, $\boldsymbol{p}_{uv}$, $\boldsymbol{p}_{vu}$, $\boldsymbol{p}_{vv}$ も $\boldsymbol{p}_u$, $\boldsymbol{p}_v$, $\boldsymbol{n}$ の一次結合として表すときに現れる．実際に見てみよう．

$\boldsymbol{p}_u$, $\boldsymbol{p}_v$, $\boldsymbol{n}$ は互いに一次独立であることがわかっているので，3 次元のベクトルである $\boldsymbol{p}_{uu}$, $\boldsymbol{p}_{uv}$, $\boldsymbol{p}_{vu}$, $\boldsymbol{p}_{vv}$ は $\boldsymbol{p}_u$, $\boldsymbol{p}_v$, $\boldsymbol{n}$ の一次結合で表される．したがって，その係数を Γ に添え字を付けたもので表して，以下のように表記する：

$$\begin{aligned} \boldsymbol{p}_{uu} &= {\Gamma_1}^1{}_1\, \boldsymbol{p}_u + {\Gamma_1}^2{}_1\, \boldsymbol{p}_v + L\boldsymbol{n}, \\ \boldsymbol{p}_{uv} &= {\Gamma_1}^1{}_2\, \boldsymbol{p}_u + {\Gamma_1}^2{}_2\, \boldsymbol{p}_v + M\boldsymbol{n}, \\ \boldsymbol{p}_{vu} &= {\Gamma_2}^1{}_1\, \boldsymbol{p}_u + {\Gamma_2}^2{}_1\, \boldsymbol{p}_v + M\boldsymbol{n}, \\ \boldsymbol{p}_{vv} &= {\Gamma_2}^1{}_2\, \boldsymbol{p}_u + {\Gamma_2}^2{}_2\, \boldsymbol{p}_v + N\boldsymbol{n}. \end{aligned} \tag{7.15}$$

ここに，${\Gamma_j}^i{}_k$ $(i, j, k = 1, 2)$ はスカラー量で，**クリストッフェル**（**Christoffel**）

の記号[1)]とよばれる．このクリストッフェルの記号で表される係数は具体的に書き下すことができるが，その計算は 8.4 節で行う．

7.4 測地線

この節では，微分形式を微分することがあるので，$\dot{\square}$ は用いず，$\dfrac{d}{ds}$ を用いる．まず，2.2 節にあるように，接ベクトル $\boldsymbol{t}$ の弧長パラメータに関する微分は式 (2.13) からわかる．3 次元空間で考えているので，

$$\frac{d\boldsymbol{t}}{ds} = c\boldsymbol{n} + \boldsymbol{k}$$

と分解する．ここで，c は定数で，$\boldsymbol{n} \perp \boldsymbol{k}$ とする．$\boldsymbol{k}$ は**測地的曲率ベクトル**とよばれる．もし $\boldsymbol{k} = \boldsymbol{0}$ であれば，$\boldsymbol{n}_C$ はつねに曲面の法線ベクトルに平行になる．もし，つねに $\boldsymbol{n} /\!/ \boldsymbol{n}_C$ を満たしているならば，主法線ベクトルはつねに曲面の法線ベクトルと平行になる．力学的な言い方をすれば，加速度ベクトルがつねに曲面の法線方向と同じ向きになっていることになる．また，前節の記法を用いると，$D\boldsymbol{t}/dt = \boldsymbol{k}$，$A_{\boldsymbol{t}} = c\boldsymbol{n}$ であり，$\boldsymbol{k} = \boldsymbol{0}$ は共変微分がつねにゼロであることと同値である．このような場合，曲線 C は**測地線**とよばれる．

次に，第 6 章とこの章のここまでに議論してきた，微分形式を用いた見方をしよう．曲面上の曲線の位置ベクトルを $\boldsymbol{p}(s) = \boldsymbol{p}(u(s), v(s))$ とおく．パラメータ s は弧長パラメータとする．このとき，曲面の曲線に沿った単位接ベクトル $\frac{d}{ds}\boldsymbol{p}(s)$ は

$$\frac{d}{ds}\boldsymbol{p}(s) = \xi^1 \boldsymbol{e}_1 + \xi^2 \boldsymbol{e}_2$$

であるとする．ここで，$\boldsymbol{e}_1 \perp \boldsymbol{e}_2$ であり，$\boldsymbol{e}_i \cdot \boldsymbol{e}_j = \delta_{ij}$ $(i,\ j = 1,\ 2)$ であるとする．δ_{ij} はクロネッカー記号（$\delta_{11} = \delta_{22} = 1$，$\delta_{12} = \delta_{21} = 0$）である．$\boldsymbol{e}_3 = \boldsymbol{e}_1 \times \boldsymbol{e}_2$ とおく．次に，

$$\frac{d^2}{ds^2}\boldsymbol{p}(s) = \boldsymbol{k}_g + \boldsymbol{k}_n, \quad \boldsymbol{k}_g \perp \boldsymbol{k}_n$$

と表記しよう．$\boldsymbol{k}_g$ は測地的曲率ベクトルである．一方，$\frac{d^2}{ds^2}\boldsymbol{p}(s)$ を具体的に計算すると

---

1) ここでの記号の上付き添え字，下付き添え字は意味がある．なお，$\boldsymbol{p}$ が C^2 級なら $\boldsymbol{p}_{uv} = \boldsymbol{p}_{vu}$ なので，${\Gamma_1}^1{}_2 = {\Gamma_2}^1{}_1$，${\Gamma_1}^2{}_2 = {\Gamma_2}^1{}_1$ である．詳しくは第 8 章で解説する．

$$\frac{d^2}{ds^2}\boldsymbol{p}(s) = \frac{d\xi^1}{ds}\boldsymbol{e}_1 + \xi^1\frac{d\boldsymbol{e}_1}{ds} + \frac{d\xi^2}{ds}\boldsymbol{e}_2 + \xi^2\frac{d\boldsymbol{e}_2}{ds}$$

であるが，式 (7.11) において t を s におき換えて用い，${\omega_1}^1 = {\omega_2}^2 = 0$ により

$$\frac{d^2}{ds^2}\boldsymbol{p}(s) = \left(\frac{d\xi^1}{ds} + \frac{{\omega_2}^1}{ds}\xi^2\right)\boldsymbol{e}_1 + \left(\frac{d\xi^2}{ds} + \frac{{\omega_1}^2}{ds}\xi^2\right)\boldsymbol{e}_2 + \left(\frac{{\omega_1}^3}{ds}\xi^1 + \frac{{\omega_2}^3}{ds}\xi^2\right)\boldsymbol{e}_3$$

となる．よって，

$$\boldsymbol{k}_g = \left(\frac{d\xi^1}{ds} + \frac{{\omega_2}^1}{ds}\xi^2\right)\boldsymbol{e}_1 + \left(\frac{d\xi^2}{ds} + \frac{{\omega_1}^2}{ds}\xi^2\right)\boldsymbol{e}_2$$

となる．測地線ならば $\boldsymbol{k}_g = \boldsymbol{0}$ となる．また，式 (7.13) により，$\frac{d}{ds}\boldsymbol{p}(s)$ の共変微分がつねにゼロであれば $\boldsymbol{k}_g = \boldsymbol{0}$ となり，測地線になることがわかる．また，次のようにいうこともできる．

! 注意 7.4　平行という言葉を用いると，曲線が測地線とは，その各点での接ベクトルを曲線に沿って平行移動させることができるときをいう．前節の記号を用いると

$$\frac{D}{ds}\left(\frac{d}{ds}\boldsymbol{p}\right) \equiv 0 \tag{7.16}$$

である．

特に $\boldsymbol{e}_1 = \frac{d}{ds}\boldsymbol{p}(s)$ ととり，$\boldsymbol{e}_2$ を $\boldsymbol{e}_2 \perp \boldsymbol{e}_1$ となるような接空間のベクトルとし，$\boldsymbol{e}_3 = \boldsymbol{e}_1 \times \boldsymbol{e}_2$ とおく．$|\frac{d}{ds}\boldsymbol{p}(s)| = 1$ としたので，この式をさらに s で微分すると，

$$\frac{d^2}{ds^2}\boldsymbol{p}(s) \cdot \frac{d}{ds}\boldsymbol{p}(s) = 0$$

である．$\frac{d^2}{ds^2}\boldsymbol{p}(s) \perp \frac{d}{ds}\boldsymbol{p}(s)$ であるから，接平面上のベクトル $\boldsymbol{k}_g$ は $\boldsymbol{e}_2$ に平行になり，法曲率ベクトル $\boldsymbol{k}_n$ は $\boldsymbol{e}_3$ に平行になる．このとき，

$$\boldsymbol{k}_g = \kappa_g\boldsymbol{e}_2, \quad \boldsymbol{k}_n = \kappa_n\boldsymbol{e}_3$$

と表し，κ_g を**測地的曲率**，κ_n を**法曲率**という（2.4.3 項参照）．

また，接続形式を使っても表現できるので，それを記しておこう．κ_g の定義式を変形すると

$$\kappa_g = \kappa_g\boldsymbol{e}_2 \cdot \boldsymbol{e}_2 = \boldsymbol{k}_g \cdot \boldsymbol{e}_2 = \frac{d^2\boldsymbol{p}}{ds^2} \cdot \boldsymbol{e}_2 = \frac{d\boldsymbol{e}_1}{ds} \cdot \boldsymbol{e}_2$$

であるので，

$$\kappa_g = \frac{d\boldsymbol{e}_1}{ds} \cdot \boldsymbol{e}_2 = \frac{{\omega_1}^2}{ds} \tag{7.17}$$

が得られる．同様にして，

$$\kappa_n = \frac{{\omega_1}^3}{ds} \tag{7.18}$$

を得る．

ここまでは測地線であることから得られる性質を述べてきた．では，どのような条件を満たせば，$S = \{\boldsymbol{p}(u, v)\}$ で表される曲面上の曲線 $C = \{\boldsymbol{p}(u(s), v(s))\}$ が測地線となるのだろうか．以下では，測地線のための条件を与えよう．この条件は，式 (7.15) に出てくる記号 Γ を用いて表すことができる．

定理 7.3 パラメータ表示された曲面 $S = \{\boldsymbol{p}(u, v)\}$ がある．この曲面上の曲線 $C = \{\boldsymbol{p}(u(s), v(s))\}$ が測地線になるための必要十分条件は，$u(s)$, $v(s)$ が次の常微分方程式の解になっていることである：

$$\frac{d^2u}{ds^2} + {\Gamma_1}^1{}_1\left(\frac{du}{ds}\right)^2 + 2{\Gamma_1}^1{}_2\frac{du}{ds}\frac{dv}{ds} + {\Gamma_2}^1{}_2\left(\frac{dv}{ds}\right)^2 = 0,$$

$$\frac{d^2v}{ds^2} + {\Gamma_1}^2{}_1\left(\frac{du}{ds}\right)^2 + 2{\Gamma_1}^2{}_2\frac{du}{ds}\frac{dv}{ds} + {\Gamma_2}^2{}_2\left(\frac{dv}{ds}\right)^2 = 0.$$

証明 この証明では，和の記号を多く用いるので，記法を簡略化するため $u = u^1$, $v = u^2$ とおいて証明を行う．$\boldsymbol{p}(s) = \boldsymbol{p}(u^1(s), u^2(s))$ の 2 階微分をまずは計算しよう．すると

$$\frac{d^2}{ds^2}\boldsymbol{p} = \frac{d}{ds}\left(\sum_{i=1}^{2}\frac{\partial \boldsymbol{p}}{\partial u^i}\frac{du^i}{ds}\right) = \sum_{i=1}^{2}\frac{\partial \boldsymbol{p}}{\partial u^i}\frac{d^2u^i}{ds^2} + \sum_{i,j=1}^{2}\frac{\partial^2 \boldsymbol{p}}{\partial u^i \partial u^j}\frac{du^i}{ds}\frac{du^j}{ds}$$

となる．式 (7.15) を用いると

$$\frac{d^2}{ds^2}\boldsymbol{p} = \sum_{i=1}^{2}\frac{\partial \boldsymbol{p}}{\partial u^i}\frac{d^2u^i}{ds^2} + \sum_{i,k=1}^{2}\frac{du^i}{ds}\frac{du^k}{ds}\left\{\sum_{j=1}^{2}{\Gamma_i}^j{}_k\frac{\partial \boldsymbol{p}}{\partial u^j} + h_{ik}\boldsymbol{e}_3\right\}$$

となる．ここで，$h_{11} = L$, $h_{12} = h_{21} = M$, $h_{22} = N$ である．すると，測地的曲率ベクトル $\boldsymbol{k}_g$ と 法曲率 k_n は，それぞれ

$$\boldsymbol{k}_g = \sum_{j=1}^{2}\left\{\frac{d^2u^j}{ds^2} + \sum_{i,k=1}^{2}{\Gamma_i}^j{}_k\frac{du^i}{ds}\frac{du^k}{ds}\right\}\frac{\partial \boldsymbol{p}}{\partial u^j}, \tag{7.19}$$

$$k_n = \sum_{i,j=1}^{2} h_{ij} \frac{du^i}{ds} \frac{du^j}{ds}$$

であることがわかる．測地線であるときは $\boldsymbol{k}_g = \mathbf{0}$ であるから，式 (7.19) より

$$\boldsymbol{k}_g = \sum_{j=1}^{2} \left\{ \frac{d^2 u^j}{ds^2} + \sum_{i,j=1}^{2} \Gamma_i{}^j{}_k \frac{du^i}{ds} \frac{du^k}{ds} \right\} \frac{d\boldsymbol{p}}{ds} = \mathbf{0}$$

である．この後，$u^1 = u,\, u^2 = v$ と元に戻せばよい．　□

!注意 7.5　$\Delta s > 0$ を微小量として，与えられた曲線に沿うベクトル場 $\boldsymbol{p}(s) = (p^1(s), p^2(s), p^3(s))$ において，$\boldsymbol{p}(s)$ に平行な $\boldsymbol{p}(s+\Delta s)$ の成分を

$$\boldsymbol{p}_{/\!/}(s+\Delta s) = (p^1_{/\!/}(s+\Delta s),\ p^2_{/\!/}(s+\Delta s),\ p^3_{/\!/}(s+\Delta s))$$

と表す．このとき，

$$p^j_{/\!/}(s+\Delta s) = p^j(s) - \sum_{i,k=1,2} \Gamma_i{}^j{}_k\, p^k(s)\Delta s + O((\Delta s)^2)$$

で与えられる．このため，平行移動の微小変化を表現する量 $\Gamma_i{}^j{}_k$ は接続係数とよばれる．

> **例題 7.1**　3 次元空間内の球面の測地線は大円である．

(解答)　球は原点中心で半径 1 であるとしてよい．このとき，球面上の位置ベクトル $\boldsymbol{p}(u,v)$ は

$$\boldsymbol{p} = (\sin u \cos v, \sin u \sin v, \cos u)$$

と表示される．このとき，緯度が一定（ u を固定）の曲線に対する単位接ベクトルを $\boldsymbol{e}_1$ とし，他方，経度が一定（ v を固定）の曲線に対する単位接ベクトルを $\boldsymbol{e}_2$ とおく．すると

$$\boldsymbol{e}_1 = (-\sin v, \cos v, 0), \quad \boldsymbol{e}_2 = (\cos u \cos v, \cos u \sin v, -\sin u)$$

であり

$$\boldsymbol{e}_3 = (-\sin u \cos v, -\sin u \sin v, -\cos u)$$

となる．このとき，

$$\begin{aligned}
d\boldsymbol{e}_1 &= (-\cos v\,dv, -\sin v\,dv, 0), \\
d\boldsymbol{e}_2 &= (-\sin u\cos v\,du, -\sin u\sin v\,du, -\cos u\,du) \\
&\qquad\qquad +(-\cos u\sin v\,dv, \cos u\cos v\,dv, 0), \\
d\boldsymbol{e}_3 &= (-\cos u\cos v\,du, -\cos u\sin v\,du, \sin u\,du), \\
&\qquad\qquad +(\sin u\sin v\,dv, -\sin u\cos v\,dv, 0)
\end{aligned}$$

となるが，$\boldsymbol{e}_i$ $(i = 1, 2, 3)$ で表すと

$$\begin{aligned}
d\boldsymbol{e}_1 &= -\cos u\,dv\boldsymbol{e}_2 + \sin u\,du\boldsymbol{e}_3, \\
d\boldsymbol{e}_2 &= \cos u\,dv\boldsymbol{e}_1 + du\boldsymbol{e}_3, \\
d\boldsymbol{e}_3 &= -\sin u\,dv\boldsymbol{e}_1 - du\boldsymbol{e}_2
\end{aligned}$$

と書ける．すると接続行列は

$$\begin{pmatrix} 0 & -\cos u\,dv & \sin u\,du \\ \cos u\,dv & 0 & du \\ -\sin u\,dv & -du & 0 \end{pmatrix}$$

となり，${\omega_2}^1 = -\cos u\,dv$ がわかる．このとき，式 (7.17) から

$$\kappa_g = -\cos u\frac{dv}{ds}$$

となる．いま u を固定して v を動かすと，「緯度」(地球儀の意味ではなく北極を 0，南極を π として測ったもの) 一定の v の曲線は半径 $\sin u$ の円を描く．したがって，$s = (\sin u)v$ とパラメータをとることができ，

$$\frac{dv}{ds} = \frac{1}{\dfrac{ds}{dv}} = \frac{1}{\sin u}$$

となり

$$\kappa_g = -\cot u$$

を得る．したがって，$u=\pi/2$（赤道）のときのみ測地線となる．すなわち，大円が測地線となる． □

少々計算が必要であるが，式 (7.2) で定義される計量による $U=\{(x,y)\,|\,y>0\}$ 上の測地線は，x 軸上に中心をもつ半円か，$x=a$ のような直線（半径無限大の半円とみなせる）であることが知られている．

7.5　2 点間の最短距離

測地線を共変微分がつねにゼロである曲線と定義したが，平面の 2 点間の距離は線分の長さで表されるように，曲面上の 2 点間の最小距離，すなわち，2 点間の距離の停留点は，この 2 点を結ぶ測地線であると推定される．それが正しいことをこの節では証明する．

一般に，区間 $[a,b]$ で定義された関数の族 $\{f_\lambda(x)\}$ に対して，

$$\mathscr{L}(\lambda)=\int_a^b f_\lambda(x)\,dx$$

とおく．$\mathscr{L}(\lambda)$ は汎関数（関数から実数への写像）とよばれる．$\mathscr{L}(\lambda)$ が λ に関して微分できるとして，

$$\mathscr{L}'(\lambda)=0$$

となるような関数 $f_\lambda(x)$ を汎関数の**停留点**とよぶ．

問題設定をする．曲面 S は，$S=\{\boldsymbol{p}(u,v)\}$ で表示され，曲面上の異なる 2 点 P, Q を結ぶ曲面上の曲線の族

$$C_\lambda=\{\boldsymbol{p}_\lambda\,|\,\boldsymbol{p}_\lambda(0)=\mathrm{P},\ \boldsymbol{p}_\lambda(\ell)=\mathrm{Q},\ 0\le t\le \ell\}$$

を考える．ここで，λ は $-\delta\le\lambda<\delta$ を動き，曲線は t と λ それぞれについて C^2 級であるとする．

λ を固定して，曲線 $\boldsymbol{p}_\lambda$ の長さを $L(\lambda)$ とおく．すなわち，

$$L(\lambda)=\int_0^\ell\left|\frac{\partial\boldsymbol{p}_\lambda}{\partial t}\right|dt=\int_0^\ell\sqrt{\frac{\partial\boldsymbol{p}_\lambda}{\partial t}\cdot\frac{\partial\boldsymbol{p}_\lambda}{\partial t}}\,dt \tag{7.20}$$

で表される．$L(\lambda)$ は曲線の汎関数である．また，$\lambda=0$ の場合，t は弧長パラメータとなっていると仮定するので $L(0)=\ell$ である．さらに，$|\partial\boldsymbol{p}_\lambda/\partial t|>0$

$(-\delta < \lambda < \delta)$ であるとする．このとき，測地線は長さの停留点であることを示す．

> **命題 7.1**　$\boldsymbol{p}_0$ が測地線であるとき，$L'(0) = 0$ である．

証明　まず，$\boldsymbol{p}_\lambda$ は λ について C^2 級であると仮定しているので，微分と積分の順序交換ができて

$$\begin{aligned} L'(\lambda) &= \frac{d}{d\lambda}\int_0^\ell \sqrt{\frac{\partial \boldsymbol{p}_\lambda}{\partial t}\cdot\frac{\partial \boldsymbol{p}_\lambda}{\partial t}}\,dt = \int_0^\ell \frac{\partial}{\partial\lambda}\sqrt{\frac{\partial \boldsymbol{p}_\lambda}{\partial t}\cdot\frac{\partial \boldsymbol{p}_\lambda}{\partial t}}\,dt \\ &= \int_0^\ell \frac{\dfrac{\partial}{\partial\lambda}\left(\dfrac{\partial \boldsymbol{p}_\lambda}{\partial t}\cdot\dfrac{\partial \boldsymbol{p}_\lambda}{\partial t}\right)}{2\sqrt{\dfrac{\partial \boldsymbol{p}_\lambda}{\partial t}\cdot\dfrac{\partial \boldsymbol{p}_\lambda}{\partial t}}}\,dt \end{aligned} \tag{7.21}$$

となる．まずは分子を見ていこう．$\boldsymbol{p}_\lambda(t)$ は，t, λ それぞれについて C^2 級なので，微分の順序交換ができる．すなわち，

$$\frac{\partial}{\partial\lambda}\left(\frac{\partial \boldsymbol{p}_\lambda}{\partial t}\right) = \frac{\partial}{\partial t}\left(\frac{\partial \boldsymbol{p}_\lambda}{\partial \lambda}\right) \tag{7.22}$$

が成り立つ．

$$\boldsymbol{X} = \frac{\partial \boldsymbol{p}_\lambda}{\partial t}, \quad \boldsymbol{Y} = \frac{\partial \boldsymbol{p}_\lambda}{\partial \lambda}$$

とおいて式 (7.10) のように分解すると，

$$\frac{\partial}{\partial\lambda}\left(\frac{\partial \boldsymbol{p}_\lambda}{\partial t}\right) = \frac{\partial \boldsymbol{X}}{\partial\lambda} = \frac{D\boldsymbol{X}}{\partial\lambda} + A_{\boldsymbol{X}}, \quad \frac{\partial}{\partial t}\left(\frac{\partial \boldsymbol{p}_\lambda}{\partial \lambda}\right) = \frac{\partial \boldsymbol{Y}}{\partial t} = \frac{D\boldsymbol{Y}}{\partial t} + A_{\boldsymbol{Y}}$$

が得られる．式 (7.22) はベクトルとしての等式であるので，接方向と法方向の成分がそれぞれ等しいことを示している．したがって，それぞれの接成分同士も等しく，共変微分に関して

$$\frac{D}{\partial\lambda}\left(\frac{\partial \boldsymbol{p}_\lambda}{\partial t}\right) = \frac{D}{\partial t}\left(\frac{\partial \boldsymbol{p}_\lambda}{\partial \lambda}\right) \tag{7.23}$$

が成り立つことがわかる．さらに，自分自身との内積の微分演算公式（積の微分公式）により

$$\frac{\partial}{\partial\lambda}\left(\frac{\partial \boldsymbol{p}_\lambda}{\partial t}\cdot\frac{\partial \boldsymbol{p}_\lambda}{\partial t}\right) = 2\left\{\frac{\partial}{\partial\lambda}\left(\frac{\partial \boldsymbol{p}_\lambda}{\partial t}\right)\right\}\cdot\frac{\partial \boldsymbol{p}_\lambda}{\partial t}$$

となる．ここで $\boldsymbol{p}_\lambda$ は曲面上の曲線なので $\partial\boldsymbol{p}_\lambda/\partial t$ は曲面に対する接ベクトルになる．したがって，$(\partial/\partial\lambda)(\partial\boldsymbol{p}_\lambda/\partial t)$ の法ベクトル成分は，$\partial\boldsymbol{p}_\lambda/\partial t$ との内積を計算するとゼロになるので，共変微分のみを考えればよい．よって

$$\frac{\partial}{\partial\lambda}\left(\frac{\partial\boldsymbol{p}_\lambda}{\partial t}\cdot\frac{\partial\boldsymbol{p}_\lambda}{\partial t}\right)=2\left\{\frac{D}{\partial\lambda}\left(\frac{\partial\boldsymbol{p}_\lambda}{\partial t}\right)\right\}\cdot\frac{\partial\boldsymbol{p}_\lambda}{\partial t} \tag{7.24}$$

が得られる．

また一般に，曲面上の1つの曲線（t でパラメータ表示されている）に対する2つのベクトル場 $\boldsymbol{Z}$, $\boldsymbol{W}$ に対して

$$\frac{d}{dt}(\boldsymbol{Z}\cdot\boldsymbol{W})=\left(\frac{D\boldsymbol{Z}}{dt}\right)\cdot\boldsymbol{W}+\boldsymbol{Z}\cdot\left(\frac{D\boldsymbol{W}}{dt}\right)$$

が成立するので（あとがきの小林昭七 [2] の第3章第4節の式 (4.12) 参照），$\boldsymbol{Z}=\partial\boldsymbol{p}_\lambda/\partial\lambda$, $\boldsymbol{W}=\partial\boldsymbol{p}_\lambda/\partial t$ としてこの等式を用いる．さらに式 (7.23) により共変微分の変数を入れ替えることができて

$$\frac{\partial}{\partial t}\left(\frac{\partial\boldsymbol{p}_\lambda}{\partial\lambda}\cdot\frac{\partial\boldsymbol{p}_\lambda}{\partial t}\right)=\left\{\frac{D}{\partial\lambda}\left(\frac{\partial\boldsymbol{p}_\lambda}{\partial t}\right)\right\}\cdot\frac{\partial\boldsymbol{p}_\lambda}{\partial t}+\frac{\partial\boldsymbol{p}_\lambda}{\partial\lambda}\cdot\left\{\frac{D}{\partial t}\left(\frac{\partial\boldsymbol{p}_\lambda}{\partial t}\right)\right\}$$

を得る．この等式を変形すれば

$$\left\{\frac{D}{\partial\lambda}\left(\frac{\partial\boldsymbol{p}_\lambda}{\partial t}\right)\right\}\cdot\frac{\partial\boldsymbol{p}_\lambda}{\partial t}=\frac{\partial}{\partial t}\left(\frac{\partial\boldsymbol{p}_\lambda}{\partial\lambda}\cdot\frac{\partial\boldsymbol{p}_\lambda}{\partial t}\right)-\frac{\partial\boldsymbol{p}_\lambda}{\partial\lambda}\cdot\left\{\frac{D}{\partial t}\left(\frac{\partial\boldsymbol{p}_\lambda}{\partial t}\right)\right\} \tag{7.25}$$

を得る．式 (7.25) を式 (7.24) の右辺に代入した後，式 (7.21) に代入して $\lambda=0$ とする．このとき，t が $\lambda=0$ の場合の弧長パラメータであることに注意しよう．すると $|\partial\boldsymbol{p}_\lambda/\partial t|=1$ となり，式 (7.21) 分母の値は 2 となり

$$\begin{aligned}
L'(0)&=\int_0^\ell\left[\frac{\partial}{\partial t}\left(\frac{\partial\boldsymbol{p}_\lambda}{\partial\lambda}\cdot\frac{\partial\boldsymbol{p}_\lambda}{\partial t}\right)_{\lambda=0}-\frac{\partial\boldsymbol{p}_\lambda}{\partial\lambda}\cdot\left\{\frac{D}{\partial t}\left(\frac{\partial\boldsymbol{p}_\lambda}{\partial t}\right)\right\}_{\lambda=0}\right]dt\\
&=\left[\left(\frac{\partial\boldsymbol{p}_\lambda}{\partial\lambda}\cdot\frac{\partial\boldsymbol{p}_\lambda}{\partial t}\right)_{\lambda=0}\right]_{t=0}^{t=\ell}-\int_0^\ell\frac{\partial\boldsymbol{p}_\lambda}{\partial\lambda}\cdot\left\{\frac{D}{\partial t}\left(\frac{\partial\boldsymbol{p}_\lambda}{\partial t}\right)\right\}_{\lambda=0}dt\\
&=-\int_0^\ell\frac{\partial\boldsymbol{p}_\lambda}{\partial\lambda}\cdot\left\{\frac{D}{\partial t}\left(\frac{\partial\boldsymbol{p}_\lambda}{\partial t}\right)\right\}_{\lambda=0}dt
\end{aligned}$$

と書ける．ここで，$-\delta\leq\lambda\leq\delta$ なる任意の λ に対し $\boldsymbol{p}_\lambda(0)=\mathrm{P}$, $\boldsymbol{p}_\lambda(\ell)=\mathrm{Q}$ であるから

$$\frac{\partial\boldsymbol{p}_\lambda}{\partial\lambda}(0)=\frac{\partial\boldsymbol{p}_\lambda}{\partial\lambda}(\ell)=0$$

となることを用いている．さらに，$\lambda=0$ のときに t は弧長パラメータになっていることに再度注意しよう．$\boldsymbol{p}_0(t)$ が測地線であれば，式 (7.16) により

$$\frac{D}{\partial t}\left(\frac{\partial \boldsymbol{p}_\lambda}{\partial t}\right)\Big|_{\lambda=0}=0$$

であり，$L'(0)=0$ であることがわかる．すなわち，測地線は長さに関する汎関数の停留点になっている． □

逆に，停留点であれば測地線になっているだろうか．これに答えるのが次の命題である．

命題 7.2 ある $\delta>0$ があり，$\lambda\in(-\delta,\delta)$ で定義される C^2 曲線の族

$$C_\lambda=\{\boldsymbol{p}_\lambda\,|\,\boldsymbol{p}_\lambda(0)=\mathrm{P},\ \boldsymbol{p}_\lambda(\ell)=\mathrm{Q},\ 0\le t\le\ell\}$$

の中で，$\boldsymbol{p}_{\lambda_0}$ $(\lambda_0\in(-\delta,\delta))$ が長さ $L(\lambda)$ の停留点，すなわち，$\boldsymbol{p}_\lambda(t)$ を $\boldsymbol{p}_\lambda(0)=\mathrm{P}$, $\boldsymbol{p}_\lambda(\ell)=\mathrm{Q}$ となるような t, λ それぞれについて C^2 級である曲線族とし，$\boldsymbol{Y}(t)$ を $\boldsymbol{Y}(0)=\boldsymbol{Y}(\ell)=\boldsymbol{0}$ であるような任意のベクトル場とするとき，

$$\int_0^\ell \boldsymbol{Y}(t)\cdot\left\{\frac{D}{\partial t}\left(\frac{\partial \boldsymbol{p}_{\lambda_0}(t)}{\partial t}\right)\right\}dt=0 \tag{7.26}$$

が成り立っているならば，$\boldsymbol{p}_{\lambda_0}$ は測地線である．

証明 ここでは，式 (7.26) から

$$\frac{D}{\partial t}\left(\frac{\partial \boldsymbol{p}_{\lambda_0}(t)}{\partial t}\right)=\boldsymbol{0}$$

となることを示そう．ここで，特に $\varphi(t)\in C^1([0,\ell])$ で $\varphi(0)=\varphi(\ell)=0$ かつ $\varphi(t)>0$ $(0<t<\ell)$ を仮定し，

$$\boldsymbol{Y}(t)=\varphi(t)\frac{D}{\partial t}\left(\frac{\partial \boldsymbol{p}_\lambda(t)}{\partial t}\right)$$

とおく．この $\boldsymbol{Y}$ を式 (7.26) に代入すると

$$\int_0^\ell \varphi(t)\left|\frac{D}{\partial t}\left(\frac{\partial \boldsymbol{p}_{\lambda_0}(t)}{\partial t}\right)\right|^2 dt=0$$

となる．これは

$$\frac{D}{\partial t}\left(\frac{\partial \boldsymbol{p}_{\lambda_0}(t)}{\partial t}\right) \equiv 0$$

を意味し，測地線であることがわかる．　□

! 注意 7.6　直感的にいって，測地線は，それが乗っている曲面を平面に当てて回転させると，平面上では直線（または半直線もしくは線分）になるものと理解してよい．球を平面に接して回転させると，球の中心を通る直線が回転軸となる．したがって，球面の場合の測地線は大円（球の中心を含む平面で球面を切ったときの切り口）であることが納得できるであろう．小円では測地線にならない．

! 注意 7.7　測地線はただ1つとは限らない．球面を考え，赤道上の2点 P, Q を考える．点 P から赤道に沿って右回りに Q に向かう経路も，左回りに向かう経路も双方測地線となる．さらに，北極点と南極点を考えると，経線に沿った経路はすべて測地線で，この場合は測地線が無数にあることになる．

なお，一般に次の補題が成り立つので，命題 7.2 は実は次の補題からも導き出すことができる．

補題 7.1　$f(t)$ は区間 $[a,b]$ で定義された連続関数とする．$\varphi(a)=\varphi(b)=0$ である任意の連続関数 $\varphi(t)$ に対して

$$\int_a^b f(t)\varphi(t)\,dt = 0$$

が成り立つならば，$f(t)\equiv 0$ である．

証明　$f(t)\equiv 0$ なら明らかなので，$f(t)\not\equiv 0$ とする．$f(t)$ は連続関数なので $f(c)>0$ $(c\in(a,b))$ ならば，ある $\delta>0$ がとれて $f(t)>0$ $(t\in(c-\delta,c+\delta))$ となる．$c=a$ のときは $[a,a+\delta)$，$c=b$ のときは $(b-\delta,b]$ とみなす．このとき，連続関数 $\varphi(t)$ を $\varphi(t)>0$ $(t\in(c-\delta/2,c+\delta/2))$ かつ $\varphi(t)=0$ $(t\in[a,c-\delta/2]\cup[c+\delta/2,b])$ ととる．この φ に対して

$$\int_a^b f(t)\varphi(t)\,dt > 0$$

となり仮定に矛盾する．したがって，$f(t)\equiv 0$ $(t\in[a,b])$ である．　□

発展的話題

球面での三角形の内角の和はどうなっているだろうか．球面の三角形とは，各辺が大円の一部（各辺が測地線）となっている 3 角形をいう．たとえば，北極と赤道上の相異なる 2 点を大円で結んでできる三角形を考えてみよう．子午線 2 本と赤道で囲まれる三角形を考えるのである．赤道は子午線と直交しているので，ここの 2 角の和だけで π になる．北極での子午線のなす角が加わるので，球面上の三角形の場合，内角の和は π を超える．では，一般にはどうだろうか．これに答えるのが，次のガウス・ボンネ（Bonnet）の定理である．慎重で長い計算が必要であるが，基本は式 (6.22) を曲面上で積分し，定理 6.2 を用いれば示される．

定理 7.4　3 次元空間内の滑らかな曲面 S 上に，3 点 A, B, C があり，これらのうち 2 点ずつを測地線で結んだ三角形を T とする．各頂点での測地線の接ベクトルのなす角（三角形の内部がその間にあるように測る）を ψ_1，ψ_2，ψ_3 とおく．このとき，T の内部の各点での前曲率を K とおくと，

$$\psi_1 + \psi_2 + \psi_3 = \pi + \int_T K\,dS$$

が成り立つ．ここで，dS は曲面 S の面素である．

定理の簡単な説明をすると，曲面上の三角形の内部領域 T 上で 式 (6.22) を積分すると

$$\int_T K\,dS = \int_T K\theta^1 \wedge \theta^2 = \int_T d{\omega_1}^2 = \int_{\partial T} {\omega_1}^2$$

となる．最後の等式は定理 6.2 による．最右辺の値を計算することになるが，この計算を完遂すると右辺は $\psi_1 + \psi_2 + \psi_3 - \pi$ になる．詳しくは，小林昭七 [2] の第 4 章を読んでほしい．

! 注意 7.8　球面では $K > 0$ であるから，球面三角形の内角の和は π より大きい．また，平面の場合は $K = 0$ であるから，三角形の内角の和は π であることがわかる．

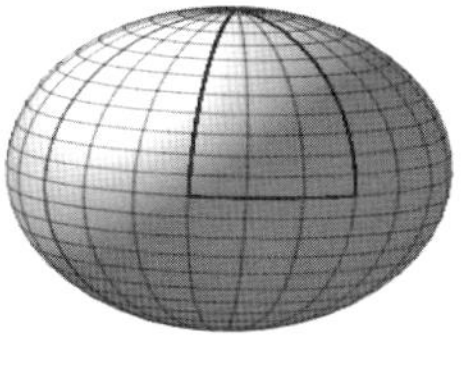

章末問題

1.　$r > 0$ は定数であるとし，$\boldsymbol{p} = ((2r + r\cos u)\cos v, (2r + r\cos u)\sin v, r\sin u)$

とする．第1基本量 E, F, G とガウス曲率 K を求めよ．

2. $f(u,v)$ を滑らかな関数とする．このとき，任意のベクトル場

$$X = \xi\frac{\partial}{\partial u} + \eta\frac{\partial}{\partial v}$$

に対して $\langle X, df\rangle = 0$ となるなら，$f(u,v)$ は定数であることを示せ．

3. $\boldsymbol{p}(s) = \left(\sin s\cos\frac{s}{2},\ \sin s\sin\frac{s}{2},\ \frac{\sqrt{3}}{2}\cos s\right)$ とおく．このとき，s は弧長パラメータであることを示せ．また，$s=\pi$ のとき，測地的曲率ベクトル $\boldsymbol{k}_g$ と法曲率ベクトル $\boldsymbol{k}_n$ を求めよ．

第8章 テンソル

この章ではテンソルについて初歩的な解説を試みる．ベクトルや行列に比べて難しい概念と思われがちであるが，ここに出てくる内容においては，事実上は行列とその成分の話であるとみなせば十分である．実際，テンソルという言葉は，英語の “tension” すなわち「張力」とか，「伸ばす」という意味のラテン語 “tendere” が語源であるといわれている．弾性体や気体に圧力を加えて変形させるときの力の働き具合を表現することから発展してきた概念である．「応力テンソル」とか，「ひずみテンソル」とかいう言葉が物理学で出てくるが，これらはやはり，行列を用いてベクトルを変換することで表されている．はじめは変換の担い手である行列に着目して話を進める．

少しだけ，「ひずみテンソル」について解説しよう．圧縮により変形する物体を弾性体というが，弾性体は，例えば x 軸方向から押されても x 軸方向以外に，一般には y 軸方向，z 軸方向にも変形する．このことから，$\Delta x, \Delta y, \Delta z$ を微小量として，点 (x, y, z) と点 $(x+\Delta x, y+\Delta y, z+\Delta z)$ での物体の変位をそれぞれ $(u(x,y,z), v(x,y,z), w(x,y,z)), (u(x,y,z)+\delta u, v(x,y,z)+\delta v, w(x,y,z)+\delta w)$ であるとすると，次の関係式が知られている．

$$\begin{pmatrix} \delta u \\ \delta v \\ \delta w \end{pmatrix} = \begin{pmatrix} \dfrac{\partial u}{\partial x} & \dfrac{\partial u}{\partial y} & \dfrac{\partial u}{\partial z} \\ \dfrac{\partial v}{\partial x} & \dfrac{\partial v}{\partial y} & \dfrac{\partial v}{\partial z} \\ \dfrac{\partial w}{\partial x} & \dfrac{\partial w}{\partial y} & \dfrac{\partial w}{\partial z} \end{pmatrix} \begin{pmatrix} \Delta x \\ \Delta y \\ \Delta z \end{pmatrix} + O((\delta x)^2+(\delta y)^2+(\delta z)^2). \quad (8.1)$$

ここで,

$$e_{xy} = e_{yx} = \frac{1}{2}\left(\frac{\partial v}{\partial x} + \frac{\partial u}{\partial y}\right),$$

$$e_{yz} = e_{zy} = \frac{1}{2}\left(\frac{\partial w}{\partial y} + \frac{\partial v}{\partial z}\right),$$

$$e_{zx} = e_{xz} = \frac{1}{2}\left(\frac{\partial u}{\partial z} + \frac{\partial w}{\partial x}\right),$$

$$e_{xx} = \frac{\partial u}{\partial x}, \quad e_{yy} = \frac{\partial v}{\partial y}, \quad e_{zz} = \frac{\partial w}{\partial z},$$

$$\omega_x = \frac{1}{2}\left(\frac{\partial w}{\partial y} - \frac{\partial v}{\partial z}\right),\ \omega_y = \frac{1}{2}\left(\frac{\partial u}{\partial z} - \frac{\partial w}{\partial x}\right),\ \omega_z = \frac{1}{2}\left(\frac{\partial v}{\partial x} - \frac{\partial u}{\partial y}\right)$$

とおくと，式 (8.1) に現れる行列は，流体力学においては**変形速度テンソル**とよばれる行列である．これを以下のように分解する：

$$\begin{pmatrix} \frac{\partial u}{\partial x} & \frac{\partial u}{\partial y} & \frac{\partial u}{\partial z} \\ \frac{\partial v}{\partial x} & \frac{\partial v}{\partial y} & \frac{\partial v}{\partial z} \\ \frac{\partial w}{\partial x} & \frac{\partial w}{\partial y} & \frac{\partial w}{\partial z} \end{pmatrix} = \begin{pmatrix} e_{xx} & e_{xy} & e_{xz} \\ e_{yx} & e_{yy} & e_{yz} \\ e_{zx} & e_{zy} & e_{zz} \end{pmatrix} + \begin{pmatrix} 0 & -\omega_z & \omega_y \\ \omega_z & 0 & -\omega_x \\ -\omega_y & \omega_x & 0 \end{pmatrix}. \tag{8.2}$$

右辺の 1 項目の行列を**ひずみテンソル**という．2 項目は**渦度テンソル**（3.4 節参照）を表す．このように，テンソルとは力学の応用の面でも出てくる概念であり，この場合，その実体は行列であることがわかる．この章では，まずは実体が行列であるようなテンソルについて説明をしていく．またその後で，変数変換による添え字の変化の立場からも解説する．

まずは，行列の前に「ベクトル」に当たるものを，変数変換の立場（添え字がどのように変化するか）から解説しよう．ベクトルが共変ベクトルと反変ベクトルに分類されることから始める．計量ベクトル空間についても少し触れる．

最後に，テンソルで表現されたアインシュタイン（Einstein）の重力場の方程式を特殊な場合に解き，何をもってブラックホールとよばれているのかが理解できることを目標にする．

8.1 共変ベクトル，反変ベクトル

はじめに，ベクトルの変数変換からみていこう．3 次元空間の点の座標を (x_1, x_2, x_3) とする．これらの各成分が，別の 3 つのパラメータについての C^1 級関数として

$$x_1 = x_1(t_1, t_2, t_3), \quad x_2 = x_2(t_1, t_2, t_3), \quad x_3 = x_3(t_1, t_2, t_3)$$

と表せたとしよう．C^1 級なのでそれぞれの全微分を考えると

$$dx_i = \frac{\partial x_i}{\partial t_1}dt_1 + \frac{\partial x_i}{\partial t_2}dt_2 + \frac{\partial x_i}{\partial t_3}dt_3 \quad (i = 1, 2, 3) \tag{8.3}$$

となる．変数変換によって現れる偏微分の記号の分母の添え字が変化し，その和をとる形となっている．

一方，同じ (x_1, x_2, x_3) に対して

$$f(x_1, x_2, x_3) = f(x_1(t_1, t_2, t_3), x_2(t_1, t_2, t_3), x_3(t_1, t_2, t_3)) \tag{8.4}$$

とおこう．このとき，

$$\frac{\partial f}{\partial t_1} = \frac{\partial f}{\partial x_1}\frac{\partial x_1}{\partial t_1} + \frac{\partial f}{\partial x_2}\frac{\partial x_2}{\partial t_1} + \frac{\partial f}{\partial x_3}\frac{\partial x_3}{\partial t_1} \tag{8.5}$$

のように，変数変換にともなって現れる偏微分の記号の分子の添え字が変化し，その和をとっている形となっている．

このように変数変換を行ったとき，分母が変化する場合と分子が変化する場合が存在する．変数変換によって式 (8.5) のように分子が変化する通常のベクトルを，以後，**反変ベクトル**といい，伝統的に添え字は右上に付ける．すなわち，(t_1, t_2, t_3) という書き方ではなく，(t^1, t^2, t^3) のように書く．べき乗と紛らわしいが，この章ではこのような表記をする．なお，これらのべき乗を表す必要があるときは $(t^i)^m$ のように括弧を付けて表示する．

他方，変数変換によって式 (8.3) のように分母が変化する場合は，**共変ベクトル**という．この場合は，添え字を付ける必要がないが，共変の場合で添え字を付ける場合は，右下に付けるのが伝統である．したがって，(t_1, t_2, t_3) と書いてしまうと，共変ベクトル 3 つの組とみなされてしまう可能性がある．

反変ベクトルは，通常のベクトルである．では，共変ベクトルとは何者であろうか．共変の例として関数の全微分を挙げたが，これでは実態がわかりにく

いと思われる．むしろ，全微分は「積分するための作用素」とみた方がよい．微分した関数を積分すると元に戻るが，微分という操作を行った後，積分の操作をして実数を得るとここでは考えよう．すなわち，共変とよばれるものは，ある対象に線形（積分は線形である）に作用して，実数を与えるものと考えてよかろう．したがって，ここから反変ベクトルを実数に写す線形写像を考えよう．一般に，線形空間から実数への線形写像を**一次形式**[1)]という．

n 次元ユークリッド空間 $\mathbb{R}^n$ において，$\ell(\boldsymbol{x})$ が $\mathbb{R}^n$ 上の一次形式であるとは，ℓ は $\mathbb{R}^n$ から実数への写像であって，かつ任意のベクトル $\boldsymbol{x}$, $\boldsymbol{y}$ と任意の実数 α, β に対して，

$$\ell(\alpha\boldsymbol{x} + \beta\boldsymbol{y}) = \alpha\ell(\boldsymbol{x}) + \beta\ell(\boldsymbol{y})$$

となるときをいう．

また，2つの $\mathbb{R}^n$ 上の一次形式 ℓ_1 と ℓ_2 があったとき，任意の実数 a_1, a_2 に対して $a_1\ell_1 + a_2\ell_2$ も $\mathbb{R}^n$ 上の一次形式となることは容易にわかる．したがって，$\mathbb{R}^n$ 上の一次形式の集合は，線形空間をなす．それをいま，$(\mathbb{R}^n)^*$ と表そう．一次形式のつくる線形空間はどのようなものであろうか．次の定理が成り立つ．

定理 8.1　$\mathbb{R}^n$ 上の一次形式がなす空間 $(\mathbb{R}^n)^*$ は，$\mathbb{R}^n$ と同一視できる．すなわち，$\mathbb{R}^n$ と $(\mathbb{R}^n)^*$ との間には，一対一かつ上への対応が存在する．

このように $\mathbb{R}^n$ と同一視はできるが，$\mathbb{R}^n$ 上の一次形式を**共変ベクトル**という．

証明　$\mathbb{R}^n$ の標準的な正規直交基底を $\boldsymbol{e}_i$ $(i = 1, 2, \ldots, n)$ とする．$\ell(\boldsymbol{x})$ を $\mathbb{R}^n$ 上の一次形式とする．このとき，ℓ の線形性から $\boldsymbol{x} = \alpha_1\boldsymbol{e}_1 + \alpha_2\boldsymbol{e}_2 + \cdots + \alpha_n\boldsymbol{e}_n$ であれば

$$\ell(\boldsymbol{x}) = \ell(\alpha_1\boldsymbol{e}_1 + \alpha_2\boldsymbol{e}_2 + \cdots + \alpha_n\boldsymbol{e}_n) = \alpha_1\ell(\boldsymbol{e}_1) + \alpha_2\ell(\boldsymbol{e}_2) + \cdots + \alpha_n\ell(\boldsymbol{e}_n)$$

となる．したがって，n 個の値 $\ell(\boldsymbol{e}_i)$ $(i = 1, 2, \ldots, n)$ がわかれば，一次形式は1通りに決まる．$a_i = \ell(\boldsymbol{e}_i)$ $(i = 1, 2, \ldots, n)$ とおけば，

[1)] 関数のつくる空間から実数への一次形式を汎函数という．

$$\begin{aligned}\ell(\boldsymbol{x}) &= \alpha_1 a_1 + \alpha_2 a_2 + \cdots + \alpha_n a_n \\ &= (a_1\boldsymbol{e}_1 + a_2\boldsymbol{e}_2 + \cdots + a_n\boldsymbol{e}_n)\cdot(\alpha_1\boldsymbol{e}_1 + \alpha_2\boldsymbol{e}_2 + \cdots + \alpha_n\boldsymbol{e}_n)\end{aligned}$$

と書ける．ここでさらに，

$$\boldsymbol{a} = a_1\boldsymbol{e}_1 + a_2\boldsymbol{e}_2 + \cdots + a_n\boldsymbol{e}_n$$

とおくと，$\ell(\boldsymbol{x}) = \boldsymbol{a}\cdot\boldsymbol{x}$ と表せる．$a_i = \ell(\boldsymbol{e}_i)$ は任意の実数値をとりうるので，一次形式 ℓ とベクトル $\boldsymbol{a}$ が一対一かつ上への対応であることがわかる．したがって，一次形式のつくる集合は，$\mathbb{R}^n$ と同一視できる． □

! 注意 8.1　この定理 8.1 は有限次元特有のものではなく，ヒルベルト (Hilbert) 空間とよばれる無限次元の関数空間においても成り立つ．この場合はリース (Riesz) の定理とよばれている．

! 注意 8.2　$\mathbb{R}^n$ と $\mathbb{R}^n$ 上の一次形式の集合 (空間) $(\mathbb{R}^n)^*$ は同一視できるので，$(\mathbb{R}^n)^*$ 上の一次形式を考えるのは本質的には意味がないことであるが，共変ベクトル空間上の一次形式の元を反変ベクトルと表現することがある．

! 注意 8.3　この節のはじめに述べた全微分であるが，これを微分操作に対する一次形式とみなすこともできる．本書では深入りしないが，後の節のリーマン計量のところではこのようにみなした方がよい場合がある．

! 注意 8.4　共変ベクトルを 1 階の共変テンソル，反変ベクトルを 1 階の反変テンソルとよぶこともある．同様にスカラーを 0 階のテンソルとよぶこともある．

8.2 共変テンソル，混合テンソル，反変テンソル

この節では，2 階の 3 つのテンソル（共変テンソル，混合テンソル，反変テンソル）について説明を加えていく．前節のように，一次形式をまず考える．ただし，2 階と書いたのは，2 つの元から定まる量であることを意味していることに注意しよう．

8.2.1 2 階の共変テンソル

まず，2 階の共変テンソルの定義を与える．

定義 8.1　$\boldsymbol{a}, \boldsymbol{b} \in \mathbb{R}^n$ として，2つの反変ベクトルから決まる実数 $T(\boldsymbol{a}, \boldsymbol{b})$ が次の**双一次条件**を満たすとき，T を2階の**共変テンソル**という：

$$T(\alpha \boldsymbol{a}_1 + \beta \boldsymbol{a}_2, \boldsymbol{b}) = \alpha T(\boldsymbol{a}_1, \boldsymbol{b}) + \beta T(\boldsymbol{a}_2, \boldsymbol{b})$$

$$T(\boldsymbol{a}, \alpha \boldsymbol{b}_1 + \beta \boldsymbol{b}_2) = \alpha T(\boldsymbol{a}, \boldsymbol{b}_1) + \beta T(\boldsymbol{a}, \boldsymbol{b}_2).$$

ここで，$\boldsymbol{a}_1, \boldsymbol{a}_2, \boldsymbol{b}_1, \boldsymbol{b}_2 \in \mathbb{R}^n$, $\alpha, \beta \in \mathbb{R}$ である．

以下，簡単のため，しばらく $n = 3$ として考えよう．前節の定理 8.1 のように，$\mathbb{R}^3$ の標準基底 $\boldsymbol{e}_1, \boldsymbol{e}_2, \boldsymbol{e}_3$ について，9個の値

$$t_{ij} = T(\boldsymbol{e}_i, \boldsymbol{e}_j), \quad i, j = 1, 2, 3$$

が決まれば，任意の $\boldsymbol{x}, \boldsymbol{y} \in \mathbb{R}^3$ に対する $T(\boldsymbol{x}, \boldsymbol{y})$ の値が決まる．

実際，$\boldsymbol{x} = a^1 \boldsymbol{e}_1 + a^2 \boldsymbol{e}_2 + a^3 \boldsymbol{e}_3$，$\boldsymbol{y} = b^1 \boldsymbol{e}_1 + b^2 \boldsymbol{e}_2 + b^3 \boldsymbol{e}_3$ とすると，双一次条件より

$$T(\boldsymbol{x}, \boldsymbol{y}) = \sum_{i=1}^{3} a^i \left(\sum_{j=1}^{3} b^j t_{ij} \right)$$

となる．これを行列を用いて2次形式の形で表せば，

$$T(\boldsymbol{x}, \boldsymbol{y}) = (a^1 \ a^2 \ a^3) \begin{pmatrix} t_{11} & t_{12} & t_{13} \\ t_{21} & t_{22} & t_{23} \\ t_{31} & t_{32} & t_{33} \end{pmatrix} \begin{pmatrix} b^1 \\ b^2 \\ b^3 \end{pmatrix}$$

と表すことができる．2階の共変テンソル T は行列

$$\hat{T} = \begin{pmatrix} t_{11} & t_{12} & t_{13} \\ t_{21} & t_{22} & t_{23} \\ t_{31} & t_{32} & t_{33} \end{pmatrix} \tag{8.6}$$

で表現される（事実上行列である）とみなしてよい．

$\mathbb{R}^n$ の2階共変テンソルは，$\mathbb{R}^n$ の標準基底 $\boldsymbol{e}_i$ $(i = 1, 2, \ldots, n)$ を用い

$$t_{ij} = T(\boldsymbol{e}_i, \boldsymbol{e}_j) \quad (i, j = 1, 2, \ldots, n)$$

とおいて，$n \times n$ 行列 $\hat{T} = (t_{ij})$ によって表現されるとみなすことができる．

特に，2 つのベクトル $\boldsymbol{x}, \boldsymbol{y}$ に対して

$$T(\boldsymbol{x}, \boldsymbol{y}) = \boldsymbol{x} \cdot \boldsymbol{y}$$

とおくと，これは双一次条件を満たす．この場合の表現行列 $\hat{T}$ は $t_{ij} = \delta_{ij}$ $(i, j = 1, 2, 3)$ と定めることで定義され，3 次の単位行列である．

また，φ, ψ を $\mathbb{R}^n$ 上の一次形式（共変ベクトル）とする．このとき，

$$T(\boldsymbol{x}, \boldsymbol{y}) = \varphi(\boldsymbol{x})\psi(\boldsymbol{y})$$

とおくと，T は双一次条件を満たす．このようにして，2 つの一次形式から双一次形式を構成できる．このとき，

$$T = \varphi \otimes \psi$$

と表し，右辺を φ と ψ の**テンソル積**という．逆に任意の双一次形式は，一次形式のテンソル積で表現できる．

8.2.2 混合テンソル

共変テンソルは，双一次形式であった．では，反変ベクトルから反変ベクトルへの線形写像を考えてみよう．

定義 8.2 任意の $\boldsymbol{a}, \boldsymbol{b} \in \mathbb{R}^n$ と任意の実数 α, β に対して，

$$T(\alpha\boldsymbol{a} + \beta\boldsymbol{b}) = \alpha T(\boldsymbol{a}) + \beta T(\boldsymbol{b})$$

となる $\mathbb{R}^n$ から $\mathbb{R}^n$ への写像を，2 階の**混合テンソル**という．

例えば，$\mathbb{R}^3$ の標準基底 $\boldsymbol{e}_1$, $\boldsymbol{e}_2$, $\boldsymbol{e}_3$ に対して，

$$T(\boldsymbol{e}_i) = T_i^1\boldsymbol{e}_1 + T_i^2\boldsymbol{e}_2 + T_i^3\boldsymbol{e}_3 \quad (i = 1, 2, 3)$$

と定義することができる．ここで，T_j^i $(i, j = 1, 2, 3)$ は実数である．このとき，

$$T(a^1\boldsymbol{e}_1 + a^2\boldsymbol{e}_2 + a^3\boldsymbol{e}_3) = \begin{pmatrix} T^1_1 & T^1_2 & T^1_3 \\ T^2_1 & T^2_2 & T^2_3 \\ T^3_1 & T^3_2 & T^3_3 \end{pmatrix} \begin{pmatrix} a^1 \\ a^2 \\ a^3 \end{pmatrix}$$

で表現される．この行列

$$\hat{T} = \begin{pmatrix} T^1_1 & T^1_2 & T^1_3 \\ T^2_1 & T^2_2 & T^2_3 \\ T^3_1 & T^3_2 & T^3_3 \end{pmatrix}$$

を混合テンソル T の**表現行列**という．混合テンソルの場合も行列が重要な鍵を握ることがわかる．

なお，2階の混合テンソル T に対して，反変ベクトル $\boldsymbol{a}$ に T を作用させてから $\boldsymbol{b}$ との内積をとる作用を

$$\tilde{T}(\boldsymbol{a}, \boldsymbol{b}) = T\boldsymbol{a} \cdot \boldsymbol{b}$$

とおくと，$\tilde{T}$ は2階の共変テンソルになる．このとき，$\tilde{T}$ は**混合テンソル T が定める共変テンソル**とよばれる．

8.2.3　反変テンソル

前節の注意 8.2 において，反変ベクトルは共変ベクトルに対する一次形式であると述べた．ここでは，その考え方を適用しよう．

定義 8.3　2つの共変ベクトル φ, ψ に対して，ただ1つの実数 $\Phi(\varphi, \psi)$ が決まり，さらに $\varphi_i, \psi_i \in (\mathbb{R}^n)^*$ $(i = 1, 2)$ と実数 a_i, b_i $(i = 1, 2)$ に対して，双一次条件

$$\begin{aligned} \Phi(a_1\varphi_1 + a_2\varphi_2, \psi) &= a_1\Phi(\varphi_1, \psi) + a_2\Phi(\varphi_2, \psi) \\ \Phi(\varphi, b_1\psi_1 + b_2\psi_2) &= b_1\Phi(\varphi, \psi_1) + b_2\Phi(\varphi, \psi_2) \end{aligned}$$

を満たすとき，Φ を**反変テンソル**という．

共変テンソルの場合と同様，$(\mathbb{R}^3)^*$ の標準基底 $\boldsymbol{\phi}_1, \boldsymbol{\phi}_2, \boldsymbol{\phi}_3$ について，9 個の値

$$t^{ij} = \Phi(\boldsymbol{\phi}_i, \boldsymbol{\phi}_j), \quad i, j = 1, 2, 3$$

が決まれば，任意の $\varphi, \psi \in (\mathbb{R}^3)^*$ に対する $\Phi(\varphi, \psi)$ の値が決まる．

実際，$\varphi = a_1\boldsymbol{\phi}_1 + a_2\boldsymbol{\phi}_2 + a_3\boldsymbol{\phi}_3$, $\psi = b_1\boldsymbol{\phi}_1 + b_2\boldsymbol{\phi}_2 + b_3\boldsymbol{\phi}_3$ とすると，

$$\Phi(\varphi, \psi) = \sum_{i=1}^{3} a_i \left(\sum_{j=1}^{3} b_j t^{ij} \right)$$

であることがわかる．これを行列を用いて 2 次形式の形で表せば，

$$\Phi(\varphi, \psi) = (a_1\ a_2\ a_3) \begin{pmatrix} t^{11} & t^{12} & t^{13} \\ t^{21} & t^{22} & t^{23} \\ t^{31} & t^{32} & t^{33} \end{pmatrix} \begin{pmatrix} b_1 \\ b_2 \\ b_3 \end{pmatrix}$$

と表すことができる．2 階の反変テンソル Φ は行列

$$\hat{T} = \begin{pmatrix} t^{11} & t^{12} & t^{13} \\ t^{21} & t^{22} & t^{23} \\ t^{31} & t^{32} & t^{33} \end{pmatrix} \tag{8.7}$$

で表現される（事実上行列である）とみなしてよい．

しかしながら，共変ベクトルは，定理 8.1 により反変ベクトル $\boldsymbol{a}, \boldsymbol{b} \in \mathbb{R}^n$ によって，

$$\varphi(\boldsymbol{x}) = \boldsymbol{a} \cdot \boldsymbol{x}, \quad \psi(\boldsymbol{x}) = \boldsymbol{b} \cdot \boldsymbol{x}$$

と書けて，それぞれの反変ベクトルと同一視できる．したがって，一次形式に対する 2 階の共変テンソル $\Phi(\varphi, \psi)$ は，$\Phi(\varphi, \psi) = \Phi(\boldsymbol{a}, \boldsymbol{b})$ とみなし，右辺は 2 つのベクトル $\boldsymbol{a}, \boldsymbol{b}$ に対する共変テンソルとみなすこともできる．

8.2.4 高階のテンソル

ここでは，3 階以上のテンソルを考えよう．今までは，双一次条件を考えてきたが，高階の場合には，これを一般化した多重線形条件を考えることになる．このようなものに出会ったことはないと思えるかもしれないが，行列式は，各列

ベクトル（もしくは各行ベクトル）について多重線形条件を満たしている．ここから，明確に定義を述べよう．

定義 8.4　m 個の n 次元反変ベクトル $\boldsymbol{a}_i$ $(i=1,2,\ldots,m)$ に対して，1つの実数 $\Psi(\boldsymbol{a}_1,\boldsymbol{a}_2,\ldots,\boldsymbol{a}_m)$ が対応して，しかも**多重線形条件**を満たすとき，Ψ を m 階の共変テンソルという．ここで，多重線形条件とは，$\boldsymbol{b}_1,\boldsymbol{b}_2$ を n 次元反変ベクトル，α, β を実数としたとき，任意の自然数 $k\in\{1,2,\ldots,n\}$ に対して

$$\Psi(\boldsymbol{a}_1,\boldsymbol{a}_2,\ldots,\boldsymbol{a}_{k-1},\alpha\boldsymbol{b}_1+\beta\boldsymbol{b}_2,\boldsymbol{a}_{k+1},\ldots,\boldsymbol{a}_n)$$
$$=\alpha\Psi(\boldsymbol{a}_1,\boldsymbol{a}_2,\ldots,\boldsymbol{a}_{k-1},\boldsymbol{b}_1,\boldsymbol{a}_{k+1},\ldots,\boldsymbol{a}_n)$$
$$+\beta\Psi(\boldsymbol{a}_1,\boldsymbol{a}_2,\ldots,\boldsymbol{a}_{k-1},\boldsymbol{b}_2,\boldsymbol{a}_{k+1},\ldots,\boldsymbol{a}_n)$$

となることをいう．

n 個の n 次元反変ベクトル $\boldsymbol{a}_i$ $(i=1,2,\ldots,n)$ (列ベクトルとみなす）と $\boldsymbol{b}_1,\boldsymbol{b}_2$ も n 次元反変ベクトルとすると，実数 α, β に対して，列ベクトルを横に並べてつくる n 次正方行列 $A=(\boldsymbol{a}_1\ \boldsymbol{a}_2\ \ldots\boldsymbol{a}_{k-1}\ \alpha\boldsymbol{b}_1+\beta\boldsymbol{b}_2\ \boldsymbol{a}_{k+1}\ \ldots\boldsymbol{a}_n)$ において，

$$\det A=\alpha\det(\boldsymbol{a}_1\ \boldsymbol{a}_2\ \ldots\boldsymbol{a}_{k-1}\ \boldsymbol{b}_1\ \boldsymbol{a}_{k+1}\ \ldots\boldsymbol{a}_n)$$
$$+\beta\det(\boldsymbol{a}_1\ \boldsymbol{a}_2\ \ldots\boldsymbol{a}_{k-1}\ \boldsymbol{b}_2\ \boldsymbol{a}_{k+1}\ \ldots\boldsymbol{a}_n)$$

となることがわかる．行列式は，共変テンソルの例となっている．

2階の共変テンソルに従えば，「行列のようなのもの」で共変テンソルを表現できるはずであるが，3階の場合ですらそれは「立体行列」のようなものになると想像される．それ以上の高階であれば，「超立体行列」とでもいうべき並べ方をしなければならず，とても無理である．したがって，高階の場合には行列表現は行わないことにする．

なお，$\mathbb{R}^n$ 上の m 個の一次形式 ℓ_i $(i=1,2,\ldots,m)$ を用いて

$$\Psi(\boldsymbol{a}_1,\boldsymbol{a}_2,\ldots,\boldsymbol{a}_m)=\ell_1(\boldsymbol{a}_1)\ell_2(\boldsymbol{a}_2)\cdots\ell_m(\boldsymbol{a}_m)$$

とおくと，Ψ は m 階の共変テンソルになる．このとき，

$$\Psi = \ell_1 \otimes \ell_2 \otimes \cdots \otimes \ell_m$$

と表して，ℓ_1，ℓ_2，$\ldots, \ell_m$ の**テンソル積**という．

同様にして，m 個の共変ベクトル φ_i $(i = 1, 2, \ldots, m)$ に対して，1 つの実数 $\Phi(\varphi_1, \varphi_2, \ldots, \varphi_m)$ が定まり，Φ が多重線形条件を満たすとき，m 階の反変テンソルという．各共変ベクトルは，反変ベクトルと同一視できるので，高階であっても反変テンソルは共変テンソルと同一視できる．

さらに，r 個の反変ベクトル $\boldsymbol{a}_i$ $(i = 1, 2, \ldots, r)$ と s 個の共変ベクトル φ_i $(i = 1, 2, \ldots, s)$ に対して，1 つの実数 $\Psi(\boldsymbol{a}_1, \boldsymbol{a}_2, \ldots, \boldsymbol{a}_r, \varphi_1, \varphi_2, \ldots, \varphi_s)$ が定まり，Ψ が多重線形条件を満たすとき，r 階共変，s 階反変テンソルという．もちろんこの場合も，$(r+s)$ 階の共変テンソルと同一視できる．同一視できるなら区別の必要がないともいえるが，変数変換の視点でみると区別が必要な場合もある．

8.2.5 変数変換からの見方

8.1 節において，共変ベクトル，反変ベクトルを変数変換の立場で説明した．続いて，2 階のテンソルにおいては双一次形式で説明したが，2 階のテンソルでの変数変換はどうなっているだろうか．それについて，ここで説明を行う．

簡単のため，x^1，x^2 を独立変数とし，これらが滑らかな関数により，$t^1 = t^1(x^1, x^2)$，$t^2 = t^2(x^1, x^2)$ と変数変換されたとしよう．しかも，この変換は一対一で，逆写像も滑らかであるとする．このとき，t^1，t^2 に関する滑らかな関数 $f(t^1, t^2)$，$g(t^1, t^2)$ において，

$$\frac{\partial f}{\partial t^1}\frac{\partial g}{\partial t^1}, \qquad \frac{\partial f}{\partial t^1}\frac{\partial g}{\partial t^2}$$

を x^1，x^2 で表してみよう．すると

$$\begin{aligned}\frac{\partial f}{\partial t^1}\frac{\partial g}{\partial t^1} &= \left(\frac{\partial f}{\partial x^1}\frac{\partial x^1}{\partial t^1}+\frac{\partial f}{\partial x^2}\frac{\partial x^2}{\partial t^1}\right)\left(\frac{\partial g}{\partial x^1}\frac{\partial x^1}{\partial t^1}+\frac{\partial g}{\partial x^2}\frac{\partial x^2}{\partial t^1}\right)\\ &= \frac{\partial x^1}{\partial t^1}\frac{\partial x^1}{\partial t^1}\frac{\partial f}{\partial x^1}\frac{\partial g}{\partial x^1}+\frac{\partial x^1}{\partial t^1}\frac{\partial x^2}{\partial t^1}\frac{\partial f}{\partial x^1}\frac{\partial g}{\partial x^2}\\ &\quad +\frac{\partial x^1}{\partial t^1}\frac{\partial x^2}{\partial t^1}\frac{\partial f}{\partial x^2}\frac{\partial g}{\partial x^1}+\frac{\partial x^2}{\partial t^1}\frac{\partial x^2}{\partial t^1}\frac{\partial f}{\partial x^2}\frac{\partial g}{\partial x^2}\end{aligned} \tag{8.8}$$

となり，

$$\begin{aligned}\frac{\partial f}{\partial t^1}\frac{\partial g}{\partial t^2} &= \left(\frac{\partial f}{\partial x^1}\frac{\partial x^1}{\partial t^1}+\frac{\partial f}{\partial x^2}\frac{\partial x^2}{\partial t^1}\right)\left(\frac{\partial g}{\partial x^1}\frac{\partial x^1}{\partial t^2}+\frac{\partial g}{\partial x^2}\frac{\partial x^2}{\partial t^2}\right)\\ &= \frac{\partial x^1}{\partial t^1}\frac{\partial x^1}{\partial t^2}\frac{\partial f}{\partial x^1}\frac{\partial g}{\partial x^1}+\frac{\partial x^1}{\partial t^1}\frac{\partial x^2}{\partial t^2}\frac{\partial f}{\partial x^1}\frac{\partial g}{\partial x^2}\\ &\quad +\frac{\partial x^2}{\partial t^1}\frac{\partial x^1}{\partial t^2}\frac{\partial f}{\partial x^2}\frac{\partial g}{\partial x^1}+\frac{\partial x^2}{\partial t^1}\frac{\partial x^2}{\partial t^2}\frac{\partial f}{\partial x^2}\frac{\partial g}{\partial x^2}\end{aligned} \tag{8.9}$$

のようになる．少しわかりにくいかもしれないが，いずれの場合も微分係数の積である

$$\frac{\partial x^i}{\partial t^1}\frac{\partial x^j}{\partial t^1},\quad \frac{\partial x^i}{\partial t^1}\frac{\partial x^j}{\partial t^2}$$

において，i, j は $1, 2$ の値をとるが，分母の記号は式 (8.8) においては，右辺の ∂t^1 と ∂t^1 は固定され，式 (8.9) においては，∂t^1 と ∂t^2 は固定されている．このように，テンソルの各成分において，このような変数変換で分母の偏微分記号の添え字が変化しない場合を**2 階の共変テンソル**という．7.2 節に従うと，2 つの偏微分作用素のテンソル積

$$\frac{\partial}{\partial t^i}\otimes\frac{\partial}{\partial t^j}$$

$(i, j = 1, 2)$ が従う変数変換の変化の仕方である（$i = 2, j = 1$ および $i = j = 2$ の場合の計算は実施していないが同じことが成り立つ）．

同様にして，全微分（1 次微分形式）のテンソル積 $dt^i \otimes dt^j$ $(i, j = 1, 2)$ においても，

$$
\begin{aligned}
dt^i \otimes dt^j &= \left(\frac{\partial t^i}{\partial x^1}dx^1 + \frac{\partial t^i}{\partial x^2}dx^2\right) \otimes \left(\frac{\partial t^j}{\partial x^1}dx^1 + \frac{\partial t^j}{\partial x^2}dx^2\right) \\
&= \frac{\partial t^i}{\partial x^1}\frac{\partial t^j}{\partial x^1}dx^1 \otimes dx^1 + \frac{\partial t^i}{\partial x^1}\frac{\partial t^j}{\partial x^2}dx^1 \otimes dx^2 \\
&\qquad + \frac{\partial t^i}{\partial x^2}\frac{\partial t^j}{\partial x^1}dx^2 \otimes dx^1 + \frac{\partial t^i}{\partial x^2}\frac{\partial t^j}{\partial x^2}dx^2 \otimes dx^2
\end{aligned}
\tag{8.10}
$$

となる．今度は，分子の $\partial t^i, \partial t^j$ が固定されたままとなっている．このように，テンソルの各成分において，分子の偏微分記号が変化しない場合を **2 階の反変テンソル**という．

2 階の混合テンソル（の成分）の場合は，上付き添え字と下付き添え字が 1 つずつある．この場合，変数変換によっていくつかの項の和として表現されるが，上付きの添え字 1 つと，下付きの添え字 1 つが変化を受けないことがわかる．高階のテンソルの場合も同様で，テンソル記号の上付きの添え字，下付きの添え字は変数変換によっても変化せずに保たれる．

8.3 クリストッフェルの記号の具体的表示 ★

ここから先は，アインシュタインの重力場の方程式に向けた準備であるため，アインシュタインの方程式に興味がなければ読み飛ばしてもよい．ここでは，式 (7.15) において現れたクリストッフェルの記号を具体的に表記する．一般次元の場合への拡張を容易にするためと，アインシュタインの重力場の方程式を記述するためである．ここで

$$
g_{11} = E,\ g_{12} = g_{21} = F,\ g_{22} = G
$$

とおくと，式 (2.20) は

$$
A = \begin{pmatrix} g_{11} & g_{12} \\ g_{21} & g_{22} \end{pmatrix}
$$

と書け，この逆行列 A^{-1} に対して

$$
A^{-1} = \frac{1}{EG - F^2}\begin{pmatrix} G & -F \\ -F & E \end{pmatrix} = \begin{pmatrix} g^{11} & g^{12} \\ g^{21} & g^{22} \end{pmatrix}
$$

と成分 g^{ij} $(i, j = 1, 2)$ を定義する．すると，以下の関係式がわかる．

命題 8.1 $i, j, k = 1, 2$ に対して，$x^1 = u$, $x^2 = v$ と定義すると，${\Gamma_j}^i{}_k$ は次を満たす：

$$ {\Gamma_j}^i{}_k = \frac{1}{2} \sum_{\ell=1}^{2} g^{i\ell} \left(\frac{\partial g_{k\ell}}{\partial x^j} + \frac{\partial g_{j\ell}}{\partial x^k} - \frac{\partial g_{jk}}{\partial x^\ell} \right). \tag{8.11} $$

証明 まず，式 (7.15) の 3 つの等式それぞれに，$\boldsymbol{p}_u$ と $\boldsymbol{p}_v$ との内積を

$$ \boldsymbol{p}_u \cdot \boldsymbol{p}_u = E, \quad \boldsymbol{p}_u \cdot \boldsymbol{p}_v = F, \quad \boldsymbol{p}_v \cdot \boldsymbol{p}_v = G $$

に注意して計算すると，次の 6 つの等式が得られる．

$$ \boldsymbol{p}_{uu} \cdot \boldsymbol{p}_u = E{\Gamma_1}^1{}_1 + F{\Gamma_1}^2{}_1, \tag{8.12} $$

$$ \boldsymbol{p}_{uv} \cdot \boldsymbol{p}_u = E{\Gamma_1}^1{}_2 + F{\Gamma_1}^2{}_2, \tag{8.13} $$

$$ \boldsymbol{p}_{vv} \cdot \boldsymbol{p}_u = E{\Gamma_2}^1{}_2 + F{\Gamma_2}^2{}_2, \tag{8.14} $$

$$ \boldsymbol{p}_{uu} \cdot \boldsymbol{p}_v = F{\Gamma_1}^1{}_1 + G{\Gamma_1}^2{}_1, \tag{8.15} $$

$$ \boldsymbol{p}_{uv} \cdot \boldsymbol{p}_v = F{\Gamma_1}^1{}_2 + G{\Gamma_1}^2{}_2, \tag{8.16} $$

$$ \boldsymbol{p}_{vv} \cdot \boldsymbol{p}_v = F{\Gamma_2}^1{}_2 + G{\Gamma_2}^2{}_2. \tag{8.17} $$

一方，E, F, G をそれぞれ u, v で偏微分することで，

$$ \frac{\partial E}{\partial u} = \frac{\partial}{\partial u}(\boldsymbol{p}_u \cdot \boldsymbol{p}_u) = 2\boldsymbol{p}_{uu} \cdot \boldsymbol{p}_u, \tag{8.18} $$

$$ \frac{\partial E}{\partial v} = \frac{\partial}{\partial v}(\boldsymbol{p}_u \cdot \boldsymbol{p}_u) = 2\boldsymbol{p}_{uv} \cdot \boldsymbol{p}_u, \tag{8.19} $$

$$ \frac{\partial F}{\partial u} = \frac{\partial}{\partial u}(\boldsymbol{p}_u \cdot \boldsymbol{p}_v) = \boldsymbol{p}_{uu} \cdot \boldsymbol{p}_v + \boldsymbol{p}_{uv} \cdot \boldsymbol{p}_u, \tag{8.20} $$

$$ \frac{\partial F}{\partial v} = \frac{\partial}{\partial u}(\boldsymbol{p}_u \cdot \boldsymbol{p}_v) = \boldsymbol{p}_{uv} \cdot \boldsymbol{p}_v + \boldsymbol{p}_{vv} \cdot \boldsymbol{p}_u, \tag{8.21} $$

$$ \frac{\partial G}{\partial u} = \frac{\partial}{\partial u}(\boldsymbol{p}_v \cdot \boldsymbol{p}_v) = 2\boldsymbol{p}_{uv} \cdot \boldsymbol{p}_v, \tag{8.22} $$

$$ \frac{\partial G}{\partial v} = \frac{\partial}{\partial v}(\boldsymbol{p}_v \cdot \boldsymbol{p}_v) = 2\boldsymbol{p}_{vv} \cdot \boldsymbol{p}_v. \tag{8.23} $$

このとき，式 (8.12) と式 (8.18) により

$$\frac{\partial E}{\partial u} = 2E\Gamma_1{}^1{}_1 + 2F\Gamma_1{}^2{}_1 \tag{8.24}$$

が得られ，式 (8.13) と式 (8.19) により

$$\frac{\partial E}{\partial v} = 2E\Gamma_1{}^1{}_2 + 2F\Gamma_1{}^2{}_2 \tag{8.25}$$

が得られる．同様にして，式 (8.16) と式 (8.22) により

$$\frac{\partial G}{\partial u} = 2F\Gamma_1{}^1{}_2 + 2G\Gamma_1{}^2{}_2 \tag{8.26}$$

が得られ，式 (8.17) と式 (8.23) により

$$\frac{\partial G}{\partial v} = 2F\Gamma_2{}^1{}_2 + 2G\Gamma_2{}^2{}_2 \tag{8.27}$$

が得られる．さらに，式 (8.21) と式 (8.22) により

$$\boldsymbol{p}_{vv} \cdot \boldsymbol{p}_u = \frac{\partial F}{\partial v} - \boldsymbol{p}_{uv} \cdot \boldsymbol{p}_v = \frac{\partial F}{\partial v} - \frac{1}{2}\frac{\partial G}{\partial u}$$

となるが，この左辺は式 (8.14) により書き換えることができて，

$$\Gamma_2{}^1{}_2 E + \Gamma_2{}^2{}_2 F = \frac{\partial F}{\partial v} - \frac{1}{2}\frac{\partial G}{\partial u}.$$

これに式 (8.26) を代入することで

$$\frac{\partial F}{\partial v} = F\Gamma_1{}^1{}_2 + E\Gamma_2{}^1{}_2 + G\Gamma_1{}^2{}_2 + F\Gamma_2{}^2{}_2 \tag{8.28}$$

が得られる．最後に，式 (8.25) と式 (8.29) により

$$\boldsymbol{p}_{uu} \cdot \boldsymbol{p}_v = \frac{\partial F}{\partial u} - \boldsymbol{p}_{uv} \cdot \boldsymbol{p}_u = \frac{\partial F}{\partial u} - \frac{1}{2}\frac{\partial E}{\partial v}$$

となるが，この左辺は式 (8.15) により書き換えることができて，

$$\Gamma_1{}^1{}_1 F + \Gamma_1{}^2{}_1 G = \frac{\partial F}{\partial u} - \frac{1}{2}\frac{\partial G}{\partial u}.$$

これに，式 (8.26) を代入することで

$$\frac{\partial F}{\partial u} = F\Gamma_1{}^1{}_1 + E\Gamma_1{}^1{}_2 + G\Gamma_1{}^2{}_1 + F\Gamma_1{}^2{}_2 \tag{8.29}$$

が得られる．

以上により，式 (8.24)–(8.29) までの 6 元連立一次方程式が得られた．これを解くことで各 $\Gamma_i{}^k{}_j$ の値が求まる．実際に解いてみよう．行列表示して逆行列を求めることで解けるが，成分に 0 が多い行列なので，6×6 行列を用いないで解く．ここではいま一度，式 (8.24)–(8.29) を成分が 0 のものも含めて方程式として書いてみる．すると，

$$2E\Gamma_1{}^1{}_1 + 0\Gamma_1{}^1{}_2 + 0\Gamma_2{}^1{}_2 + 2F\Gamma_1{}^2{}_1 + 0\Gamma_1{}^2{}_2 + 0\Gamma_2{}^2{}_2 = \frac{\partial E}{\partial u}, \tag{8.30}$$

$$0\Gamma_1{}^1{}_1 + 2E\Gamma_1{}^1{}_2 + 0\Gamma_2{}^1{}_2 + 0\Gamma_1{}^2{}_1 + 2F\Gamma_1{}^2{}_2 + 0\Gamma_2{}^2{}_2 = \frac{\partial E}{\partial v}, \tag{8.31}$$

$$F\Gamma_1{}^1{}_1 + E\Gamma_1{}^1{}_2 + 0\Gamma_2{}^1{}_2 + G\Gamma_1{}^2{}_1 + F\Gamma_1{}^2{}_2 + 0\Gamma_2{}^2{}_2 = \frac{\partial F}{\partial u}, \tag{8.32}$$

$$0\Gamma_1{}^1{}_1 + F\Gamma_1{}^1{}_2 + E\Gamma_2{}^1{}_2 + 0\Gamma_1{}^2{}_1 + G\Gamma_1{}^2{}_2 + F\Gamma_2{}^2{}_2 = \frac{\partial F}{\partial v}, \tag{8.33}$$

$$0\Gamma_1{}^1{}_1 + 2F\Gamma_1{}^1{}_2 + 0\Gamma_2{}^1{}_2 + 0\Gamma_1{}^2{}_1 + 2G\Gamma_1{}^2{}_2 + 0\Gamma_2{}^2{}_2 = \frac{\partial G}{\partial u}, \tag{8.34}$$

$$0\Gamma_1{}^1{}_1 + 0\Gamma_1{}^1{}_2 + 2F\Gamma_2{}^1{}_2 + 0\Gamma_1{}^2{}_1 + 0\Gamma_1{}^2{}_2 + 2G\Gamma_2{}^2{}_2 = \frac{\partial G}{\partial v} \tag{8.35}$$

が得られる．まずこのとき，式 (8.31) と式 (8.34) を行列表示して解くと，

$$\begin{pmatrix} 2E & 2F \\ 2F & 2G \end{pmatrix} \begin{pmatrix} \Gamma_1{}^1{}_2 \\ \Gamma_1{}^2{}_2 \end{pmatrix} = \begin{pmatrix} \dfrac{\partial E}{\partial v} \\ \dfrac{\partial G}{\partial u} \end{pmatrix}$$

より

$$\begin{aligned} \begin{pmatrix} \Gamma_1{}^1{}_2 \\ \Gamma_1{}^2{}_2 \end{pmatrix} &= \frac{1}{4(EG - F^2)} \begin{pmatrix} 2G & -2F \\ -2F & 2E \end{pmatrix} \begin{pmatrix} \dfrac{\partial E}{\partial v} \\ \dfrac{\partial G}{\partial u} \end{pmatrix} \\ &= \frac{1}{2(EG - F^2)} \begin{pmatrix} G\dfrac{\partial E}{\partial v} - F\dfrac{\partial G}{\partial u} \\ -F\dfrac{\partial E}{\partial v} + E\dfrac{\partial G}{\partial u} \end{pmatrix} \end{aligned} \tag{8.36}$$

と求まる．次に，式 (8.36) を式 (8.32) に代入すると，

$$F{\Gamma_1}^1{}_1 + \frac{E}{2(EG-F^2)}\left(G\frac{\partial E}{\partial v} - F\frac{\partial G}{\partial u}\right) + G{\Gamma_1}^2{}_1 + \frac{F}{2(EG-F^2)}\left(-F\frac{\partial E}{\partial v} + E\frac{\partial G}{\partial u}\right)$$

$$= \frac{\partial F}{\partial u}$$

となり，これを整理すると

$$F{\Gamma_1}^1{}_1 + G{\Gamma_1}^2{}_1 = -\frac{1}{2}\frac{\partial E}{\partial v} + \frac{\partial F}{\partial u} \tag{8.37}$$

を得る．式 (8.30) と式 (8.37) を連立させると

$$\begin{pmatrix} 2E & 2F \\ F & G \end{pmatrix}\begin{pmatrix} {\Gamma_1}^1{}_1 \\ {\Gamma_1}^2{}_1 \end{pmatrix} = \begin{pmatrix} \dfrac{\partial E}{\partial u} \\ \dfrac{\partial F}{\partial u} - \dfrac{1}{2}\dfrac{\partial E}{\partial v} \end{pmatrix}$$

となるので，

$$\begin{aligned}\begin{pmatrix} {\Gamma_1}^1{}_1 \\ {\Gamma_1}^2{}_1 \end{pmatrix} &= \frac{1}{2(EG-F^2)}\begin{pmatrix} G & -2F \\ -F & 2E \end{pmatrix}\begin{pmatrix} \dfrac{\partial E}{\partial u} \\ \dfrac{\partial F}{\partial u} - \dfrac{1}{2}\dfrac{\partial E}{\partial v} \end{pmatrix} \\ &= \frac{1}{2(EG-F^2)}\begin{pmatrix} G\dfrac{\partial E}{\partial u} - 2F\dfrac{\partial F}{\partial u} + F\dfrac{\partial E}{\partial v} \\ -F\dfrac{\partial E}{\partial u} + 2E\dfrac{\partial F}{\partial u} - E\dfrac{\partial E}{\partial v} \end{pmatrix}\end{aligned} \tag{8.38}$$

と求まる．

さらに，式 (8.36) を式 (8.33) に代入すると

$$E{\Gamma_2}^1{}_2 + \frac{E}{2(EG-F^2)}\left(G\frac{\partial E}{\partial v} - F\frac{\partial G}{\partial u}\right) + \frac{G}{2(EG-F^2)}\left(-F\frac{\partial E}{\partial v} + E\frac{\partial G}{\partial u}\right) + F{\Gamma_2}^2{}_2 = \frac{\partial F}{\partial v}$$

となり，これを整理すると

$$E{\Gamma_2}^1{}_2 + F{\Gamma_2}^2{}_2 = \frac{\partial F}{\partial v} - \frac{1}{2}\frac{\partial G}{\partial u} \tag{8.39}$$

となる．これと式 (8.35) とを連立させて行列表示すると

$$\begin{pmatrix} 2F & 2G \\ E & F \end{pmatrix}\begin{pmatrix} {\Gamma_2}^1{}_2 \\ {\Gamma_2}^2{}_2 \end{pmatrix} = \begin{pmatrix} \dfrac{\partial G}{\partial v} \\ \dfrac{\partial F}{\partial v} - \dfrac{1}{2}\dfrac{\partial G}{\partial u} \end{pmatrix}$$

となるので，

$$\begin{aligned} \begin{pmatrix} {\Gamma_2}^1{}_2 \\ {\Gamma_2}^2{}_2 \end{pmatrix} &= \frac{1}{2(EG-F^2)}\begin{pmatrix} -F & 2G \\ E & -2F \end{pmatrix}\begin{pmatrix} \dfrac{\partial G}{\partial v} \\ \dfrac{\partial F}{\partial v} - \dfrac{1}{2}\dfrac{\partial G}{\partial u} \end{pmatrix} \\ &= \frac{1}{2(EG-F^2)}\begin{pmatrix} -F\dfrac{\partial G}{\partial v} + 2G\dfrac{\partial F}{\partial v} - G\dfrac{\partial G}{\partial u} \\ E\dfrac{\partial G}{\partial v} - 2F\dfrac{\partial F}{\partial v} + F\dfrac{\partial G}{\partial u} \end{pmatrix} \end{aligned} \tag{8.40}$$

と求まる．

最後に，ここまでに得られた ${\Gamma_i}^j{}_k$ $(i, j, k = 1, 2,\ {\Gamma_i}^j{}_k = {\Gamma_k}^j{}_i$；この等式は式 (7.15) の下の注釈から従う）を g_{jk}，g^{jk} で表そう．

$$g_{11} = E, \quad g_{12} = g_{21} = F, \quad g_{22} = G,$$

$$g^{11} = \frac{G}{EG-F^2}, \quad g^{12} = g^{21} = -\frac{F}{EG-F^2}, \quad g^{22} = \frac{E}{EG-F^2}$$

であることに注意すると，

$$\begin{aligned} {\Gamma_1}^1{}_1 &= \frac{1}{2}g^{11}\frac{\partial}{\partial u}g_{11} + g^{12}\frac{\partial}{\partial u}g_{12} - \frac{1}{2}g^{12}\frac{\partial}{\partial v}g_{11}, \\ {\Gamma_1}^1{}_2 &= \frac{1}{2}g^{11}\frac{\partial}{\partial v}g_{11} + \frac{1}{2}g^{12}\frac{\partial}{\partial u}g_{22}, \\ {\Gamma_2}^1{}_2 &= \frac{1}{2}g^{12}\frac{\partial}{\partial v}g_{22} + g^{11}\frac{\partial}{\partial v}g_{12} - \frac{1}{2}g^{11}\frac{\partial}{\partial u}g_{22}, \\ {\Gamma_1}^2{}_1 &= \frac{1}{2}g^{12}\frac{\partial}{\partial u}g_{11} + g^{22}\frac{\partial}{\partial u}g_{12} - \frac{1}{2}g^{22}\frac{\partial}{\partial v}g_{11}, \\ {\Gamma_1}^2{}_2 &= \frac{1}{2}g^{12}\frac{\partial}{\partial v}g_{11} + \frac{1}{2}g^{22}\frac{\partial}{\partial u}g_{22}, \\ {\Gamma_2}^2{}_2 &= \frac{1}{2}g^{22}\frac{\partial}{\partial v}g_{22} + g^{12}\frac{\partial}{\partial v}g_{12} - \frac{1}{2}g^{12}\frac{\partial}{\partial u}g_{22} \end{aligned} \tag{8.41}$$

であることがわかる．　□

! 注意 8.5　命題 8.1 のクリストッフェルの記号 ${\Gamma_i}^j{}_k$ は，**リーマン接続**もしくは**レビ・チビタ (Levi-Civita) 接続**の**接続係数**とよばれる．

8.4　一般次元のリーマン計量★

第 7 章では 2 次元の曲面を扱ったが，リーマン計量は一般次元の曲面に対しても考えることができる．一般に，n 次元の曲面 S の各点 p に対して接空間が定義され，7.2 節で考えたように，曲面 S の各点 p で定義される接空間での偏微分 $\partial_i := \partial/\partial u^i$ $(i = 1, 2, \ldots, n)$ に対して，2 つの偏微分作用素 ∂_i, ∂_j に対して定まる関数 $g_{ij}(p) = g(\partial_i, \partial_j)(p)$ $(i, j = 1, 2, \ldots, n)$ が定義されているとする．このとき，行列

$$G = (g_{ij}(p)) \quad (i, j = 1, 2, \ldots, n)$$

は正定値行列となり，かつ，この曲面の第 1 基本形式が

$$ds^2 = \sum_{i,j=1}^{n} g_{ij}\, du^i du^j$$

と表されるとき，これを S の**リーマン計量**という．ここで，$u^1, u^2, \ldots, u^n$ は曲面 S を表現する座標である．反変ベクトルであるので添え字を上付きにしている．もし，曲面の位置ベクトルが $\boldsymbol{p} = \boldsymbol{p}(u^1, u^2, \ldots, u^n)$ と与えられており，このベクトルが各パラメータに関して C^1 級であるとき $\partial \boldsymbol{p}/\partial u^j = \boldsymbol{p}_j$ と表すことにすれば，

$$g_{ij} = \boldsymbol{p}_i \cdot \boldsymbol{p}_j$$

で定義されるとしてよい．

次節で，アインシュタインの重力場の方程式を解説するが，これは 4 次元空間でのリーマン計量で表記されるものである．そのため，今まで扱ってこなかった 4 次元内の 3 次元の「曲面」のリーマン計量を具体的に計算しておこう．$\mathbb{R}^4$ の原点中心，半径 $a > 0$ の球面の位置ベクトルは，パラメータ u, v, w を用いて

$$\boldsymbol{p}(u, v, w) = (a \sin u \sin v \cos w, a \sin u \sin v \sin w, a \sin u \cos v, a \cos u)$$

と表される．すると，

$$\begin{aligned}
\boldsymbol{p}_u &= (a\cos u\sin v\cos w, a\cos u\sin v\sin w, a\cos u\cos v, -a\sin u),\\
\boldsymbol{p}_v &= (a\sin u\cos v\cos w, a\sin u\cos v\sin w, -a\sin u\sin v, 0),\\
\boldsymbol{p}_w &= (-a\sin u\sin v\sin w, a\sin u\sin v\cos w, 0, 0)
\end{aligned}$$

となる．これより，

$$g_{11} = \boldsymbol{p}_u\cdot\boldsymbol{p}_u = a^2,\quad g_{22} = \boldsymbol{p}_v\cdot\boldsymbol{p}_v = a^2\sin^2 u,$$

$$g_{33} = \boldsymbol{p}_w\cdot\boldsymbol{p}_w = a^2\sin^2 u\sin^2 v$$

と

$$\begin{aligned}
g_{12} &= g_{21} = \boldsymbol{p}_u\cdot\boldsymbol{p}_w = 0,\\
g_{13} &= g_{31} = \boldsymbol{p}_u\cdot\boldsymbol{p}_w = 0,\\
g_{23} &= g_{32} = \boldsymbol{p}_v\cdot\boldsymbol{p}_w = 0
\end{aligned}$$

がわかるので，

$$ds^2 = a^2\,du^2 + a^2\sin^2 u\,dv^2 + a^2\sin^2 u\sin^2 v\,dw^2$$

であることがわかる．

ここでは総和記号を用いて書いたが，上付き添え字と下付き添え字に同じ文字が出てくる場合は，その文字について和をとるという**アインシュタインの縮約**を用いて，

$$ds^2 = g_{ij}\,du^i du^j$$

と表記することもよくある．アインシュタインの縮約は，必ず上付き添え字と下付き添え字がペアになって和をとることになっており，下付き添え字同士，上付き添え字同士では和をとるとはみなされず，そのような必要がある場合は必ず総和記号を用いなければならない．すなわち，$g_{ij}x_i$ では和をとったことにならず，和をとる必要がある場合は

$$\sum_{i=1}^{n} g_{ij}x_i$$

のように表記しなければならない．

また，式 (2.20) にあるような正定値行列を用いた 2 次形式の表現を用いるのは今までと同様である．

また，命題 8.1 にあるように，行列 G の逆行列 G^{-1} の ij 成分を g^{ij} で表す．すなわち，$(g^{ij}) = G^{-1}$ である．この上付き記号を用いることで，接続係数 ${\Gamma_i}^k{}_j$ もまったく同じ形式で一般次元の場合にも定義できる．つまり，$i, j, k = 1, 2, \ldots, n$ に対して

$$ {\Gamma_j}^i{}_k = \frac{1}{2}\sum_{\ell=1}^{n} g^{i\ell}\left(\frac{\partial g_{k\ell}}{\partial x^j} + \frac{\partial g_{j\ell}}{\partial x^k} - \frac{\partial g_{jk}}{\partial x^\ell}\right) = \frac{1}{2}g^{i\ell}\left(\frac{\partial g_{k\ell}}{\partial x^j} + \frac{\partial g_{j\ell}}{\partial x^k} - \frac{\partial g_{jk}}{\partial x^\ell}\right) \tag{8.42} $$

と定義される．最後の等式は，アインシンシュタインの縮約を用いた場合の表記である．$g^{i\ell}$ の ℓ と $g_{k\ell}$，$g_{j\ell}$ と最後の項の x^ℓ に関する偏微分についての ℓ について 1 から n まで和をとっているとみなす．また，一般には ${\Gamma_j}^i{}_k \neq {\Gamma_k}^i{}_j$ であることに注意すること．

8.5 アインシュタインの重力場の方程式★

テンソルの応用として，この節ではアインシュタインの重力場の方程式をとり上げ，それをシュヴァルツシルト (Schwarzschild) に従って解く．重力場の方程式の導出は，一般相対性理論が書かれている書物を参照してほしい．ここでは，参考文献の砂川重信 [P2] に従い，テンソル形式の方程式をどのように解くかを述べる．

アインシュタインの一般相対性理論に出てくる宇宙の構造を決める重力場の方程式は，時空間 4 次元のテンソル場の方程式として表される．アインシュタインの考えに従えば，古典力学で無条件に使われている「絶対時間」の概念はなく，「時間の進み具合は位置によって異なる」とされる．そのため，時間を表す記号は t ではなく x^0 を用い[2)]，x^1，x^2，x^3 は点の位置を示す通常の座標表現として用いられる．すなわち，(x^0, x^1, x^2, x^3) という 4 次元空間で運動を記述していく．また，一般相対性理論においては，ギリシャ文字 μ, ν などは 0 から 3 までの値をとる整数，ラテン文字 m, n などは 1 から 3 までの自然数の値をとるものとする．

---

2) 時間変数を t としたとき，$x^0 = ict$ と表される．ここで，c は光速である．

リーマン計量 $g_{\mu\nu}$ から決まる接続係数 ${\Gamma_\mu}^\lambda{}_\nu$，そして今まで定義されていない新しい言葉が続くが，接続係数から決まるリッチ（Ricci）テンソルとスカラー曲率が定義されると，ようやくアインシュタインの重力場の方程式を述べることができる．これらは，今後定義して説明していく．∂_μ とは 第 μ 番目の変数に関する偏微分作用素を表す．また，$(g^{\mu\nu}) = (g_{\mu\nu})^{-1}$ （$g^{\mu\nu}$ は $(g_{\mu\nu})$ の逆行列の μ 行 ν 列成分) であるとする．

空間のリーマン計量は未知関数であり解くべき対象であるが，方程式を立てるために既知として話を進めていく．この場合の接続係数[3]は式 (8.42) と同様に

$$ {\Gamma_\mu}^\rho{}_\nu = \frac{1}{2} g^{\rho\sigma}(\partial_\mu g_{\nu\sigma} + \partial_\nu g_{\mu\sigma} - \partial_\sigma g_{\mu\nu}) \tag{8.43} $$

で定義される．このとき，

$$ R_{\mu\nu} = \partial_\nu {\Gamma_\mu}^\rho{}_\rho - \partial_\rho {\Gamma_\mu}^\rho{}_\nu + {\Gamma_\mu}^\tau{}_\rho {\Gamma_\nu}^\rho{}_\tau - {\Gamma_\tau}^\rho{}_\rho {\Gamma_\mu}^\tau{}_\nu \tag{8.44} $$

とおく．前 2 項は ρ について和をとり，後ろ 2 項は ρ, τ について和をとっていることに注意する（この場合もアインシュタインの縮約を使っている）．ともに 0 から 3 までの和である．$R_{\mu\nu}$ は**リッチテンソル**とよばれる量である．さらに，リッチテンソルに $g^{\mu\nu}$ を作用させて和をとった

$$ R = g^{\mu\nu} R_{\mu\nu} $$

を**スカラー曲率**という．

これだけの準備のもとで，$T_{\mu\nu}$ を宇宙内の物質系のもつエネルギーテンソルとすると

$$ R_{\mu\nu} - \frac{1}{2} g_{\mu\nu} R - \lambda g_{\mu\nu} = -\kappa T_{\mu\nu} \tag{8.45} $$

が成り立つ．これを**アインシュタインの重力場の方程式**という．ここで，$-\lambda g_{\mu\nu}$ は宇宙項とよばれ，λ は宇宙定数[4]とよばれる微小な正の数である．κ は，G を万有引力定数，c を光速としたとき，

$$ \kappa = \frac{8\pi G}{c^4} $$

---

[3] この節では，アインシュタインの縮約を用いて総和記号は用いない．

[4] アインシュタインは，宇宙項を付けて発表したことを「人生最大の過ち」と言ったが，現在の宇宙論では，やはり宇宙項があった方が正しいのでは，ともいわれている．

と表される．これも微小な量である．また，$R_{\mu\nu} = R_{\nu\mu}$，$g_{\mu\nu} = g_{\nu\mu}$ である．以下では，式 (8.45) で 宇宙定数 $\lambda = 0$ とした

$$R_{\mu\nu} - \frac{1}{2} g_{\mu\nu} R = -\kappa T_{\mu\nu} \tag{8.46}$$

を考える．式 (8.46) の（左側から） $g^{\mu\nu}$ をかけて和をとると

$$g^{\mu\nu} R_{\mu\nu} - \frac{1}{2} g^{\mu\nu} g_{\mu\nu} R = -\kappa g^{\mu\nu} T_{\mu\nu} \tag{8.47}$$

となるが，$g^{\mu\nu} g_{\mu\nu} = 4$ であることから $T = g^{\mu\nu} T_{\mu\nu}$ とおくと，スカラー曲率 R の定義により，式 (8.47) は $R = \kappa T$ とスカラー量の関係を示していることになる．これを式 (8.46) に代入すると

$$R_{\mu\nu} = -\kappa \left(T_{\mu\nu} - \frac{1}{2} g_{\mu\nu} T \right) \tag{8.48}$$

を得る．このような等式を得ておいてから，式 (8.46) を解こう．

添え字の入れ替えの対称性があるとはいえ，μ, ν は $0, 1, 2, 3$ の値をとりうるから，式 (8.46) は 10 の方程式からなる連立方程式である．

アインシュタインの重力場の方程式を解くということは，未知である計量テンソル $g_{\mu\nu}$ を具体的に求めて，第 1 基本形式の形で表示することである．しかし，10 個も未知関数があると解くのは大変なので，シュヴァルツシルトは $g_{\mu\nu} = 0$ $(\mu \neq \nu,\ \mu, \nu = 0, 1, 2, 3)$ を仮定し極座標表示して，さらにこれから述べる仮定を加えてこれを解いた．その考え方と解について解説を行う．この仮定により，未知関数は g_{00}，g_{11}，g_{22}，g_{33} のみになる．さらに，$x^1 = r$, $x^2 = \theta$, $x^3 = \phi$（極座標）とし，x^0 に関しては，あらかじめ虚数単位分を「外に出して」おき $x^0 = ct$ （c は光速）であるとする．この場合，解（第 1 基本形式）は

$$ds^2 = g_{00}(dx^0)^2 + g_{11}(dx^1)^2 + g_{22}(dx^2)^2 + g_{33}(dx^3)^2$$

の形で表示される．なお，ニュートン力学が成り立っているとすれば，極座標を導入していることに注意すると，第 1 基本形式は「時間」を除いた「空間」に関しては式 (2.21) が成り立っており，「時間」部分も加えて

$$ds^2 = -(dx^0)^2 + (dx^1)^2 + r^2(dx^2)^2 + r^2 \sin^2 \theta (dx^3)^2$$

で表される．このような4次元空間をミンコフスキー (Minkowski) 空間[5]という．このとき，リーマン計量を表す行列の行列式は負値となって，ここまでの解説が使えないと感じるであろうが，「時間」変数に虚数単位 i が入っているので2乗して負の値が出てきたと考え，本来は符号が逆の正値になっているとみなして話を進める．このとき，つねに $g_{00} < 0$ かつ $g_{11} > 0$ であるとして，球対称な重力場を仮定する．後の都合のため新たな未知関数 $\nu(r)$ と $\lambda(r)$ を導入することで，

$$g_{00} = -e^{2\nu(r)}, \quad g_{11} = e^{2\lambda(r)}$$

とおき，かつ g_{22}, g_{33} は通常のユークリッド空間と何ら変わらないと仮定する．このとき，極座標を導入して式 (2.21) を求めたときの計算と同様，

$$g_{22} = r^2, \quad g_{33} = r^2 \sin^2\theta$$

とできる．接続係数 $\Gamma_\mu{}^\rho{}_\nu$ を決定するために，行列 $(g_{\mu\nu})$ の逆行列 $(g^{\mu\nu})$ を求める必要がある．今回の場合，対角行列になるので，$g^{\mu\mu}g_{\mu\mu} = 1$ である．すると，

$$g^{00} = -e^{-2\nu(r)}, \quad g^{11} = e^{-2\lambda(r)}, \quad g^{22} = \frac{1}{r^2}, \quad g^{33} = \frac{1}{r^2\sin^2\theta}$$

となる．このとき，接続係数 (8.43) は具体的に以下のように書ける．

$$\Gamma_1{}^0{}_0 = \Gamma_0{}^0{}_1 = \frac{1}{2}(-e^{-2\nu(r)})\frac{d}{dr}(-e^{2\nu(r)}) = \frac{d\nu}{dr},$$

$$\Gamma_0{}^1{}_0 = e^{2(\nu(r)-\lambda(r))}\frac{d\nu}{dr}, \quad \Gamma_1{}^1{}_1 = \frac{d\lambda}{dr}, \quad \Gamma_2{}^1{}_2 = -re^{-2\lambda(r)},$$

$$\Gamma_3{}^1{}_3 = -re^{-2\lambda(r)}\sin^2\theta, \quad \Gamma_1{}^2{}_2 = \Gamma_2{}^2{}_1 = \frac{1}{r}, \quad \Gamma_3{}^2{}_3 = -\sin\theta\cos\theta,$$

$$\Gamma_1{}^3{}_3 = \Gamma_3{}^3{}_1 = \frac{1}{r}, \quad \Gamma_3{}^3{}_2 = \Gamma_2{}^3{}_3 = \cot\theta$$

である．その他の数字の組では $\Gamma_\mu{}^\rho{}_\nu = 0$ である．

次に，リッチテンソルの計算に移る．ここでは非常に重要な仮定として，原点中心で半径 $r_0 > 0$ の範囲に質量 M の星があり，星の外側の空間には物質が分布していないとする．すなわち，星の外部では $T_{\mu\nu} = 0$ であると仮定する．

[5] 数学の立場からすれば，「空間」とよぶよりも「(超) 曲面」というべきかもしれない．

すると，式 (8.48) により，リッチテンソル $R_{\mu\nu}$ はつねに $R_{\mu\nu}=0$ である．式 (8.44) をここにもう一度記すと，

$$R_{\mu\nu}=\partial_\nu\Gamma_\mu{}^\lambda{}_\lambda-\partial_\lambda\Gamma_\mu{}^\lambda{}_\nu+\Gamma_\mu{}^\tau{}_\lambda\Gamma_\nu{}^\lambda{}_\tau-\Gamma_\tau{}^\lambda{}_\lambda\Gamma_\mu{}^\tau{}_\nu$$

である．接続係数から計算されるリッチテンソルのうち，非自明な関係となるのは以下の 5 つである．

$$R_{00}=e^{2(\nu(\lambda)-\lambda(r))}\left\{-\frac{d^2\nu}{dr^2}-\left(\frac{d\nu}{dr}\right)^2+\frac{d\lambda}{dr}\frac{d\nu}{dr}-\frac{2}{r}\frac{d\nu}{dr}\right\}=0, \tag{8.49}$$

$$R_{11}=\frac{d^2\nu}{dr^2}+\left(\frac{d\nu}{dr}\right)^2-\frac{d\lambda}{dr}\frac{d\nu}{dr}-\frac{2}{r}\frac{d\lambda}{dr}=0, \tag{8.50}$$

$$R_{22}=e^{-2\lambda}\left\{1+r\left(\frac{d\nu}{dr}-\frac{d\lambda}{dr}\right)\right\}-1=0, \tag{8.51}$$

$$R_{33}=\left[e^{-2\lambda}\left\{1+r\left(\frac{d\nu}{dr}-\frac{d\lambda}{dr}\right)\right\}-1\right]\sin^2\theta=R_{22}\sin^2\theta=0. \tag{8.52}$$

ここで，式 (8.49) において式 (8.50) を用いると，

$$e^{\nu(r)-\lambda(r)}\left\{\frac{2}{r}\frac{d}{dr}\left(\lambda(r)+\nu(r)\right)\right\}=0 \tag{8.53}$$

となり，$\lambda(r)+\nu(r)$ は定数である．ここで，宇宙物理学の仮定として，「空間は無限遠では平坦（通常のユークリッド空間と同じ）」をおく．すなわち，この状況では，$g_{11}=1$（空間のゆがみなし）かつ $g_{00}=-1$ となっている．$g_{00}=-e^{\lambda(r)}$, $g_{11}=e^{\nu(r)}$ とおいたので

$$\lim_{r\to\infty}\lambda(r)=\lim_{r\to\infty}\nu(r)=0$$

であることが，この仮定から導かれる．これより，$\lambda(r)+\nu(r)=0$ がわかり，

$$\lambda(r)=-\nu(r) \tag{8.54}$$

がわかる．式 (8.54) を式 (8.51) に代入すると

$$e^{2\nu(r)}\left(1+2r\frac{d\nu}{dr}\right)=1$$

が得られ，これは

$$\frac{d}{dr}(re^{2\nu(r)})=1$$

と変形できる．この両辺を不定積分することにより

$$g_{00} = e^{2\nu(r)} = 1 - \frac{4a}{r} \quad (a \text{ は積分定数})$$

を得る．さらに，

$$g_{00} = -\left(1 - \frac{2GM}{c^2 r}\right)$$

なる関係式が成り立つことが一般相対性理論の帰結で得られる．したがって，両辺を比較することで積分定数 a は $a = GMc^{-2}/2$ となる．以上により，重力場の方程式に従う線素が満たす第 1 基本形式は

$$ds^2 = -\left(1 - \frac{2GM}{c^2 r}\right)(dx^0)^2 + \frac{r}{r - 2GMc^{-2}}(dx^1)^2 + r^2(dx^2)^2 + r^2\sin^2\theta(dx^3)^2 \tag{8.55}$$

と表される．これが，**シュヴァルツシルトの解**である．

この式から容易にわかるように，$r_* = 2GM/c^2$ のとき dx^0 の係数はゼロで，dx^1 の係数は発散している．$r = r_*$ のとき，特異的な状況が発生していると考えられる．この r_* の値をシュヴァルツシルト半径という．太陽において考えると $r_* \fallingdotseq 3\mathrm{km}$ となる．この値は，太陽の内部にあることを意味し，重力場の方程式は適用できない範囲なので考えなくてもよい．しかし，シュヴァルツシルト半径が星の半径より大きい場合，この半径の内と外では本質的に違う状況になっていることを示唆している．ここまでの計算では，シュヴァルツシルト半径が本質的なものか，座標のとり方による見かけの特異性なのかは実は明確ではない．しかしながら，もう少し深く考察をすると，この半径の内側の領域から外側へは光が届かないことを数学的に示すことができる．したがって，星は**ブラックホール**を形成していると考えられる．シュヴァルツシルトの解が，ブラックホールの存在を示唆することだけを押さえれば，この節の目標は達したといえる．

章末問題

1.　$\boldsymbol{a} = (a_1, a_2, a_3)$, $\boldsymbol{b} = (b_1, b_2, b_3)$ とおき，3 次元ベクトル $\boldsymbol{x}$，$\boldsymbol{y}$ に対して，2 階の共変テンソル T を $T(\boldsymbol{x}, \boldsymbol{y}) = (\boldsymbol{a}\cdot\boldsymbol{x})(\boldsymbol{b}\cdot\boldsymbol{y})$ で定義する．このとき，T を表す行列を求めよ．

2. $\boldsymbol{p}(u,v) = (\sin u \cos v, \sin u \sin v, \cos u)$ であるとき，式 (8.11) の係数 ${\Gamma_j}^i{}_k$ を求めよ．

3. $x = \sinh u \sin v \cos\theta$, $y = \sinh u \sin v \sin\theta$, $z = \sinh u \cos v$, $w = \cosh u$ とおく．このとき，x, y, z, w の満たす関係式を求めよ．また，この「曲面」のリーマン計量を求めよ．

問題略解

第1章　ベクトルの基礎と内積・外積

問 1.1　$\boldsymbol{a} = (a_1\boldsymbol{e}_1 + a_2\boldsymbol{e}_2 + a_3\boldsymbol{e}_3)$, $\boldsymbol{b} = (b_1\boldsymbol{e}_1 + b_2\boldsymbol{e}_2 + b_3\boldsymbol{e}_3)$ とし

$$\boldsymbol{a} \cdot \boldsymbol{b} = (a_1\boldsymbol{e}_1 + a_2\boldsymbol{e}_2 + a_3\boldsymbol{e}_3) \cdot (b_1\boldsymbol{e}_1 + b_2\boldsymbol{e}_2 + b_3\boldsymbol{e}_3)$$

において，$\boldsymbol{e}_i \cdot \boldsymbol{e}_j = \delta_{ij}$ と分配則，交換則，結合則を用いればよい．

問 1.2　式 (1.1) において $b_2 = b_3 = 0$ ととって $a_1 = 0$ を示す．以下同様に計算を行うとよい．

問 1.3　例題 1.1 で $|\boldsymbol{a}| = |\boldsymbol{b}| = 1$ なので $S = \sqrt{1 - (\boldsymbol{a} \cdot \boldsymbol{b})^2} \leq 1$．等号成立は $\boldsymbol{a} \cdot \boldsymbol{b} = 0$ のときなので，正方形であることがわかる．

問 1.4　式 (1.2) において $b_2 = b_3 = 0$ ととって $a_2 = a_3$ を示す．次に $b_1 = b_3 = 0$ ととって $a_1 = a_2 = a_3$ を示した後，$b_1 = b_2 = b_3 = 1$ の場合を考えて結論を示す．

問 1.5　$\boldsymbol{a} \times \boldsymbol{b} = (0, 0, -3)$．

問 1.6　$[\boldsymbol{a}, \boldsymbol{b}, \boldsymbol{c}]$ を計算すればよく，$[\boldsymbol{a}, \boldsymbol{b}, \boldsymbol{c}] = 2$．

問 1.7　$[\boldsymbol{a}, \boldsymbol{b}, \boldsymbol{c}] = |\boldsymbol{a}||\boldsymbol{b} \times \boldsymbol{c}||\cos\theta|$ であることから示す．

章末問題 (P.15)

1. もし $\boldsymbol{x}$, $\boldsymbol{y}$, $\boldsymbol{z}$ が一次従属であれば，このいずれかのベクトルが他の 2 つのベクトルの一次結合として表示される．ここでは，$\boldsymbol{z}$ が $\boldsymbol{x}$, $\boldsymbol{y}$ の一次結合で書けるとしよう (他の場合も同様にできる)．すなわち，

$$\boldsymbol{z} = \alpha\boldsymbol{x} + \beta\boldsymbol{y} \quad (\alpha,\ \beta \in \mathbb{R},\ \alpha^2 + \beta^2 \neq 0)$$

であるとする．このとき，$\boldsymbol{a}$, $\boldsymbol{b}$, $\boldsymbol{c}$ は一次独立なので，

$$z_i = \alpha x_i + \beta y_i \quad (i = 1, 2, 3)$$

がわかる．よって，

$$\begin{vmatrix} x_1 & x_2 & x_3 \\ y_1 & y_2 & y_3 \\ z_1 & z_2 & z_3 \end{vmatrix} = \begin{vmatrix} x_1 & x_2 & x_3 \\ y_1 & y_2 & y_3 \\ \alpha x_1 + \beta y_1 & \alpha x_2 + \beta y_2 & \alpha x_3 + \beta y_3 \end{vmatrix} = 0$$

が行基本変形を用いてわかる．逆に，

$$\begin{vmatrix} x_1 & x_2 & x_3 \\ y_1 & y_2 & y_3 \\ z_1 & z_2 & z_3 \end{vmatrix} = 0$$

ならば，ある行が他の 2 つ行の一次結合で表される．そのように表示された成分をベクトルの表示式に代入すれば，$\boldsymbol{a}$, $\boldsymbol{b}$, $\boldsymbol{c}$ が一次独立であることから，これらが一次従属であることがわかる．

2. 条件を満たす平面は，ベクトル $\boldsymbol{v}_1 = (a_2 - a_1, b_2 - b_1, c_2 - c_1)$, $\boldsymbol{v}_2 = (a_3 - a_1, b_3 - b_1, c_3 - c_1)$ 双方に垂直なベクトル $\boldsymbol{n} = \boldsymbol{v}_1 \times \boldsymbol{v}_2$ を法線方向にもつ．このとき $\boldsymbol{n}$ は

$$\boldsymbol{n} = \left(\begin{vmatrix} b_1 & c_1 & 1 \\ b_2 & c_2 & 1 \\ b_3 & c_3 & 1 \end{vmatrix}, - \begin{vmatrix} a_1 & c_1 & 1 \\ a_2 & c_2 & 1 \\ a_3 & c_3 & 1 \end{vmatrix}, \begin{vmatrix} a_1 & b_1 & 1 \\ a_2 & b_2 & 1 \\ a_3 & b_3 & 1 \end{vmatrix} \right)$$

である．さらに，点 (a_1, b_1, c_1) を通る平面の方程式は $\boldsymbol{n} \cdot (x - a_1, y - b_1, z - c_1) = 0$ となるが，この式を計算すると

$$\begin{vmatrix} b_1 & c_1 & 1 \\ b_2 & c_2 & 1 \\ b_3 & c_3 & 1 \end{vmatrix} x - \begin{vmatrix} a_1 & c_1 & 1 \\ a_2 & c_2 & 1 \\ a_3 & c_3 & 1 \end{vmatrix} y + \begin{vmatrix} a_1 & b_1 & 1 \\ a_2 & b_2 & 1 \\ a_3 & b_3 & 1 \end{vmatrix} z - \begin{vmatrix} a_1 & b_1 & c_1 \\ a_2 & b_2 & c_2 \\ a_3 & b_3 & c_3 \end{vmatrix} = 0$$

となる．この左辺は，示すべき等式を第 1 行で展開したものに等しい．

3. 定義に従い $|\boldsymbol{a} - \boldsymbol{b}|^2 = |\boldsymbol{a}|^2 + |\boldsymbol{b}|^2 - 2\boldsymbol{a} \cdot \boldsymbol{b} = |\boldsymbol{a}|^2 + |\boldsymbol{b}|^2 - 2|\boldsymbol{a}||\boldsymbol{b}| \cos\theta$ がわかる．

4. 上の結果と，$|\boldsymbol{a} + \boldsymbol{b}|^2 = |\boldsymbol{a}|^2 + |\boldsymbol{b}|^2 + 2\boldsymbol{a} \cdot \boldsymbol{b}$ をたし合わせればよい．

5. $\tilde{\boldsymbol{b}} \cdot \boldsymbol{a} = \boldsymbol{b} \cdot \boldsymbol{a} - \boldsymbol{b} \cdot \boldsymbol{a} = 0$, $\tilde{\boldsymbol{c}} \cdot \boldsymbol{a} = \boldsymbol{c} \cdot \boldsymbol{a} - \boldsymbol{c} \cdot \boldsymbol{a} = 0$, $\tilde{\boldsymbol{c}} \cdot \hat{\boldsymbol{b}} = \boldsymbol{c} \cdot \hat{\boldsymbol{b}} - \boldsymbol{c} \cdot \hat{\boldsymbol{b}} = 0$ であることから従う．

6. $\boldsymbol{b} \times \boldsymbol{c} = (zy - x^2, xz - y^2, yx - z^2)$ であり，

$\boldsymbol{a} \cdot (\boldsymbol{b} \times \boldsymbol{c}) = -(x^3 + y^3 + z^3 - 3xyz) = -(x + y + z)(x^2 + y^2 + z^2 - xy - yz - zx)$,

$$\boldsymbol{a} \times (\boldsymbol{b} \times \boldsymbol{c}) = (xy + yz + zx)(y - z, z - x, x - y).$$

7. 座標成分で書き表して証明しよう.

$$\boldsymbol{a} = (a_1, a_2, a_3),\ \boldsymbol{b} = (b_1, b_2, b_3),\ \boldsymbol{c} = (c_1, c_2, c_3),\ \boldsymbol{d} = (d_1, d_2, d_3)$$

とおく. すると,

$$\boldsymbol{a} \times \boldsymbol{b} = (a_2b_3 - a_3b_2,\ a_3b_1 - a_1b_3,\ a_1b_2 - a_2b_1),$$
$$\boldsymbol{c} \times \boldsymbol{d} = (c_2d_3 - c_3d_2,\ c_3d_1 - c_1d_3,\ c_1d_2 - c_2d_1)$$

であるから

$$\begin{aligned}
&(\boldsymbol{a} \times \boldsymbol{b}) \cdot (\boldsymbol{c} \times \boldsymbol{d}) \\
&= a_1c_1(b_2d_2 + b_3d_3) + a_2c_2(b_1d_1 + b_3d_3) + a_3c_3(b_1d_1 + b_2d_2) \\
&\qquad - \{b_1c_1(a_2d_2 + a_3d_3) + b_2c_2(a_1d_1 + a_2d_3) + b_3c_3(a_1d_1 + a_2d_2)\} \\
&= (\boldsymbol{a} \cdot \boldsymbol{c})(\boldsymbol{b} \cdot \boldsymbol{d}) - (\boldsymbol{b} \cdot \boldsymbol{c})(\boldsymbol{a} \cdot \boldsymbol{d})
\end{aligned}$$

となって (1) がわかる.

(2) は基本ベクトル $\boldsymbol{e}_i$ $(i = 1, 2, 3)$ を用いて,

$$\begin{aligned}
&(\boldsymbol{a} \times \boldsymbol{b}) \times (\boldsymbol{c} \times \boldsymbol{d}) \\
&= [\{(a_3b_1 - a_1b_3)d_2 + (a_1b_2 - a_2b_1)d_3\}\, c_1 \\
&\qquad - \{(a_3b_1 - a_1b_3)c_2 + (a_1b_2 - a_2b_1)c_3\}\, d_1]\boldsymbol{e}_1 \\
&\quad + [\{(a_1b_2 - a_2b_1)d_3 + (a_2b_3 - a_3b_2)d_1\}\, c_2 \\
&\qquad - \{(a_1b_2 - a_2b_1)c_3 + (a_2b_3 - a_3b_2)c_1\}\, d_2]\boldsymbol{e}_2 \\
&\quad + [\{(a_2b_3 - a_3b_2)d_1 + (a_3b_1 - a_1b_3)d_2\}\, c_3 \\
&\qquad - \{(a_2b_3 - a_3b_2)c_1 + (a_3b_1 - a_1b_3)c_2\}\, d_3]\boldsymbol{e}_3 \\
&= [\{(a_2b_3 - a_3b_2)d_1 + (a_3b_1 - a_1b_3)d_2 + (a_1b_2 - a_2b_1)d_3\}\, c_1 \\
&\qquad - \{(a_2b_3 - a_3b_2)c_1 + (a_3b_1 - a_1b_3)c_2 + (a_1b_2 - a_2b_1)c_3\}\, d_1]\boldsymbol{e}_1 \\
&\quad + [\{(a_1b_2 - a_2b_1)d_3 + (a_3b_1 - a_1b_3)d_2 + (a_2b_3 - a_3b_2)d_1\}\, c_2 \\
&\qquad - \{(a_1b_2 - a_2b_1)c_3 + (a_3b_1 - a_1b_3)c_2 + (a_2b_3 - a_3b_2)c_1\}\, d_2]\boldsymbol{e}_2 \\
&\quad + [\{(a_2b_3 - a_3b_2)d_1 + (a_3b_1 - a_1b_3)d_2 + (a_1b_2 - a_2b_1)d_3\}\, c_3 \\
&\qquad - \{(a_2b_3 - a_3b_2)c_1 + (a_3b_1 - a_1b_3)c_2 + (a_1b_2 - a_2b_1)c_3\}\, d_3]\boldsymbol{e}_3.
\end{aligned}$$

最後の等式では,「わざと加えて, 後から引き」という操作を行ったことに注意しよう. すると各成分がスカラー 3 重積になっていることがわかる.

(3) $\boldsymbol{a}$ と $\boldsymbol{b}$ とのなす角を $\theta \in [0, \pi]$ とすれば，$|\boldsymbol{a} \times \boldsymbol{b}|^2 = |\boldsymbol{a}|^2 |\boldsymbol{b}|^2 \sin^2\theta$ である．右辺は，例題 1.1 とまったく同じ計算をすれば得られる．

8.　ここでは，以下を使う：

$$\boldsymbol{a} \cdot (\boldsymbol{b} \times \boldsymbol{c}) = (\boldsymbol{a} \cdot \boldsymbol{c})\boldsymbol{b} - (\boldsymbol{a} \cdot \boldsymbol{b})\boldsymbol{c},$$

$$\boldsymbol{b} \cdot (\boldsymbol{c} \times \boldsymbol{a}) = (\boldsymbol{b} \cdot \boldsymbol{a})\boldsymbol{c} - (\boldsymbol{b} \cdot \boldsymbol{c})\boldsymbol{a},$$

$$\boldsymbol{c} \cdot (\boldsymbol{a} \times \boldsymbol{b}) = (\boldsymbol{c} \cdot \boldsymbol{b})\boldsymbol{a} - (\boldsymbol{c} \cdot \boldsymbol{a})\boldsymbol{b}$$

であるから，これらをたし合わせるとわかる．

第 2 章　ベクトル値関数の微積分と曲線・曲面

問 2.1　$\boldsymbol{A}'(t) = (v_1, v_2, v_3 - gt)$,

$$\int \boldsymbol{A}\, ds = \left(\frac{1}{2} v_1 t^2,\ \frac{1}{2} v_2 t^2,\ \frac{1}{2} v_3 t^2 - \frac{1}{6} g t^3 \right).$$

問 2.2　(4) は通常の部分積分

$$\begin{aligned} &\int_0^1 \left(a_1(t) b_1'(t) + a_2(t) b_2'(t) + a_3(t) b_3'(t) \right) dt \\ &= [a_1(t) b_1(t) + a_2(t) b_2(t) + a_3(t) b_3(t)]_0^1 \\ &\quad - \int_0^1 \left(a_1'(t) b_1(t) + a_2'(t) b_2(t) + a_3'(t) b_3(t) \right) dt \end{aligned}$$

からわかる．(5) については x 成分のみ考えると (他の成分も同様)

$$\int_0^1 \left(a_2 \frac{db_3}{dt} - a_3 \frac{db_2}{dt} \right) dt = [a_2 b_3 - a_3 b_2]_0^1 - \int_0^1 \left(\frac{da_2}{dt} b_3 - \frac{da_3}{dt} b_2 \right) dt$$

となって右辺は (5) の右辺の x 成分になっていることがわかる．

問 2.3　$x'(t) = \cos t$, $y'(t) = 2 \sin t \cos t$ より $x'(\pm\pi/2) = y'(\pm\pi/2) = 0$ となる．

問 2.4　接ベクトルの大きさの 2 乗は $(x'(t))^2 + (y'(t))^2 = r^2 \omega^2$ なので，$t = s/(r\omega)$ とおくと

$$x = x(s) = r \cos \frac{s}{r}, \quad y = r \sin \frac{s}{r}$$

と表示できる．

問 2.5　このときは

$$\boldsymbol{p}'(t) = (-a(\sin t + \sin 2t), a(\cos t + \cos 2t))$$

となり，$|\boldsymbol{p}'(t)|^3 = 2\sqrt{2} a^3 (1 + \cos t)^{3/2}$ となる．また，

$$\boldsymbol{p}''(t) = (-a(\cos t + 2\cos 2t), -a(\sin t + 2 \sin 2t))$$

より，$\det(\boldsymbol{p}',\boldsymbol{p}'') = 3a^2(1+\cos t)$．よって，

$$\kappa = \frac{3}{2\sqrt{2}a(1+\cos t)^{1/2}}.$$

問 2.6　この場合 $\boldsymbol{p} = (x, f(x))$ であるから，$\boldsymbol{p}' = (1, f'(x))$ であり，$|\boldsymbol{p}'| = \sqrt{1+(f'(x))^2}$ である．また，$\boldsymbol{p}'' = (0, f''(x))$ であるので，$\det(\boldsymbol{p}'\ \boldsymbol{p}'') = f''(x)$ となって例題 2.3 の公式に代入すればよい．

問 2.7　式 (2.10) により，曲率半径 $1/\kappa$ は

$$\frac{1}{\kappa} = \frac{(1+4a^2x^2)^{3/2}}{2a}.$$

問 2.8　$\dot{\boldsymbol{t}} = -(\cos s, \sin s) = -\boldsymbol{n}$ より $\kappa = 1$．よって $\mu = \int_0^{2\pi} 1\,ds = 2\pi$.

問 2.9　$|\boldsymbol{p}'|^2 = \omega^2 + a^2$ と書ける．したがって $t = s/\sqrt{\omega^2+a^2}$ とおいて，

$$\boldsymbol{p} = \left(\cos\frac{\omega}{\sqrt{\omega^2+a^2}}s,\ \sin\frac{\omega}{\sqrt{\omega^2+a^2}}s,\ \frac{as}{\sqrt{\omega^2+a^2}}\right)$$

と表示できる．

問 2.10　$\boldsymbol{p}'(t) = (-\omega\sin\omega t, \omega\cos\omega t, a)$, $\boldsymbol{p}''(t) = (-\omega^2\cos\omega t, -\omega^2\sin\omega t, 0)$, $\boldsymbol{p}'''(t) = (\omega^3\sin\omega t, -\omega^3\cos\omega t, 0)$ である．このとき，

$$\boldsymbol{p}'\times\boldsymbol{p}'' = (a\omega^2\sin\omega t, -a\omega^2\cos\omega t, \omega^3)$$

となる．よって，$|\boldsymbol{p}'\times\boldsymbol{p}''| = \omega^2\sqrt{a^2+\omega^2}$, $|\boldsymbol{p}'| = \sqrt{a^2+\omega^2}$ より，例題 2.4 の結果から

$$\kappa = \frac{\omega^2}{a^2+\omega^2}.$$

また，$[\boldsymbol{p}', \boldsymbol{p}'', \boldsymbol{p}'''] = a\omega^5$ となるので，同じく例題 2.4 より

$$\tau = \frac{a\omega}{a^2+\omega^2}.$$

問 2.11　$\boldsymbol{p}_u = (v, 2uv^2, 3u^2v^3)$，$\boldsymbol{p}_v = (u, 2u^2v, 3u^3v^2)$ より $(u,v) = (1,1)$ のとき，$\boldsymbol{p}_u = \boldsymbol{p}_v = (1,2,3)$ となり，$\boldsymbol{p}_u\times\boldsymbol{p}_v = \boldsymbol{0}$ となる．

章末問題 (P.65)

1. まず $\boldsymbol{p}' = (\cos t - t\sin t, \sin t + t\cos t, 1)$, $\boldsymbol{p}'' = (-2\sin t - t\cos t, 2\cos t - t\sin t, 0)$, $\boldsymbol{p}''' = (-3\cos t + t\sin t, -3\sin t - t\cos t, 0)$ であることに注意する．このとき，

$$|\boldsymbol{p}'|^2 = t^2+2,\quad \boldsymbol{p}'\times\boldsymbol{p}'' = (-2\cos t + t\sin t, -2\sin t - t\cos t, t^2+2)$$

であるから

$$\kappa = \frac{\sqrt{t^4+5t^2+8}}{(t^2+2)^{3/2}}.$$

また,

$$|\boldsymbol{p}', \boldsymbol{p}'', \boldsymbol{p}'''| = t^2 + 6$$

であるから

$$\tau = \frac{t^2+6}{t^4+5t^2+8}.$$

2. (1) まず, $x' = (5/2)\sin 2r$, $y' = (5/2)(1-\cos 2r)$, $z' = 5\cos r$ より, $(x')^2 + (y')^2 + (z')^2 = 25$ となる. よって, $r = s/5$ として定めた s が弧長パラメータである.

(2) 弧長パラメータでそれぞれの座標を表すと

$$x = 1 - \frac{5}{4}\sin\frac{2}{5}s, \quad y = \frac{1}{2}s - \frac{5}{4}\sin\frac{2}{5}s, \quad z = 5\sin\frac{1}{5}s + 1$$

であり,

$$x' = \frac{1}{2}\sin\frac{2}{5}s, \quad y' = \frac{1}{2} - \frac{1}{2}\cos\frac{2}{5}s, \quad z' = \cos\frac{1}{5}s$$

である. $r = \pi$ のとき $s = 5\pi$ であるので, 接ベクトル $\boldsymbol{t} = (0, 0, -1)$. さらに,

$$x'' = \frac{1}{5}\cos\frac{2}{5}s, \quad y'' = \frac{1}{5}\sin\frac{2}{5}s, \quad z'' = -\frac{1}{5}\sin\frac{1}{5}s$$

より $\boldsymbol{n} = (1, 0, 0)$ がわかり $\boldsymbol{b} = \boldsymbol{t} \times \boldsymbol{n} = (0, -1, 0)$ がわかる.

3. $\boldsymbol{p}_u = (\cos v, \sin v, f'(u))$, $\boldsymbol{p}_v = (-u\sin v, u\cos v, 0)$ なので,

$$E = \boldsymbol{p}_u \cdot \boldsymbol{p}_u = 1 + (f'(u))^2, \quad F = \boldsymbol{p}_u \cdot \boldsymbol{p}_v = 0, \quad G = \boldsymbol{p}_v \cdot \boldsymbol{p}_v = u^2$$

となる. よって, 面素 dS は

$$dS = \sqrt{EG - F^2}\,dudv = |u|\sqrt{1 + (f'(u))^2}\,dudv$$

となる. また, 指定された範囲の表面積 σ は

$$\sigma = \int_1^{\sqrt{3}} \int_0^{2\pi} dS = \int_1^{\sqrt{3}} \int_0^{2\pi} |u|\sqrt{1 + (f'(u))^2}\,dudv = 2\pi \int_1^{\sqrt{3}} \sqrt{u^2+1}\,du$$

を計算することになる. すると

$$\sigma = \pi\left[u\sqrt{u^2+1} + \log(u + \sqrt{u^2+1})\right]_1^{\sqrt{3}} = \left(2\sqrt{3} - \sqrt{2} + \log\frac{2+\sqrt{3}}{1+\sqrt{2}}\right)\pi$$

である.

4. 平均曲率 H と全曲率 K を求めるための p, q, r, s, t の値は

$$p = \frac{x}{a},\ q = \frac{y}{b},\ r = \frac{1}{a},\ s = 0,\ t = \frac{1}{b}$$

であるので,

$$H = \frac{a + b + x^2/a + y^2/b}{2ab(1 + (x/a)^2 + (y/b)^2)^{3/2}}, \quad K = \frac{1}{ab\left(1 + x^2/a^2 + y^2/b^2\right)^2}.$$

5. $\cosh^2 u - \sinh^2 u = 1$ であることから，位置ベクトルが

$$\boldsymbol{p}(u,v) = (\cosh u \cos v, \cosh u \sin v, \sinh u) \quad (0 < u,\ 0 \leq v < 2\pi)$$

と表される点は $x^2 + y^2 - z^2 = 1$ $(z > 0)$ 上の点をくまなく表現していることがわかる．次に，

$$\begin{aligned}\boldsymbol{p}_u &= (\sinh u \cos v, \sinh u \sin v, \cosh u),\\ \boldsymbol{p}_v &= (-\cosh u \sin v, \cosh u \cos v, 0)\end{aligned}$$

であるので

$$\boldsymbol{p}_u \times \boldsymbol{p}_v = (-\cosh^2 u \cos v, -\cosh^2 u \sin v, \sinh u \cosh u)$$

となり，この点での外向き単位法線ベクトル $\boldsymbol{n}$ は

$$\boldsymbol{n} = \frac{1}{\sqrt{\cosh^2 u + \sinh^2 u}}(-\cosh u \cos v, -\cosh u \sin v, \sinh u)$$

となる．したがって，

$$L = \boldsymbol{p}_{uu} \cdot \boldsymbol{n} = -\frac{1}{\sqrt{\cosh^2 u + \sinh^2 u}}, \quad M = \boldsymbol{p}_{uv} \cdot \boldsymbol{n} = 0,$$

$$N = \boldsymbol{p}_{vv} \cdot \boldsymbol{n} = \frac{\cosh^2 u}{\sqrt{\cosh^2 u + \sinh^2 u}}$$

であることがわかる．また，

$$E = \boldsymbol{p}_u \cdot \boldsymbol{p}_u = \sinh^2 u + \cosh^2 u, \quad F = \boldsymbol{p}_u \cdot \boldsymbol{p}_v = 0, \quad G = \boldsymbol{p}_v \cdot \boldsymbol{p}_v = \cosh^2 u$$

である．以上により，

$$EG - F^2 = (\sinh^2 u + \cosh^2 u)\cosh^2 u,$$

$$GL + EN - 2FM = \frac{2\cosh^2 u \sinh^2 u}{\sqrt{\cosh^2 u + \sinh^2 u}}, \quad LN - M^2 = -\frac{\cosh^2 u}{\cosh^2 u + \sinh^2 u}$$

となり，

$$\begin{aligned}H &= \frac{GL + EN - 2FM}{2(EG - F^2)} = \frac{\sinh^2 u}{(\cosh^2 u + \sinh^2 u)^{3/2}},\\ K &= \frac{LN - M^2}{EG - F^2} = -\frac{1}{(\cosh^2 u + \sinh^2 u)^2}\end{aligned}$$

であることがわかる．

6. まず $\boldsymbol{p}_u = (-e^{-u}\cos v, -e^{-u}\sin v, \sqrt{1 - e^{-2u}})$，$\boldsymbol{p}_v = (-e^{-u}\sin v, e^{-u}\cos v, 0)$ であるから，

$$E = \boldsymbol{p}_u \cdot \boldsymbol{p}_u = 1, \quad F = \boldsymbol{p}_u \cdot \boldsymbol{p}_v = 0, \quad G = \boldsymbol{p}_v \cdot \boldsymbol{p}_v = e^{-2u}.$$

また，$\boldsymbol{p}_u \times \boldsymbol{p}_v = (-e^{-u}\sqrt{1-e^{-2u}}\cos v, -e^{-u}\sqrt{1-e^{-2u}}\sin v, -e^{-2u})$ となり，$|\boldsymbol{p}_u \times \boldsymbol{p}_v| = e^{-u}$. よって，法線ベクトル $\boldsymbol{n}$ は

$$\boldsymbol{n} = (-\sqrt{1-e^{-2u}}\cos v, -\sqrt{1-e^{-2u}}\sin v, -e^{-u})$$

となる．さらに，

$$\boldsymbol{p}_{uu} = \left(e^{-u}\cos v, e^{-u}\sin v, \frac{e^{-2u}}{\sqrt{1-e^{-2u}}}\right),\ \boldsymbol{p}_{uv} = (e^{-u}\sin v, -e^{-u}\cos v, 0),$$
$$\boldsymbol{p}_{vv} = (-e^{-u}\cos v, -e^{-u}\sin v, 0)$$

となる．これより，

$$L = \boldsymbol{p}_{uu}\cdot\boldsymbol{n} = -\frac{e^{-u}}{\sqrt{1-e^{-2u}}},\quad M = \boldsymbol{p}_{uv}\cdot\boldsymbol{n} = 0,\quad N = \boldsymbol{p}_{vv}\cdot\boldsymbol{n} = e^{-u}\sqrt{1-e^{-2u}}.$$

以上により，

$$EG - F^2 = e^{-2u},\quad LN - M^2 = -e^{-2u},\quad EN + GL - 2FM = \frac{e^{-u} - 2e^{-3u}}{\sqrt{1-e^{-2u}}}$$

となって

$$K = \frac{LN - M^2}{EG - F^2} = -1,\quad H = \frac{EN + GL - 2FM}{2(EG - F^2)} = \frac{e^{u} - 2e^{-u}}{2\sqrt{1-e^{-2u}}}.$$

7. $\boldsymbol{p} = (u\cos v, u\sin v, v)$ より，

$$\boldsymbol{p}_u = (\cos v, \sin v, 0),\ \boldsymbol{p}_v = (-u\sin v, u\cos v, 1),\ \boldsymbol{n} = \frac{1}{\sqrt{u^2+1}}(\sin v, -\cos v, u)$$

となる．また，

$$\boldsymbol{p}_{uu} = (0,0,0),\quad \boldsymbol{p}_{uv} = (-\sin v, \cos v, 0),\quad \boldsymbol{p}_{vv} = (-u\cos v, -u\sin v, 0)$$

である．よって，

$$E = 1,\quad F = 0,\quad G = u^2 + 1,\quad L = N = 0,\quad M = \frac{1}{\sqrt{u^2+1}}$$

となり $GL + EN - 2FM = 0$. したがって $H = 0$. また，$K = -(u^2+1)^{-2}$.

8. $\boldsymbol{p} = (\sqrt{u^2+1}\cos v, \sqrt{u^2+1}\sin v, \log(u + \sqrt{u^2+1}))$ より，

$$\boldsymbol{p}_u = \left(\frac{u}{\sqrt{u^2+1}}\cos v, \frac{u}{\sqrt{u^2+1}}\sin v, \frac{1}{\sqrt{u^2+1}}\right),$$
$$\boldsymbol{p}_v = \left(-\sqrt{u^2+1}\sin v, \sqrt{u^2+1}\cos v, 0\right),$$
$$\boldsymbol{n} = \frac{1}{\sqrt{u^2+1}}(-\cos v, -\sin v, u)$$

となる．また，

$$\boldsymbol{p}_{uu} = \left(\frac{\cos v}{(u^2+1)^{3/2}}, \frac{\sin v}{(u^2+1)^{3/2}}, -\frac{u}{(u^2+1)^{3/2}}\right),$$

$$\boldsymbol{p}_{uv} = \left(-\frac{u}{\sqrt{u^2+1}}\sin v, \frac{u}{\sqrt{u^2+1}}\cos v, 0\right),$$
$$\boldsymbol{p}_{vv} = \left(-\sqrt{u^2+1}\cos v, -\sqrt{u^2+1}\sin v, 0\right)$$

である．よって，

$$E=1, \quad F=0, \quad G=u^2+1, \quad L=-\frac{1}{u^2+1}, \quad M=0, \quad N=1$$

となり $GL+EN-2FM=0$．したがって $H=0$．また，$K=-(u^2+1)^{-2}$．

9. まず，$\boldsymbol{n}\cdot\boldsymbol{n}=1$ であるから，$\boldsymbol{n}\cdot\boldsymbol{n}_u=\boldsymbol{n}\cdot\boldsymbol{n}_v=0$ である．したがって，$\boldsymbol{n}_u$，$\boldsymbol{n}_v$ とも，$\boldsymbol{p}_u$，$\boldsymbol{p}_v$ で表現できる．よって，

$$\boldsymbol{n}_u = a\boldsymbol{p}_u + b\boldsymbol{p}_v, \quad \boldsymbol{n}_u = \tilde{a}\boldsymbol{p}_u + \tilde{b}\boldsymbol{p}_v$$

と表現できる．ここで，式 (2.24) により，

$$\begin{cases} -L &= \boldsymbol{p}_u\cdot\boldsymbol{n}_u = aE+bF, \\ -M &= \boldsymbol{p}_v\cdot\boldsymbol{n}_u = aF+bG \end{cases}$$

が得られる．これを解くと，

$$a=\frac{FM-GL}{EG-F^2}, \quad b=\frac{FL-EM}{EG-F^2}$$

が得られる．同様に，式 (2.24) により，

$$\begin{cases} -M &= \boldsymbol{p}_u\cdot\boldsymbol{n}_v = \tilde{a}E+\tilde{b}F, \\ -N &= \boldsymbol{p}_v\cdot\boldsymbol{n}_v = \tilde{a}F+\tilde{b}G \end{cases}$$

が得られる．これを解くと，

$$\tilde{a}=\frac{FN-GM}{EG-F^2}, \quad \tilde{b}=\frac{FM-EN}{EG-F^2}$$

が得られる．

10. **9** の結果を用いる．第 3 基本微分形式の定義から，

$$\mathrm{III} = \frac{GL^2+EM^2-2FLM}{EG-F^2}\,du^2 + \frac{2(GLM-FM^2-FLN+EMN)}{EG-F^2}\,dudv + \frac{GM^2+EN^2-2FMN}{EG-F^2}\,dv^2$$

となる．ここで平均曲率 H と全曲率 K の定義式から，

$$\begin{aligned} \mathrm{III} &= (2HL-EK)\,du^2 + 2(2HM-FK)\,dudv + (2HN-GK)\,dv^2 \\ &= 2H(L\,du^2+2M\,dudv+N\,dv^2) - K(E\,du^2+2F\,dudv+G\,dv^2) \\ &= 2H\mathrm{II} - K\mathrm{I} \end{aligned}$$

となる．

第 3 章　スカラー場・ベクトル場と様々な微分

問 3.1　$\nabla f = (\ell x^{\ell-1} y^m z^n,\ m x^\ell y^{m-1} z^n,\ n x^\ell y^m z^{n-1})$.

問 3.2　$\nabla r = (x/\sqrt{x^2+y^2},\ y/\sqrt{x^2+y^2})$, $\nabla r = (\cos\theta, \sin\theta)$.

問 3.3　$\operatorname{div} \boldsymbol{a} = \operatorname{div} \boldsymbol{c} = x + y + z,\ \operatorname{div} \boldsymbol{b} = 0$.

問 3.4　$\operatorname{rot} \boldsymbol{a} = (-y, -z, -x),\ \operatorname{rot} \boldsymbol{b} = \boldsymbol{0},\ \operatorname{rot} \boldsymbol{c} = (z, x, y)$.

章末問題 (P.79)

1. $|m| > 3$ のとき楕円 $x^2 + y^2/4 = m^2/9 - 1$. $m = \pm 3$ のとき，点 $(x, y, z) = (0, 0, \pm 3)$. $|m| < 3$ のとき，空集合.

2. $x' = y,\ y' = x,\ z' = -z$ を $(x(0), y(0), z(0)) = (2, 0, 1)$ の下で解くと，

$$x = 2\cosh t, \quad y = 2\sinh t, \quad z = e^{-t}.$$

3. 問 3.2 により，

$$\begin{aligned} \nabla f &= g'(r)\left(\frac{x}{r}, \frac{y}{r}, \frac{z}{r}\right) \\ &= g'(\sqrt{x^2+y^2+z^2})\left(\frac{x}{\sqrt{x^2+y^2+z^2}}, \frac{y}{\sqrt{x^2+y^2+z^2}}, \frac{z}{\sqrt{x^2+y^2+z^2}}\right) \end{aligned}$$

である．さらに，

$$\operatorname{div}(\nabla f) = g''(r) + \frac{2}{r} g'(r)$$

となる．

4. 3 と同様にして

$$\nabla f = \left(\frac{\partial g}{\partial r}\frac{x}{r}, \frac{\partial g}{\partial r}\frac{y}{r}, \frac{\partial g}{\partial z}\right), \quad \operatorname{div}(\nabla f) = \frac{\partial^2 g}{\partial r^2} + \frac{1}{r}\frac{\partial g}{\partial r} + \frac{\partial^2 g}{\partial z^2}.$$

5. 定義に従うと

$$\operatorname{rot}(\nabla f) = \left(\frac{\partial^2 f}{\partial z \partial y} - \frac{\partial^2 f}{\partial y \partial z}, \frac{\partial^2 f}{\partial z \partial x} - \frac{\partial^2 f}{\partial x \partial z}, \frac{\partial^2 f}{\partial y \partial x} - \frac{\partial^2 f}{\partial x \partial y}\right)$$

であるが，f は C^2 級なので偏微分の順序には依存しない．よって，すべての成分はゼロとなる．

6. $\boldsymbol{a} = (a_1, a_2, a_3)$ とすれば，

$$\operatorname{rot} \boldsymbol{a} = \left(\frac{\partial a_3}{\partial y} - \frac{\partial a_2}{\partial z}, \frac{\partial a_1}{\partial z} - \frac{\partial a_3}{\partial x}, \frac{\partial a_2}{\partial x} - \frac{\partial a_1}{\partial y}\right)$$

であり，C^2 関数ならば偏微分の順序は交換できるので

$$\begin{aligned}&\operatorname{div}\,(\operatorname{rot}\boldsymbol{a})\\&=\frac{\partial}{\partial x}\left(\frac{\partial a_3}{\partial y}-\frac{\partial a_2}{\partial z}\right)+\frac{\partial}{\partial y}\left(\frac{\partial a_1}{\partial z}-\frac{\partial a_3}{\partial x}\right)+\frac{\partial}{\partial z}\left(\frac{\partial a_2}{\partial x}-\frac{\partial a_1}{\partial y}\right)\\&=0\end{aligned}$$

がわかる．

7. $\boldsymbol{a}=(a_1,a_2,a_3)$ と書くと，

$$\operatorname{div}(f\boldsymbol{a})=\frac{\partial}{\partial x}(fa_1)+\frac{\partial}{\partial y}(fa_2)+\frac{\partial}{\partial z}(fa_3)$$

である．それぞれに，微分の分配則を用いれば，

$$\operatorname{div}(f\boldsymbol{a})=f\operatorname{div}\boldsymbol{a}+\nabla f\cdot\boldsymbol{a}$$

がわかる．また，

$$\operatorname{rot}(f\boldsymbol{a})=\left(\frac{\partial}{\partial y}(fa_3)-\frac{\partial}{\partial z}(fa_2),\frac{\partial}{\partial z}(fa_1)-\frac{\partial}{\partial x}(fa_3),\frac{\partial}{\partial x}(fa_2)-\frac{\partial}{\partial y}(fa_1)\right)$$

であるから，それぞれに微分の分配則を用いれば，

$$\operatorname{rot}(f\boldsymbol{a})=f\operatorname{rot}\boldsymbol{a}-\boldsymbol{a}\times\nabla f$$

がわかる．

8. rot の定義と r の定義式から

$$\operatorname{rot}\,(f(r),g(r),h(r))=\left(h'(r)\frac{y}{r}-g'(r)\frac{z}{r},f'(r)\frac{z}{r}-h'(r)\frac{x}{r},g'(r)\frac{x}{r}-f'(r)\frac{y}{r}\right).$$

第4章　関数の線積分・面積分

問 4.1　$\displaystyle\int_C f\,ds=\int_0^1 4t\sqrt{t^2+1}\,ds=\frac{4}{3}(2\sqrt{2}-1).$

問 4.2　$\displaystyle\int_C \boldsymbol{v}\cdot d\boldsymbol{s}=\int_0^1 2t\,dt+\int_0^2 t\,dt=3.$

問 4.3　$\boldsymbol{F}\cdot\boldsymbol{n}=1$ となり，$|\varphi_u\times\varphi_v|=\sin u$ より

$$\int_S \boldsymbol{F}\cdot d\boldsymbol{S}=\int_S \boldsymbol{F}\cdot\boldsymbol{n}\,dS=\int_S dS=\int_0^{2\pi}\int_0^{\pi/2}\sin u\,dudv=2\pi.$$

問 4.4　まず，与えられた曲面上では $\nabla g/|\nabla g|=(x/2,y/2,z/2)$ であるから $\boldsymbol{F}\cdot\nabla g/|\nabla g|=4-x^2-y^2$．また，$\sqrt{1+\psi_x^2+\psi_y^2}=2/\sqrt{4-x^2-y^2}$ となる．よって

$$\int_S \boldsymbol{F}\cdot d\boldsymbol{S}=\iint_{x^2+y^2\le 4} 2\sqrt{4-x^2-y^2}\,dxdy.$$

右辺の積分は極座標 $x = r\cos\theta,\ y = r\sin\theta\ (0 \le r \le 2,\ 0 \le \theta \le 2\pi)$ に直すと

$$\iint_{x^2+y^2\le 4} 2\sqrt{4-x^2-y^2}\,dxdy = 4\pi\int_0^2 \sqrt{4-r^2}\,r\,dr = \frac{32}{3}\pi.$$

問 4.5　C 上の点 (x,y) は $x = \cos s,\ y = \sin s\ (0 \le s \le 2\pi)$ とパラメータ表示できる．式 (4.3) に従うと

$$\int_C \boldsymbol{v}\cdot d\boldsymbol{s} = \int_0^{2\pi}\left\{\cos^2 s\frac{dx}{ds} + \sin^2 s\frac{dy}{ds}\right\}ds = \int_0^{2\pi}\left(-\cos^2 s\sin s + \sin^2 s\cos s\right)ds$$

であり，右辺はさらに変形できて

$$\int_C \boldsymbol{v}\cdot d\boldsymbol{s} = \frac{1}{3}\Big[\cos^3 s + \sin^3 s\Big]_0^{2\pi} = 0$$

となる．一方，$P = x^2,\ Q = y^2$ とおけるので，

$$\frac{\partial Q}{\partial x} = \frac{\partial P}{\partial y} = 0.$$

よって

$$\iint_D\left(\frac{\partial Q}{\partial x} - \frac{\partial P}{\partial y}\right)dxdy = 0.$$

すなわち，(右辺) $= 0 =$ (左辺) としてグリーンの公式が成り立つ．

問 4.6　まず $\operatorname{div}\boldsymbol{v} = 6x^2y^2$ である．このとき，

$$\iint_\Omega 6x^2y^2\,dxdy = 6\int_0^{2\pi}\int_0^1 r^4\cos^2\theta\sin^2\theta r drd\theta$$

となることが，極座標 $x = r\cos\theta,\ y = r\sin\theta$ を導入してわかる．よって

$$\iint_\Omega \operatorname{div}\boldsymbol{v}\,dxdy = 6\int_0^{2\pi}\int_0^1 r^5\frac{\sin^2 2\theta}{4}drd\theta = \int_0^{2\pi}\frac{1-2\cos 4\theta}{8}d\theta = \frac{\pi}{4}$$

となる．一方，線積分については 点 $(\cos\theta,\sin\theta)$ における $\partial\Omega$ の外向き単位法線ベクトル $\boldsymbol{n}$ が $\boldsymbol{n} = (\cos\theta,\sin\theta)$ であることより

$$\int_{\partial\Omega}\boldsymbol{v}\cdot\boldsymbol{n}\,ds = \int_0^{2\pi}(\cos^4\theta\sin^2\theta + \sin^4\theta\cos^2\theta)\,d\theta = \frac{1}{4}\int_0^{2\pi}\sin^2 2\theta\,d\theta = \frac{\pi}{4}$$

となり，両者は一致することがわかる．

問 4.7　ガウスの定理により

$$\iint_{\partial\Omega}\boldsymbol{v}\cdot\boldsymbol{n}\,dS = \iiint_\Omega \operatorname{div}\boldsymbol{v}\,dxdydz = 3\iiint_\Omega dxdydz.$$

右辺は楕円体の体積であるが，$X = x,\ Y = y/2,\ Z = z/3$ とおくと $X^2+Y^2+Z^2 \le 1$ となり，

$$\iiint_\Omega dxdydz = 6\iiint_{\{(X,Y,Z)\,|\,X^2+Y^2+Z^2\le 1\}} dXdYdZ = 8\pi.$$

よって,

$$\iint_{\partial\Omega} \boldsymbol{v} \cdot \boldsymbol{n}\, dS = 24\pi.$$

章末問題 (P.104)

1. $\boldsymbol{\rho}$ は $\boldsymbol{\sigma}$ の再パラメータ化なので, $\boldsymbol{\rho} = \boldsymbol{\sigma} \circ h$ を満たす写像 h が存在する. 合成写像の微分から $\boldsymbol{\rho}'(t) = \boldsymbol{\sigma}'(h'(t))h'(t)$ である. したがって,

$$\int_{\boldsymbol{\rho}} \boldsymbol{F} \cdot d\boldsymbol{\rho} = \int_{a_1}^{b_1} \boldsymbol{F}(\sigma(h(t))) \cdot \boldsymbol{\sigma}'(h(t))h'(t)\, dt$$

が成立する. 変数変換 $s = h(t)$ を行うと,

$$\int_{\boldsymbol{\rho}} \boldsymbol{F} \cdot d\boldsymbol{\rho} = \int_{h(a_1)}^{h(b_1)} \boldsymbol{F}(\sigma(s)) \cdot \sigma'(s)\, ds$$

となる.

2. グリーンの定理により,

$$\iint_D \operatorname{rot} \boldsymbol{v}\, dS = \int_C \boldsymbol{v} \cdot d\boldsymbol{s}$$

となるので, 右辺を計算する. C 上では $x = a\cos t$, $y = b\sin t$ $(0 \leq t \leq 2\pi)$ とおけるので,

$$\begin{aligned}\int_C \boldsymbol{v} \cdot d\boldsymbol{s} &= \int_0^{2\pi} \left\{a^2 b\cos^2 t(\sin t)x'(t) + ab^2 \cos t(\sin^2 t)y'(t)\right\} dt \\ &= ab(b^2 - a^2)\int_0^{2\pi} \cos^2 t \sin^2 t\, dt = \frac{ab(b^2 - a^2)}{8}\int_0^{2\pi} (1 - \cos 4t)\, dt \\ &= \frac{ab(b^2 - a^2)\pi}{4}\end{aligned}$$

となり,

$$\iint_D \operatorname{rot} \boldsymbol{v}\, dS = \frac{ab(b^2 - a^2)\pi}{4}.$$

3. ストークスの定理により

$$\iint_S \operatorname{rot} \boldsymbol{u} \cdot \boldsymbol{n}\, dS = \int_C \boldsymbol{u} \cdot d\boldsymbol{s}$$

である. C は $x = \cos t$, $y = \sin t$ $(0 \leq t \leq 2\pi)$, $z = 0$ と表現できるので, C 上で

$$\boldsymbol{u} = (-\cos^2 t \sin t, \cos t \sin^2 t, 0)$$

となる. $d\boldsymbol{s} = (-\sin t\, dt, \cos t\, dt, 0)$ より

$$\int_C \boldsymbol{u} \cdot d\boldsymbol{s} = \int_0^{2\pi} 2\cos^2 t \sin^2 t\, dt = \frac{\pi}{2}$$

となる.

4. ガウスの定理の証明を $S_i = \emptyset\ (i = 3, 4, 5, 6)$ としてなぞればよい.

5. ガウスの定理により

$$\iint_{\partial\Omega} \boldsymbol{v} \cdot \boldsymbol{n}\, dS = \iiint_{\Omega} \operatorname{div} \boldsymbol{v}\, dxdydz = 3 \iiint_{\Omega} (x^2 + y^2 + z^2) dxdydz$$

となるので，右辺を計算する．$x = aX, y = bY, z = cZ$ とおくと (X, Y, Z) は 原点中心，半径 1 の球 B をくまなく動く．よって

$$\iiint_{\Omega} \operatorname{div} \boldsymbol{v}\, dxdydz = 3abc \iiint_{B} (a^2X^2 + b^2Y^2 + c^2Z^2)\, dXdYdZ$$

となる．さらに，$X = r\sin\theta\cos\phi,\ Y = r\sin\theta\sin\phi,\ Z = r\cos\theta$ とおくと，

$$\begin{aligned}&\iiint_{B} (aX^2 + bY^2 + cZ^2)\, dXdYdZ \\ &= \int_0^{2\pi}\int_0^{\pi}\int_0^{1} (a^2\sin^2\theta\cos^2\phi + b^2\sin^2\theta\sin^2\phi + c^2\cos^2\theta) r^4 \sin\theta\, drd\theta d\phi,\end{aligned}$$

$$\int_0^{\pi} \sin^3\theta\, d\theta = \frac{4}{3}, \quad \int_0^{2\pi} \cos^2\phi\, d\phi = \int_0^{2\pi} \sin^2\phi\, d\phi = \pi$$

であることから積分計算を実行すると

$$\iint_{\partial\Omega} \boldsymbol{v} \cdot \boldsymbol{n}\, dS = \iiint_{\Omega} \operatorname{div} \boldsymbol{v}\, dxdydz = \frac{4}{5} abc(a^2 + b^2 + c^2)\pi.$$

6. 定理 4.8 を用いて移項すると

$$7 \iiint_{B} (x^4 + y^4 + z^4)\, dxdydz = \iint_{\partial B} (x^4 + y^4 + z^4)\, dS$$

である．ここで，上の **5** と同様にして右辺を極座標で表示すると

$$\begin{aligned}&\iint_{\partial B} (x^4 + y^4 + z^4)\, dS \\ &= \int_0^{2\pi}\int_0^{\pi} (\sin^4\theta\cos^4\phi + \sin^4\theta\sin^4\phi + \cos^4\theta) \sin\theta\, d\theta d\phi.\end{aligned}$$

ここで，

$$\int_0^{2\pi} \cos^4\phi\, d\phi = \int_0^{\pi} \sin^4\phi\, d\phi = \frac{3}{4}\pi,$$

$$\int_0^{\pi} \sin^5\theta\, d\theta = \frac{16}{15}, \quad \int_0^{\pi} \cos^4\theta \sin\theta\, d\theta = \frac{2}{5}$$

より

$$\iiint_{B} (x^4 + y^4 + z^4)\, dxdydz = \frac{12}{35}\pi.$$

第 5 章　物理学への応用

問 5.1　$\nabla(1/|\boldsymbol{p}|) = -\boldsymbol{p}/|\boldsymbol{p}|^3$ であることからわかる.

問 5.2　$\boldsymbol{F} = (f_1, f_2, f_3)$ とおく．定義に従うと

$$\mathrm{rot}\,(\mathrm{rot}\,\boldsymbol{F}) = \begin{vmatrix} \boldsymbol{e}_1 & \boldsymbol{e}_2 & \boldsymbol{e}_3 \\ \dfrac{\partial}{\partial x} & \dfrac{\partial}{\partial y} & \dfrac{\partial}{\partial z} \\ \dfrac{\partial f_3}{\partial y} - \dfrac{\partial f_2}{\partial z} & \dfrac{\partial f_1}{\partial z} - \dfrac{\partial f_3}{\partial x} & \dfrac{\partial f_2}{\partial x} - \dfrac{\partial f_1}{\partial y} \end{vmatrix}$$

となる．すると

$$\begin{aligned} x\ \text{成分} &= \frac{\partial^2 f_2}{\partial x \partial y} + \frac{\partial^2 f_3}{\partial x \partial z} - \frac{\partial^2 f_1}{\partial y^2} - \frac{\partial^2 f_1}{\partial z^2} = \frac{\partial}{\partial x}(\mathrm{div}\,\boldsymbol{F}) - \Delta f_1, \\ y\ \text{成分} &= \frac{\partial^2 f_1}{\partial y \partial x} + \frac{\partial^2 f_3}{\partial y \partial z} - \frac{\partial^2 f_2}{\partial x^2} - \frac{\partial^2 f_2}{\partial z^2} = \frac{\partial}{\partial y}(\mathrm{div}\,\boldsymbol{F}) - \Delta f_2, \\ z\ \text{成分} &= \frac{\partial^2 f_1}{\partial z \partial x} + \frac{\partial^2 f_2}{\partial z \partial y} - \frac{\partial^2 f_3}{\partial x^2} - \frac{\partial^2 f_3}{\partial y^2} = \frac{\partial}{\partial z}(\mathrm{div}\,\boldsymbol{F}) - \Delta f_3 \end{aligned}$$

となることがわかる．

章末問題 (P.121)

1. 定義に従うと

$$\int_C \boldsymbol{F} \cdot d\boldsymbol{s} = 2 \int_0^\infty e^{-t}\, t\, dt = 2.$$

2. $\mathrm{div}\,\boldsymbol{E} = 0$ であること，$S_1 \cap S_2 = \emptyset$ であることから，ガウスの定理により

$$0 = \iiint_V \mathrm{div}\,\boldsymbol{E}\, dxdydz = \iint_{S_1} \boldsymbol{E} \cdot \boldsymbol{n}\, dS + \iint_{S_2} \boldsymbol{E} \cdot \boldsymbol{n}\, dS.$$

よって

$$\iint_{S_2} \boldsymbol{E} \cdot \boldsymbol{n}\, dS = -\iint_{S_1} \boldsymbol{E} \cdot \boldsymbol{n}\, dS$$

であるが，S_1 での法線の向きに注意すると

$$\iint_{S_1} \boldsymbol{E} \cdot \boldsymbol{n}\, dS = -\iint_{S_1} \frac{1}{\sqrt{x^2 + y^2 + z^2}}\, dS = \iint_{S_1} dS = -4\pi.$$

よって

$$\iint_{S_2} \boldsymbol{E} \cdot \boldsymbol{n}\, dS = 4\pi.$$

3. 電流が流れる円周をパラメータ表示すると $\{(a\cos t, a\sin t, 0) \mid 0 \le t \le 2\pi\}$ である．この円周上の各点から，点 P へ向かうベクトル $\boldsymbol{p}$ は $\boldsymbol{p} = (-a\cos t, -a\sin t, b)$ である．$\boldsymbol{p}$ と円周の線素ベクトル $d\boldsymbol{s} = (-a\sin t\, dt,\ a\cos t\, dt, 0)$ との外積は

$$\boldsymbol{p} \times d\boldsymbol{s} = -(ab\cos t\, dt,\ ab\sin t\, dt,\ a^2\, dt)$$

である．また，$|\boldsymbol{p}| = \sqrt{a^2+b^2}$ である．これを，ビオサバールの法則の式 (5.16) に代入して計算すると，

$$\boldsymbol{B} = \frac{\mu_0 J}{4\pi}\left(\frac{ab}{(a^2+b^2)^{3/2}}\int_0^{2\pi}\cos t\,dt,\ \frac{ab}{(a^2+b^2)^{3/2}}\int_0^{2\pi}\sin t\,dt,\ \frac{a^2}{(a^2+b^2)^{3/2}}\int_0^{2\pi}dt\right)$$

より，

$$\boldsymbol{B} = \left(0,\ 0,\ \frac{\mu_0 J a^2}{2(a^2+b^2)^{3/2}}\right).$$

4. 運動エネルギーの式を

$$K = \frac{\rho}{2}\iiint_\Omega |\nabla\Phi|^2\,dxdydz = \frac{\rho}{2}\iiint_\Omega \{\mathrm{div}\,(\Phi\nabla\Phi) - \Phi\mathrm{div}\,(\nabla\Phi)\}\,dxdydz$$

と変形する．仮定より $\Delta\Phi = 0$ であるので，第 2 項目の積分は 0．第 1 項目はガウスの定理を適用すると

$$K = \frac{\rho}{2}\iint_{\partial\Omega}\Phi(\nabla\Phi\cdot\boldsymbol{n})\,dS$$

となることがわかり，境界の Φ のもつ性質から運動エネルギーが決まることがわかる．ここで $\boldsymbol{n}$ は $\partial\Omega$ での外向き単位法線ベクトルである．

第 6 章　微分形式

問 6.1　$d\varphi$ は

$$d\varphi = \frac{\partial^2 f}{\partial u\partial v}\,dv\wedge du + \frac{\partial 2f}{\partial u\partial v}du\wedge dv = \left(-\frac{\partial^2 f}{\partial u\partial v} + \frac{\partial 2f}{\partial u\partial v}\right)du\wedge dv = 0$$

となることがわかる．f の全微分をとれば $\varphi = df$ がわかる．

問 6.2　u, v の外微分を dr と $d\theta$ で表すと，

$$du = \cos\theta\,dr - r\sin\theta\,d\theta, \quad dv = \sin\theta\,dr + r\cos\theta\,d\theta$$

であり，$dr\wedge dr = d\theta\wedge d\theta = 0$, $d\theta\wedge dr = -dr\wedge d\theta$ より

$$du\wedge dv = (\cos\theta\,dr - r\sin\theta\,d\theta)\wedge(\sin\theta\,dr + r\cos\theta\,d\theta) = r\,dr\wedge d\theta.$$

章末問題 (P.145)

1. $\varphi = g\,dv$ に対して，$d\varphi$ を計算すればよい．

2. $\theta^1 = y^{-1}\,dx$, $\theta^2 = y^{-1}\,dy$ とおけばよい．このとき，

$$d\theta^1 = \frac{1}{y^2}\,dx\wedge dy = \frac{1}{y}\,dx\wedge\theta^1,$$

となる．なお，θ^2 は y のみの 1 次微分形式なので，$d\theta^2 = 0$ である．このとき，(6.19) より

$$d\theta^1 = -{\omega_2}^1\wedge\theta^2, \quad d\theta^2 = -{\omega_1}^2\wedge\theta^2$$

がわかる．また，

$$d\omega_2{}^1 = -\frac{1}{y^2}\,dx \wedge dy = -\theta^1 \wedge \theta^2$$

より，$K = -1$ である．

3. まず，$\boldsymbol{e}_3 = \boldsymbol{e}_1 \times \boldsymbol{e}_2 = (\sin u \cos v,\ \sin u \sin v,\ \cos u)$ となる．また，$\boldsymbol{p}$ の外微分 $d\boldsymbol{p}$ は

$$\begin{aligned} d\boldsymbol{p} &= (\cos u \cos v, \cos u \sin v, -\sin u)\,du + (-\sin v, \cos v, 0)\sin u\,dv \\ &= (du)\boldsymbol{e}_1 + (\sin u\,dv)\boldsymbol{e}_2 \end{aligned}$$

と書けるので

$$\theta^1 = du, \quad \theta^2 = \sin u\,dv.$$

4. $d\boldsymbol{e}_1$，$d\boldsymbol{e}_2$，$d\boldsymbol{e}_3$ を計算すると

$$d\boldsymbol{e}_1 = (\cos u\,dv)\boldsymbol{e}_2 - du\boldsymbol{e}_3,\ d\boldsymbol{e}_2 = -(\cos u\,dv)\boldsymbol{e}_1 - (\sin u\,dv)\boldsymbol{e}_3,$$

$$d\boldsymbol{e}_3 = (du)\boldsymbol{e}_1 + (\sin u\,dv)\boldsymbol{e}_2$$

であり，$\omega_i{}^i = 0\ (i = 1, 2, 3), \omega_i{}^j = -\omega_j{}^i\ (i, j = 1, 2, 3)$ より

$$\omega_2{}^1 = -\cos u\,dv, \quad \omega_3{}^1 = du$$

がわかる．したがって，

$$d\omega_2{}^1 = d(-\cos u\,dv) = \sin u\,du \wedge dv = du \wedge (\sin u\,dv) = \theta^1 \wedge \theta^2.$$

ゆえに $K = 1$ である．

第 7 章　リーマン計量

問 7.1　$\boldsymbol{p}_u$，$\boldsymbol{p}_v$ を計算すると

$$\begin{aligned} \boldsymbol{p}_u &= \left(\frac{1}{\sqrt{2}}e^{u/\sqrt{2}}\cos v,\ \frac{1}{\sqrt{2}}e^{u/\sqrt{2}}\sin v,\ \frac{1}{\sqrt{2}}e^{u/\sqrt{2}}\right), \\ \boldsymbol{p}_v &= \left(-e^{u/\sqrt{2}}\sin v,\ e^{u/\sqrt{2}}\cos v,\ 0\right) \end{aligned}$$

となる．すると，$E = e^{\sqrt{2}u} = G$，$F = 0$ がわかるので，$\log E = \sqrt{2}u$．よって，$K = 0$．

問 7.2　$\boldsymbol{p}_u = (-\sin u \cos v, -\sin u \sin v, 2\cos u)$，$\boldsymbol{p}_v = (-\cos u \sin v, \cos u \cos v, 0)$ より $E = \sin^2 u + 4\cos^2 u$，$F = 0$，$G = \cos^2 u$ なので

$$\mathrm{I} = ds^2 = (\sin^2 u + 4\cos^2 u)\,du^2 + \cos^2 u\,dv^2.$$

E, G とも u のみに依存するので,

$$K = -\frac{1}{\sqrt{EG}}\left\{\frac{\partial}{\partial u}\left(\frac{1}{\sqrt{E}}\frac{\partial\sqrt{G}}{\partial u}\right)\right\}$$

を計算すると

$$K = \frac{4}{(\sin^2 u + 4\cos^2 u)^2}.$$

問 7.3　任意のスカラー α, β と $f(x)$, $g(x) \in E$ に対して $\alpha f(x) + \beta g(x)$ の $x = 0$ での値は $\alpha f(0) + \beta g(0)$ である．したがって，E の各元に対してその原点での値を対応させる対応は線形である．したがって，線形汎関数となっている．

章末問題 (P.171)

1. $\boldsymbol{p}_u$, $\boldsymbol{p}_v$ を計算すると

$$\boldsymbol{p}_u = (-r\sin u\cos v, -r\sin u\sin v, r\cos u),$$
$$\boldsymbol{p}_v = (-(2r + r\cos u)\sin v, (2r + r\cos u)\cos v, 0)$$

であるから

$$E = r^2, \quad F = 0, \quad G = r^2(2 + \cos u)^2.$$

ここで，問 7.2 の解答にある K の計算公式を用いる．

$$\frac{\partial\sqrt{G}}{\partial u} = -r\sin u, \quad \text{となるので} \quad K = \frac{\cos u}{r^2(2 + \cos u)}.$$

2. 定義に従うと

$$\langle X, df\rangle = \xi\frac{\partial f}{\partial u} + \eta\frac{\partial f}{\partial v} = 0$$

が任意の ξ, $\eta \in \mathbb{R}$ について成り立つので,

$$\frac{\partial f}{\partial u} = \frac{\partial f}{\partial v} = 0.$$

すなわち，f は定数である．

3. $\boldsymbol{p}_s$ は

$$\boldsymbol{p}_s = \left(\cos s\cos\frac{s}{2} - \frac{1}{2}\sin s\sin\frac{s}{2}, \cos s\sin\frac{s}{2} + \frac{1}{2}\sin s\cos\frac{s}{2}, -\frac{\sqrt{3}}{2}\sin s\right)$$

であることから，$|\boldsymbol{p}_s|^2 = 1$ がわかる．次に

$$\boldsymbol{p}_{ss}\text{の } x \text{ 座標} \quad = -\frac{5}{4}\sin s\cos\frac{s}{2} - \cos s\sin\frac{s}{2}$$
$$\boldsymbol{p}_{ss}\text{の } y \text{ 座標} \quad = -\frac{5}{4}\sin s\cos\frac{s}{2} + \cos s\cos\frac{s}{2}$$
$$\boldsymbol{p}_{ss}\text{の } z \text{ 座標} \quad = -\frac{\sqrt{3}}{2}\cos s$$

であるから，$s=\pi$ のとき $\boldsymbol{p}_s(\pi)=(0,-1,0)\ (=:\boldsymbol{e}_1)$ となり，$\boldsymbol{p}_{ss}(\pi)=(1,0,\sqrt{3}/2)$.

また，この曲線は $\boldsymbol{p}(u,v)=(\sin u\cos v,\sin u\sin v,(\sqrt{3}/2)\cos u)$ で表される楕円面上にあるので，$s=\pi$ は点 $(0,0,\sqrt{3}/2)$ に対応する．この点での外向き単位法線ベクトルは $(0,0,1)$ であり，このベクトルを軸に $\boldsymbol{e}_1$ を $\pi/2$ だけ回転させたベクトル $\boldsymbol{e}_2$ は $\boldsymbol{e}_2=(1,0,0)$ である．すると $\boldsymbol{e}_3=\boldsymbol{e}_1\times\boldsymbol{e}_2=(0,0,1)$ であることに注意すると $\boldsymbol{p}_{ss}(\pi)=\boldsymbol{e}_1+(\sqrt{3}/2)\boldsymbol{e}_3$．よって，$\boldsymbol{k}_g=\boldsymbol{e}_1$，$\boldsymbol{k}_n=(\sqrt{3}/2)\boldsymbol{e}_2$.

第8章　テンソル

章末問題 (P.198)

1. $\boldsymbol{x}=(x_1,x_2,x_3)$，$\boldsymbol{y}=(y_1,y_2,y_3)$ として，$T(\boldsymbol{x},\boldsymbol{y})$ は

$$T(\boldsymbol{x},\boldsymbol{y})=(x_1\ \ x_2\ \ x_3)\begin{pmatrix}a_1\\a_2\\a_3\end{pmatrix}(b_1\ \ b_2\ \ b_3)\begin{pmatrix}y_1\\y_2\\y_3\end{pmatrix}$$

と書けるので，行列の結合則より

$$T(\boldsymbol{x},\boldsymbol{y})=(x_1\ \ x_2\ \ x_3)\begin{pmatrix}a_1b_1 & a_1b_2 & a_1b_3\\a_2b_1 & a_2b_2 & a_2b_3\\a_3b_1 & a_3b_2 & a_3b_3\end{pmatrix}\begin{pmatrix}y_1\\y_2\\y_3\end{pmatrix}$$

となるので，

$$\begin{pmatrix}a_1b_1 & a_1b_2 & a_1b_3\\a_2b_1 & a_2b_2 & a_2b_3\\a_3b_1 & a_3b_2 & a_3b_3\end{pmatrix}$$

が求める行列である．

2. まず第1基本量 E, F, G は，$E=1$，$F=0$，$G=\sin^2 u$ であることがわかる．よって，

$$g_{11}=1,\ g_{12}=g_{21}=0,\ g_{22}=\sin^2 u$$

であり，

$$g^{11}=1,\quad g^{12}=g^{21}=0,\quad g^{22}=\frac{1}{\sin^2 u}$$

である．$x^1=u$，$x^2=v$ として，

$$
\begin{aligned}
\Gamma_1{}^1{}_1 &= \frac{1}{2}g^{11}\left(\frac{\partial g_{11}}{\partial x^1}+\frac{\partial g_{11}}{\partial x^1}-\frac{\partial g_{11}}{\partial x^1}\right)=0,\\
\Gamma_2{}^1{}_1 &= \frac{1}{2}g^{11}\left(\frac{\partial g_{11}}{\partial x^2}+\frac{\partial g_{21}}{\partial x^1}-\frac{\partial g_{21}}{\partial x^1}\right)=0,\\
\Gamma_1{}^1{}_2 &= \frac{1}{2}g^{11}\left(\frac{\partial g_{21}}{\partial x^1}+\frac{\partial g_{11}}{\partial x^2}-\frac{\partial g_{12}}{\partial x^1}\right)=0,\\
\Gamma_2{}^1{}_2 &= \frac{1}{2}g^{11}\left(\frac{\partial g_{21}}{\partial x^2}+\frac{\partial g_{21}}{\partial x^2}-\frac{\partial g_{22}}{\partial x^1}\right)=-\sin u\cos u,\\
\Gamma_1{}^2{}_1 &= \frac{1}{2}g^{22}\left(\frac{\partial g_{12}}{\partial x^1}+\frac{\partial g_{12}}{\partial x^1}-\frac{\partial g_{11}}{\partial x^2}\right)=0,\\
\Gamma_2{}^2{}_1 &= \frac{1}{2}g^{22}\left(\frac{\partial g_{12}}{\partial x^2}+\frac{\partial g_{22}}{\partial x^1}-\frac{\partial g_{21}}{\partial x^2}\right)=\cot u,\\
\Gamma_1{}^2{}_2 &= \frac{1}{2}g^{22}\left(\frac{\partial g_{22}}{\partial x^1}+\frac{\partial g_{12}}{\partial x^2}-\frac{\partial g_{12}}{\partial x^2}\right)=\cot u,\\
\Gamma_2{}^2{}_2 &= \frac{1}{2}g^{22}\left(\frac{\partial g_{22}}{\partial x^2}+\frac{\partial g_{22}}{\partial x^2}-\frac{\partial g_{22}}{\partial x^2}\right)=0
\end{aligned}
$$

となる．

3. $x^2+y^2+z^2-w^2=-1$ が関係式である．また，

$$
\boldsymbol{p}(u,v,\theta)=(\sinh u\sin v\cos\theta,\sinh u\sin v\sin\theta,\sinh u\cos v,\cosh u)
$$

とおくと，

$$
\begin{aligned}
\boldsymbol{p}_u &= (\cosh u\sin v\cos\theta,\cosh u\sin v\sin\theta,\cosh u\cos v,\sinh u),\\
\boldsymbol{p}_v &= (\sinh u\cos v\cos\theta,\sinh u\cos v\sin\theta,-\sinh u\sin v,0),\\
\boldsymbol{p}_\theta &= (-\sinh u\sin v\sin\theta,\sinh u\sin v\cos\theta,0,0)
\end{aligned}
$$

より

$$
\boldsymbol{p}_u\cdot\boldsymbol{p}_u=\cosh^2 u+\sinh^2 u,\quad \boldsymbol{p}_v\cdot\boldsymbol{p}_v=\sinh^2 u,\quad \boldsymbol{p}_\theta\cdot\boldsymbol{p}_\theta=\sinh^2 u\sin^2 v,
$$

$$
\boldsymbol{p}_u\cdot\boldsymbol{p}_v=\boldsymbol{p}_u\cdot\boldsymbol{p}_\theta=\boldsymbol{p}_v\cdot\boldsymbol{p}_\theta=0
$$

となるので，

$$
ds^2=(\cosh^2 u+\sinh^2 u)\,du^2+\sinh^2 u\,dv^2+\sinh^2 u\sin^2 v\,d\theta^2
$$

が求めるリーマン計量である．

この本に出てくる人物

この本に出てくる人物を登場順に並べ，ごく簡単な人物伝も記す．なお，19世紀半ばまでは統一国家として存在しなかった現在のドイツ，イタリアに関しては，活躍した地が現在のドイツ，イタリアであれば，そのように表記している．また，ドイツに関しては，その前身となるプロイセンは現在のポーランドの一部やバルト三国の一部を統治していたが，プロイセンで活躍した数学者は「ドイツ」と表記した．多くの数学者については「世界数学者事典」（オーシュコルヌ・シュラットー著（熊原啓作訳）日本評論社，2015）を参考にした．

1. クロネッカー (L. Kronecker) (1823–1891)．ドイツの数学者．
2. フレミング (J. A. Fleming) (1849–1945)．イギリスの電気工学者・物理学者．
3. ヤコビ (C. G. J. Jacobi) (1804–1851)．ドイツの数学者．ヤコビ行列式でおなじみのヤコビである．
4. グラム (J. P. Gram) (1850–1916)．デンマークの数学者．
5. シュミット (E. Schmidt) (1876–1959)．ドイツの数学者．
6. ラグランジュ (J. L. Lagrange) (1736–1813)．フランス人ではあるが，イタリア，ドイツ，フランスで活躍した数学者．解析力学の創始者でもある．
7. フルネ (J. F. Frenet) (1816–1900)．フランスの数学者．
8. セレー (J. A. Serret) (1819–1885)．フランスの数学者．
9. フェンヒェル (M. W. Fenchel) (1905–1988)．ドイツの数学者．
10. ガウス (J. C. F. Gauss) (1777–1855)．ドイツの数学者・物理学者．19 世

紀に活躍した一番の数学者である．電磁気学にも大いに貢献した．

11. ランダウ (E. G. H. Landau) (1877–1938)．ドイツの数学者．
12. ブーケ (Jean-Claude Bouquet) (1819–1885)．フランスの数学者．
13. メビウス (August Ferdinand Möbius) (1790–1868)．ドイツの数学者．本来は天文学者であるが数学に没頭した．学生時代はガウスの学生であった．
14. ヘッセ (L. O. Hesse) (1811–1874)．ドイツの数学者．
15. ヴァインガルテン (J. Weingarten) (1836–1910)．ドイツの数学者．
16. ハミルトン (W. R. Hamilton) (1805–1865)．アイルランドの数学者．力学研究にも業績がある．
17. ラプラス (P. S. Laplace) (1749–1827)．フランスの数学者・天文学者．
18. グリーン (G. Green) (1793–1841)．イギリスの物理学者・数学者．
19. コーシー (A.-L. Cauchy) (1789–1857)．フランスの数学者．連続について正確な概念を導入するばかりでなく，複素関数論の基礎にも多大な貢献をした．ラグランジュから数学に打ち込むよう励まされたという．
20. ストークス (G. G. Stokes) (1819–1903)．イギリスの物理学者・数学者．
21. ポアンカレ (J. H. Poincaré) (1854–1912)．フランスの数学者．
22. ポアソン (S. D. Poisson) (1781–1840)．フランスの数学者．
23. ポホザエフ (S. I. Pohozaev) (1935–2014)．ロシアの数学者．ロシアの発音では「パハジャエフ」に近い．
24. ニュートン (I. Newton) (1642–1727)．イギリスの物理学者・数学者．力学もさることながら，微積分学の創始者のひとりである．
25. ディラック (P. A. M. Dirac) (1902–1984)．イギリスの物理学者．
26. クーロン (C.-A. de Coulomb) (1736–1806)．フランスの物理学者．
27. アンペール (A. M. Ampère) (1775–1836)．フランスの物理学者．
28. マクスウェル (J. C. Maxwell) (1831–1879)．イギリスの物理学者．電磁気学は彼によって確立された．
29. ビオ (J.-B. Biot) (1774–1862)．フランスの物理学者．
30. サバール (F. Savart) (1791–1841)．フランスの物理学者．
31. オイラー (L. Euler) (1707–1783)．スイス生まれで，主にロシア，ドイツで活躍した数学者・物理学者．オイラーの公式 $e^{i\theta} = \cos\theta + i\sin\theta$ は非常に有名である.

32. マイナルディ (G. Mainardi) (1800–1879). イタリアの数学者.
33. コダッツィ (D. Codazzi) (1824–1873). イタリアの数学者. マイナルディ・コダッツィの等式は, それぞれが独立に同じことを証明したため, 2 人の名前が冠されている.
34. リーマン (G. F. B. Riemann) (1826–1866). ドイツの数学者. 第一基本量に基づく幾何学を提唱した. 区分求積法により積分の定義を近代化した人でもある.
35. クリストッフェル (E. B. Christoffel) (1829–1900). ドイツの数学者.
36. ボンネ (P. O. Bonnet) (1819–1892). フランスの数学者.
37. アインシュタイン (A. Einstein) (1879–1955). ドイツ生まれで, スイス, ドイツ, アメリカ合衆国の物理学者.
38. ヒルベルト (D. Hilbert) (1862–1943). ドイツの数学者. 19 世紀末から 20 世紀初頭にかけて数学をリードした人物である.
39. リース (F. Riesz) (1880–1956). ハンガリーの数学者.
40. レビ・チヴィタ (T. Levi-Civita) (1873–1911). イタリアの数学者. リッチ・クルバストロとともにテンソル解析の創始者のひとりである.
41. シュヴァルツシルト (K. Schwarzschild) (1873–1916). ドイツの物理学者. 第一次世界大戦に従軍中にこの解を発見し発表したが, 従軍中に病気のため死去.
42. リッチ・クルバストロ (G. Ricci-Curbastro) (1853–1925). イタリアの数学者. レビ・チビタとともにテンソル解析の創始者のひとりである. クルバストロは省略されることがよくある.
43. ミンコフスキー (H. Minkowski) (1864–1909). ドイツの数学者. チューリッヒ工科大学在職中にアインシュタインに教えた.

あとがき

本書は，ベクトル解析の入門書である．第 4 章までは主に戸田盛和 [1] に従ったが，基本形式の説明は，小林昭七 [2] に従ったところが多い．数学者からすれば，小林昭七の説明の方がすっきりするが，初学者にとってはわかりにくくなったかもしれない．

外積や，勾配，発散，回転などの概念は，千葉逸人 [6]，小林亮・高橋大輔 [10]，深谷賢治 [4] ，垣田高夫・柴田良弘 [15] などがよい参考となるであろう．

一部は微積分学の範疇であるが，多変数の積分から面積分，体積積分の解説は，杉浦光夫 [8]，岩堀長慶 [3] に詳しい．物理学の理解の補助のために読んだ読者は，力学，電磁気学，流体力学，相対性理論などの本を読み進めていくのがよいだろう．また，曲面の幾何的性質やテンソルの数学的な意味に興味を持たれた読者は微分幾何学（リーマン幾何学や多様体論）を勉強されることを期待する．テンソルの成分計算は，座標を指定して表現すると，多くの偏微分記号と和の記号を必要として煩雑になる．したがって現在では，煩雑にならない理論的に整理された世界があるのだが，ここでは触れなかった（多様体を定義して，その「接ベクトル束」という接空間の族を考えることになる）．発展編の内容だけでは，数学関係学科 3 年次の幾何学には足りないので，例えば，細野忍 [5]，坪井俊 [11]，松本幸夫 [12]，松島与三 [13]，酒井隆 [14] を読み進めるのがよいだろう．ここに挙げた書物は基本的に微分幾何学に関係するものであるが，大学の数学科の幾何のもうひとつの柱である位相幾何学については割愛している．

また，フランダース [7] によれば，微分形式の理論がテンソル解析に取って代わるだろうと予想しているが，現在もなお，そのようにはなっていないように思われる．相対論に関する論文では，現在でもテンソルの表現が主流となっている．テンソルに関しては，岩堀長慶 [3] によく書かれている．

参考文献

ここでは，筆者が主に参考にした書物を挙げ，今後の勉学の一助になればと考える．無論，ここに挙がっていない名著が数多くあることも記しておく．以下の本だけで，ベクトル解析や曲面論，そして微分幾何に関する内容が網羅されているわけではないので，多くの本を読むことを勧める．

[1] 戸田盛和：『ベクトル解析』岩波書店，1989.

[2] 小林昭七：『曲線と曲面の微分幾何（改訂版）』裳華房，1995.

[3] 岩堀長慶：『ベクトル解析』裳華房，1985.

[4] 深谷賢治：『電磁場とベクトル解析』岩波書店，1995.

[5] 細野　忍：『微分幾何』朝倉書店，2001.

[6] 千葉逸人：『改訂新版　ベクトル解析からの幾何学入門』現代数学社，2017.

[7] H. フランダース（岩堀長慶訳）：『微分形式の理論およびその物理科学への応用』岩波書店，1967.

[8] 杉浦光夫：『解析入門 II』東京大学出版会，1985.

[9] 松田道彦：『外微分形式の理論』岩波書店，1976.

[10] 小林　亮・高橋大輔：『ベクトル解析入門』東京大学出版会，2003.

[11] 坪井　俊：『ベクトル解析と幾何学』朝倉書店，2002.

[12] 松本幸夫：『多様体の基礎』東京大学出版会，1988.

[13] 松島与三：『多様体入門』裳華房，1965.

[14] 酒井　隆：『リーマン幾何学』裳華房，1992.

[15] 垣田高夫・柴田良弘：『ベクトル解析から流体へ』日本評論社，2007.

電磁気学・相対性理論・流体力学に関しては次を参考にした．どれも著名な専門家が著した名著である．特に，シュヴァルツシルトの解については，砂川重信 [P2] に従った．本書の内容だけでは，物理学全般を理解することは無理なので，しっかりした書物を何冊も読んでほしいと思う．

[P1] 砂川重信：『電磁気学』（岩波全書）岩波書店，1985.
[P2] 砂川重信：『相対性理論の考え方』岩波書店，1993.
[P3] 内山龍雄：『相対性理論』（岩波全書）岩波書店，1977.
[P4] 今井　功：『流体力学』（岩波全書）岩波書店，1970.

学部 1 年次に習う力学に関しては膨大な書物が出ているが，2 冊挙げておく．

[P5] 小出昭一郎：『力学』物理テキストシリーズ（新装版）岩波書店，1987.
[P5] 喜多秀次・宮武義郎・徳岡善助・山崎和夫・幡野茂明：『基礎物理コース 力学』学術出版社，1974.

索　引

Memorandum

〈著 者 紹 介〉

壁谷喜継（かべや　よしつぐ）

1993年　神戸大学大学院自然科学研究科システム科学専攻
　　　　博士後期課程修了（博士（理学））
現　在　大阪公立大学理学研究院　教授
専　門　偏微分方程式論
著　書　『フーリエ解析と偏微分方程式入門』（共立出版, 2010）

川上竜樹（かわかみ　たつき）

2009年　東北大学大学院理学研究科数学専攻
　　　　博士後期課程修了（博士（理学））
現　在　龍谷大学先端理工学部　教授
専　門　偏微分方程式論

ベクトル解析入門
初歩からテンソルまで
Introduction to Vector Calculus
— From the beginning to tensor analysis —

2019 年 3 月 30 日　初版 1 刷発行
2024 年 4 月 15 日　初版 5 刷発行

著　者　壁谷喜継・川上竜樹　©2019

発行者　南條光章

発行所　**共立出版株式会社**
郵便番号 112-0006
東京都文京区小日向 4 丁目 6 番 19 号
電話 (03) 3947-2511（代表）
振替口座 00110-2-57035
www.kyoritsu-pub.co.jp

印　刷　加藤文明社

製　本　協栄製本

検印廃止
NDC 414.7

一般社団法人
自然科学書協会
会員

ISBN 978-4-320-11375-6

Printed in Japan